水污染控制特色实验项目汇编

张学洪　主审

李艳红　朱宗强　曾鸿鹄　王敦球　朱义年　主编

中国环境科学出版社·北京

图书在版编目（CIP）数据

水污染控制特色实验项目汇编/李艳红等主编. —北京：中国环境科学出版社，2012.5
ISBN 978-7-5111-0989-7

Ⅰ. ①水… Ⅱ. ①李… Ⅲ. ①水污染—污染控制—实验—汇编 Ⅳ. ①X52-33

中国版本图书馆 CIP 数据核字（2012）第 075696 号

责任编辑 刘 璐
封面设计 玄石至上

出版发行 中国环境科学出版社
（100062 北京东城区广渠门内大街 16 号）
网 址：http://www.cesp.com.cn
电子邮箱：bjgl@cesp.com.cn
联系电话：010-67112765（编辑管理部）
发行热线：010-67125803，010-67113405（传真）
印装质量热线：010-67113404
印 刷 北京市联华印刷厂
经 销 各地新华书店
版 次 2012 年 5 月第 1 版
印 次 2012 年 5 月第 1 次印刷
开 本 787×1092 1/16
印 张 16.5
字 数 370 千字
定 价 49.00 元

前 言

近年来，环境工程、环境科学、给水排水工程等学科长足发展，新理论、新技术不断涌现，对实验教学内容和要求不断提高，尤其是实验教学对学生实践动手能力、创新思维的培养要求不断提高，本书就是在此背景下组织编写而成的。水污染控制国家级实验教学示范中心根据学科发展，在保持基础课实验的系统性基础上，鼓励教师结合地方经济发展和自身科研实际，不断更新实验内容，设立了多项特色实验，经过近 4 年的教学实践，不断改进完善。

全书分为两篇。第一篇是特色实验项目指导书，组编了 22 个具有地方特色的创新实验项目。有以地方特色工业废水为待处理废水，用隔膜电解、生物处理方法处理的实验；有以北部湾地区高盐度工业废水处理优势菌种的筛选、固定、鉴别为主的微生物实验；其中有以地方特色物质制备的吸附剂处理水中重金属离子、混凝处理污水指标的物理化学法实验；有以降雨下渗产流等为研究对象的水文水资源综合实验，所有实验项目指导书均包括实验目的、实验原理、实验装置与设备、实验步骤、实验结果与整理、课后思考题等部分。第二篇是对应第一篇的特色实验项目的实验技术报告，是经过桂林理工大学国家级水污染控制实验教学示范中心的教学实践，汇编学生的实验技术报告而成的。

全书由张学洪主审，李艳红、朱宗强、曾鸿鹄、王敦球、朱义年主编。本书各章的编写人员如下：实验一、实验二实验指导书及范例技术报告部分由梁延鹏、王敦球撰写；实验三实验指导书及范例技术报告部分由朱宗强、曾鸿鹄撰写；实验四实验指导书及范例技术报告部分由李艳红、曾鸿鹄撰写；实验五实验指导书及范例技术报告部分由朱宗强撰写；实验六实验指导书及范例技术报告部分由张萍撰写；实验七实验指导书及范例技术报告部分由白少元撰写；实验八实验指导书及范例技术报告部分由赵文玉撰写；实验九实验指导书及范例技术报告部分由朱宗强撰写；实验十、实验十一实验指导书及范例技术报告部分由李艳红撰写；实验十二实验指导书及范例技术报告部分由靳振江撰写；实验十三、实验十四、实验十六实验指导书及范例技术报告部分由梁美娜、朱义年撰写；实验十五实验指导书及范例技术报告部分由朱宗强、朱义年、秦辉撰写；实验十七实验指导书及范例技术报告部分由曹长春撰写；实验十八实验指导书及范例技术报告部分由张萍撰写；实验十九实验指导书及范例技术报告部分由朱宗强撰写；实验二十、实验二十一实验指导书及范例技术报告部分由宋颖撰写，实验二十二实验指导书及范例技术报告部分由黄月群撰写。全书由唐沈校稿。

本书可作为高等院校环境工程专业、环境科学专业、给水排水工程专业、水文水资源工程专业以及相关专业的创新实验教学参考用书，可供相关专业研究生毕业论文实验参考，也可供从事上述专业的工程技术人员参考。在应用时，各院校可根据自身办学特点、培养目标与要求，对实验项目、内容进行选择与组合，以满足不同的要求。在本书编写的过程中，编者参考了大量文献资料，引用了其中部分内容，在此，谨向这些文献的作者表示感谢。本书的出版得到了桂林理工大学教材科、广西环境污染控制理论与技术重点实验室、广西高校人才小高地——环境工程创新团队、有色金属矿区的环境污染与植物地球化学及修复创新研究团队等建设经费的大力资助。

由于编者水平有限，书中错误和疏漏之处在所难免，新编创新实验项目还需不断实践与完善提高，恳切希望读者批评指正。

编　者

2012 年 3 月于桂林

目 录

第一篇 实验指导书

第二篇 典型范例技术报告

第一篇　实验指导书

实验一　生物接触氧化法处理校园生活污水

一、实验目的

1．学习和掌握文献资料的检索和应用。

2．通过调查研究、实地考察，掌握学校雁山新校区污水的主要来源、水中主要污染物及其排放情况。

3．了解生物接触氧化池反应器的基本结构及其挂膜启动技术。

4．掌握生物接触氧化池对污水的处理技术。

5．通过整个实验过程，培养和锻炼发现问题、分析问题和解决问题的综合能力，主观能动性和创新思维得到启发和提高。

二、实验原理

生物接触氧化法是一种介于活性污泥法与生物滤池之间的生物膜法处理技术。它兼有生物滤池和活性污泥法的优点，从微生物的附着场所及生存方式来看，类似于生物滤池，从反应器流体力学特性及曝气方式来看，又与活性污泥法相似。生物接触氧化工艺处理的方法：池内设置填料，污水浸没全部填料，并按照一定的流速流过填料，池底曝气对污水进行充氧，通过填料上的生物膜的絮凝吸附、氧化作用使污水中的可生化利用的污染物得到降解去除。其组成主要有池体、填料、布水装置和曝气系统四部分。污水与生物膜接触时，通过微生物的新陈代谢活动和生物吸附、絮凝、氧化、硝化、合成和摄食等综合作用，逐渐氧化和转化污水中的氨氮、铁、锰和有机物等，从而达到净化水质的目的。

生物接触氧化池内的生物膜由菌胶团、丝状菌、真菌、原生动物和后生动物组成。在活性污泥法中，丝状菌常常是影响正常生物净化作用的因素；而在生物接触氧化池中，丝状菌在填料空隙间呈立体结构，大大增加了生物相与废水的接触表面，同时因为丝状菌对多数有机物具有较强的氧化能力，对水质负荷变化有较大的适应性，所以是提高净化能力的有利因素。

该法中微生物所需氧由鼓风曝气供给，生物膜生长至一定厚度后，填料壁的微生物会因缺氧而进行厌氧代谢，产生的气体及曝气形成的冲刷作用会造成生物膜的脱落，并促进新生物膜的生长，此时，脱落的生物膜将随出水流至池外。

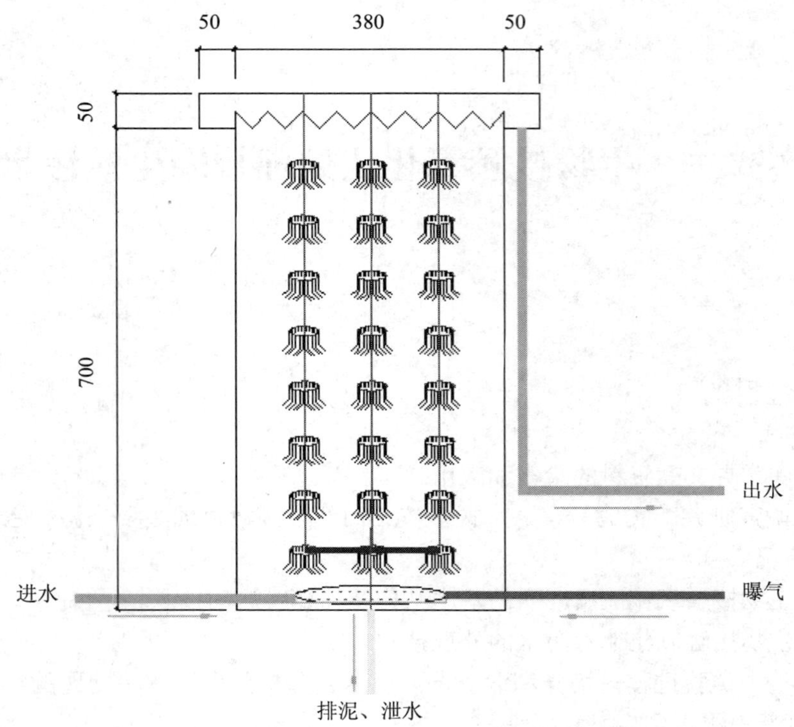

图 1-1-1　生物接触氧化池构造示意图

三、实验设备与试剂

1．生物接触氧化池（上海同广科教仪器设备有限公司）。

2．电子天平；微波消解 COD 速测仪；电热恒温鼓风干燥箱；便携式溶氧仪；pH 计；浊度仪等。

3．烧杯、量筒、移液管、容量瓶、滴定管、锥形瓶等。

4．含 Hg^{2+}消解液，c（$1/6K_2Cr_2O_7$）=0.200 0 mol/L：称取经 120℃烘干 2 h 的基准纯 $K_2Cr_2O_7$ 9.806 g，溶于 600 mL 水中，再加入 $HgSO_4$ 25.0 g，边搅拌边缓慢加入浓 H_2SO_4 250 mL，冷却后移入 1 000 mL 容量瓶中，稀释至刻度，摇匀。

5．硫酸-硫酸银催化剂：于 1 000 mL 浓 H_2SO_4 中加入 10 g 硫酸银，放置 1～3 天，不时摇动使其溶解。

6．试亚铁灵指示剂：称取邻菲罗啉 1.485 g，硫酸亚铁（$FeSO_4·7H_2O$）0.695 g 溶于水中，稀释至 100 mL，贮于棕色瓶内。

7．硫酸亚铁铵标准溶液：称取$(NH_4)_2Fe(SO_4)_2·6H_2O$ 16.6 g 溶于水中，边搅拌边缓慢加入浓 H_2SO_4 20 mL，冷却后移入 1 000 mL 容量瓶中，定容。此溶液浓度约 0.042 mol/L，用前用 $K_2Cr_2O_7$ 标准溶液标定。标定方法如下：

准确吸取 5.00 mL 重铬酸钾标准溶液于 150 mL 锥形瓶中，加水稀释至约 30 mL，缓慢加入浓硫酸 5 mL，混匀。冷却后，加入 2 滴试亚铁灵指示剂，用硫酸亚铁铵溶液滴定，溶液的颜色由黄色经蓝绿色至红褐色即为终点。

$$c_{(NH_4)_2Fe(SO_4)_2} = (0.200\,0 \times 5.00)/V$$

式中，c —— 硫酸亚铁铵标准溶液的浓度，mol/L；

V —— 硫酸亚铁铵标准溶液的用量，mL。

四、实验过程

第一阶段：学生通过检索和查阅有关文献资料，设计出实验方案，包括实验目的，原理，装置结构及功能认识，所需设备仪器、试剂，操作步骤。

第二阶段：指导教师审查学生提交的实验设计方案后，根据实验室环境条件等具体情况，与学生讨论并修正设计方案，确定实验计划，提供相关装置设备。

第三阶段：学生按自己设计的方案进行全过程操作（包括溶液配制、安装实验装置、采样等），实验完成后整理实验数据，对实验结果进行分析评价，提交正式实验报告。

第四阶段：教师对实验报告进行评价，并将评价意见反馈给学生。

五、实验步骤及记录

（一）接触氧化池的挂膜启动

反应器的启动是指新建的系统以未驯化的污泥接种挂膜或用原水直接挂膜，使反应器达到设计负荷和有机物去除率的过程。挂膜的方法较多，其中湿污泥接种挂膜法启动的时间较短，是常用的挂膜方法，采用此法，可以缩短挂膜时间。

本实验的接种污泥采用桂林七里店污水处理厂或雁山污水处理厂的好氧池污泥，好氧池污泥经 5 次沉淀然后倒出上清液，取其沉淀后的污泥作菌种来培养，挂膜启动分为 3 个阶段进行：

闷曝阶段：取 10 L 刚从污水处理厂取回来的接种污泥加入接触氧化池，再用校园生活污水注满氧化池，然后进行曝气，闷曝 6 h，让活性污泥附着在接触氧化池的填料上，形成生物膜。

低流速进水阶段：闷曝结束后，开始小流量进水，水力停留时间（HRT）为 12 h，挂膜初期采用较低的水力负荷是为了防止水流剪切力破坏已形成的生物膜。

高流速进水阶段：由于实验中反应器的形状和容积一定，因此本实验通过增大进水流量来提高进水负荷。控制 HRT 为 10 h，这样持续运行 2～3 天后，填料上可以明显发现浅黄色且透明的生物膜，挂膜启动完成，可进行污水处理的实验工作。

（二）水力负荷对生活污水处理效果的影响

水力负荷是影响生物接触氧化工艺运行的关键因素，它决定了污水与生物膜接触时间的长短，影响反应器内微生物的生长、增殖和更新，进而影响工艺的处理效果。在曝气量和曝气时间一定的条件下，改变污水进水量，水力负荷对生物接触氧化池的出水水质有较大影响，考察进水水力负荷对系统处理效果的影响有利于了解系统的抗水力负荷冲击能力。

（三）曝气量对生活污水处理效果的影响

活性污泥中的微生物在进行代谢活动时需要氧的供应，氧的主要作用有：①将一部分有机物氧化分解；②对自身细胞的一部分物质进行自身氧化。溶解氧不足，必将对微生物的生理活动产生不利影响，从而污水处理进程也必将受到影响，甚至遭到破坏。实践经验表明，若使曝气池内的微生物保持正常的生理活动，在曝气池内的溶解氧浓度一般宜保持在不低于 2 mg/L 的程度（以出口处为准）。但溶解氧也不易过高，溶解氧过高会导致有机污染物分解过快，从而使微生物缺乏营养，活性污泥易于老化，结构松散。此外，溶解氧过高，则能耗过量，在经济上也是不适宜的。在一定的水力负荷下，通过改变不同曝气量，考察其对系统处理效果的影响，以确定最佳曝气参数。

（四）停留时间对生活污水处理效果的影响

水力停留时间（hydraulic residence time，HRT），顾名思义就是污水在曝气池内的停留时间，为曝气池容积与污水流量的比值。HRT 是活性污泥工艺的一个重要参数，对工艺的运行有一定的影响。在一定的水力负荷和曝气强度下，分别测定不同停留时间的出水水质指标，考察其对系统处理效果的影响，以确定最佳水力停留时间。

（五）生物膜镜检

分别取挂膜启动阶段和运行处理阶段填料上的生物膜进行镜检，观察分析其微生物特征。

六、数据处理

1. 绘制 COD、SS 和浊度等去除率与水力负荷的关系曲线，分析处理系统的抗水力负荷冲击能力。

2. 绘制 COD、SS 和浊度等去除率与曝气量的关系曲线，以确定最佳曝气参数。

3. 绘制 COD、SS 和浊度等去除率与停留时间的关系曲线，以确定最佳水力停留时间。

4. 描述启动和运行处理阶段填料上微生物的镜检结果。

七、注意事项

1. 实验过程中，要注意规范操作，避免被强酸强碱灼伤和试剂、药品的浪费。

2. 曝气强度不宜过大，否则容易导致生物膜脱落。

3. 实验过程中，要爱护好仪器设备，规范使用，始终保持实验场地整洁，实验结束后要及时清理和归还借用的仪器、器材。

4. 实验中，要注意用水、用电安全，如有问题须及时报告指导老师。

八、思考题

1．生物接触氧化池如何完成对污水的净化？影响生物接触氧化池处理效率的因素有哪些？

2．生物接触氧化池在水处理当中与其他活性污泥法相比有何优缺点？

实验二　塔式生物滤池处理校园生活污水实验

一、实验目的

1. 学习和掌握文献资料的检索和应用。

2. 通过调查研究、实地考察，掌握学校雁山新校区污水的主要来源、水中主要污染物及其排放情况。

3. 了解塔式生物滤池实验反应器的基本结构及其挂膜启动技术。

4. 掌握塔式生物滤池对污水的处理技术。

5. 通过整个实验过程，培养和锻炼发现问题、分析问题和解决问题的综合能力，主观能动性和创新思维得到启发和提高。

二、实验原理

塔式生物滤池是一种高效生物处理构筑物，每日可处理污水量约为填料体积的10倍，其净化能力一般为每日每立方米填料1～3 kg生化需氧量，比普通滤池约高10～20倍，这样高的处理净化能力完全依靠滤料表面形成的一层生物膜，其过程是一个复杂的物理化学、生物化学和水力化学综合过程，包含液体的紊乱流动、附着水膜和流动股的混合稀释、氧的扩散和吸收，微生物的新陈代谢，有机物的分解等过程。

工程中塔式生物滤池一般高达8～24 m，直径1～3.5 m，径高比1∶6～1∶8，呈塔状。在平面上塔式生物滤池多呈圆形。在构造上由塔身、滤料、布水系统以及通风排水装置组成。

塔式生物滤池的工作机理：塔式生物滤池由顶部布水，污水沿塔自上而下流动，在供氧充足的条件下，好氧微生物在滤料表面迅速繁殖。这些微生物又进一步吸附废水中呈悬浮、胶体和溶解状态的有机物质，随着有机物被分解，微生物也不断增长和繁殖，生物膜厚度逐渐增加，当生物膜上的微生物老化或死亡时，通过某些蝇类的幼虫活动以及水流的冲刷，失活的生物膜从滤池表面脱落下来然后随废水流出。

生物膜主要由菌胶团和丝状菌组成，其中还有原生动物，不同污水、不同气候、不同工作条件、不同滤池浓度下生物膜中微生物的种类和数量也不同，生物膜的颜色有时也不同。塔式生物滤池内部存在着明显的分层现象，在各层生长着种属不同但又适应该层废水性质的生物菌群，有助于微生物的增殖、代谢以及有机污染物的降解、去除，所以能承受较大的有机物和有毒物质的冲击负荷。

塔式生物滤池的通风系统：为了氧化分解过程的进行，需要保持塔内处于良好的通风状态，以达到对生物膜持续供氧的目的。塔式生物滤池一般采用自然通风，塔底有高度为 0.4～0.6 m 的空间，周围留有通风孔，其有效面积不得小于滤池面积的 7.5%～10%。这种如塔形的构造使得滤池内部形成较强的拔风状态，因此通风良好。

塔滤也可以考虑采用机械通风，特别是处理工业废水，吹脱有害气体时，可考虑人工机械通风。但当塔滤工艺应用在分散污水处理和作为低能耗污水处理工艺的预处理单元时，从经济性考虑，机械通风是应该尽量避免的。

塔式滤池的优点是负荷高、产水量大、占地面积小，对冲击负荷水量和水质的突变适应性较强。缺点是塔内滤料易被堵塞，产生滤池蝇和散发臭味，动力消耗较大，基建投资高。

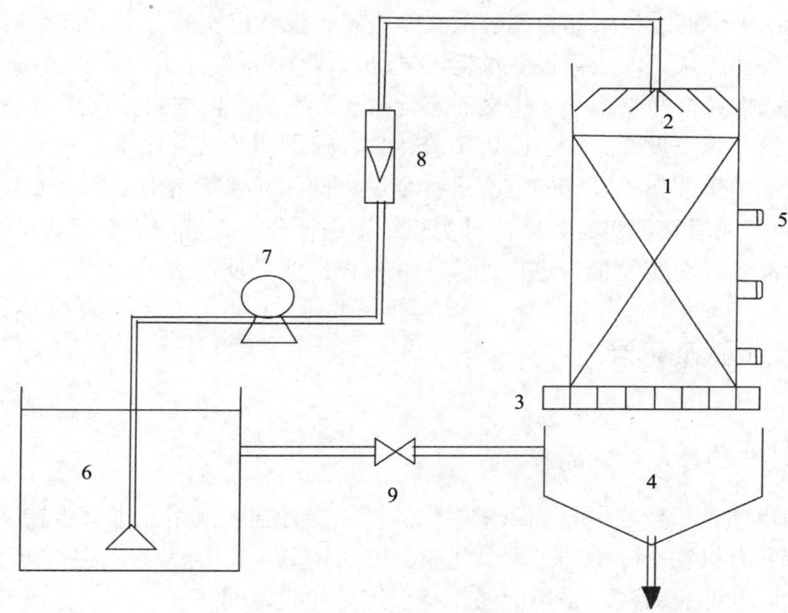

图 1-2-1　塔式生物滤池结构示意图

1. 塔式生物滤池；2. 旋转布水器；3. 隔栅；4. 沉淀池；5. 取样口；6. 废水池；7. 水泵；8. 流量计；9. 阀门

三、实验设备与试剂

1．塔式生物滤池（上海同广科教仪器设备有限公司）。

2．电子天平；微波消解 COD 速测仪；电热恒温鼓风干燥箱；便携式溶氧仪；pH 计；浊度仪等。

3．烧杯、量筒、移液管、容量瓶、滴定管、锥形瓶等。

4．含 Hg^{2+} 消解液，c（$1/6K_2Cr_2O_7$）=0.200 0 mol/L：称取经 120℃烘干 2 h 的基准纯 $K_2Cr_2O_7$ 9.806 g，溶于 600 mL 水中，再加入 $HgSO_4$ 25.0 g，边搅拌边缓慢加入浓 H_2SO_4 250 mL，冷却后移入 1 000 mL 容量瓶中，稀释至刻度，摇匀。

5．硫酸-硫酸银催化剂：于 1 000 mL 浓 H_2SO_4 中加入 10 g 硫酸银，放置 1～3 天，不时摇动使其溶解。

6．试亚铁灵指示剂：称取邻菲罗啉 1.485 g，硫酸亚铁（$FeSO_4 \cdot 7H_2O$）0.695 g 溶于水中，稀释至 100 mL，贮于棕色瓶内。

7．硫酸亚铁铵标准溶液：称取 $(NH_4)_2Fe(SO_4)_2 \cdot 6H_2O$ 16.6 g 溶于水中，边搅拌边缓慢加入浓 H_2SO_4 20 mL，冷却后移入 1 000 mL 容量瓶中，定容。此溶液浓度约 0.042 mol/L，用前用 $K_2Cr_2O_7$ 标准溶液标定。

四、实验过程

第一阶段：学生通过检索和查阅有关文献资料，设计出实验方案，包括实验目的，原理，装置结构及功能认识，所需设备仪器、试剂，操作步骤。

第二阶段：指导教师审查学生提交的实验设计方案后，根据实验室环境条件等具体情况，与学生讨论并修正设计方案，确定实验计划，提供相关装置设备。

第三阶段：学生按自己设计的方案进行全过程操作（包括溶液配制、安装实验装置、采样等），实验完成后整理实验数据，对实验结果进行分析评价，提交正式实验报告。

第四阶段：教师对实验报告进行评价，并将评价意见反馈给学生。

五、实验步骤及记录

（一）塔式生物滤池的挂膜启动

反应器的启动是指新建的系统以未驯化的污泥接种挂膜或用原水直接挂膜，使反应器达到设计负荷和有机物去除率的过程。挂膜的方法较多，其中湿污泥接种挂膜法启动的时间较短，是常用的挂膜方法，采用此法，可以缩短挂膜时间。

本实验的接种污泥采用桂林七里店污水处理厂或雁山污水处理厂的好氧池污泥，好氧池污泥经 5 次沉淀后倒出上清液，取其沉淀后的污泥作菌种来培养，挂膜启动按以下步骤进行：

取城市污水厂活性污泥 3～5 L，在废水池里与污水按 1∶3 混合；通过水泵用小流量 [5～10 m^3/（$m^2 \cdot d$）]将混合液提升使其喷淋于塔式生物滤池，使活性污泥与填料接触，起到接种微生物的作用，出水进入沉淀池后回流到废水池进行循环，经过 3～5 天密闭循环后，填料表面逐渐形成生长浅黄色且透明的生物膜；然后再逐渐提高水力负荷持续运行 1～2 天，使生物膜逐步适应水力负荷的冲击，增强其稳定性，挂膜启动完成。

（二）水力负荷对滤池充氧效果的影响

活性污泥中的微生物在进行代谢活动时需要氧的供应，氧的主要作用一方面将一部分有机物氧化分解；另一方面对自身细胞的一部分物质进行自身氧化。实践经验表明，若使好氧段的微生物保持正常的生理活动，在好氧池内的溶解氧浓度一般宜保持在不低于 2 mg/L 的程度（以出口处为准）。塔式生物滤池依靠自然通风，其塔形的构造使得滤池内部形成较强的拔风状态，以达到对生物膜持续供氧的目的。由于塔式生物滤池高度大、水流落差大、水力负荷大，直接影响到滤池内水流紊动强烈程度、废水与空气及生物膜的接触程度，从而影响到充氧效果；因此，在自然通风状况下，通过改变水力负荷，考察其对系统充氧效果的影响，以确定适当的水力负荷参数。

（三）水力负荷对生活污水处理效果的影响

水力负荷是影响塔式生物滤池运行的关键因素，决定了污水与生物膜接触时间的长短，影响反应器内微生物的生长、增殖和更新，进而影响工艺的处理效果。在系统运行时间一定的条件下，改变污水进水量，水力负荷对塔式生物滤池的出水水质有较大影响，考察进水水力负荷对系统处理效果的影响有利于了解系统的抗水力负荷冲击能力。

（四）有机负荷对生活污水处理效果的影响

有机负荷也是塔式生物滤池设计和运行的重要因素。在水力负荷一定时，当有机负荷在一定范围内时，COD 去除率变化是很小的，但当有机负荷增大到一定程度时，COD 去除率就有明显的下降。同时，在一定条件下塔式生物滤池单位体积填料能够去除的 BOD 的数量有一定限度。在此限度内，当水力负荷一定，废水浓度增加时，单位体积滤料所去除 BOD 的数量也增加，但如超过这一限度，BOD 去除量将会减少。实验中，在系统运行时间和水力负荷一定的条件下，改变污水浓度，考察进水有机负荷对系统处理效果的影响有利于了解系统的抗有机负荷冲击能力。

（五）停留时间对生活污水处理效果的影响

水力停留时间是活性污泥工艺的一个重要参数，对工艺的运行有一定的影响作用，但对于塔式生物滤池由于其塔高有限，污水在滤池内的停留时间较短，所以在工程中通常需要设置出水回流比以提高塔式生物滤池的处理效率，保证出水水质。对于实验室内的小型塔式生物滤池而言，由于塔身高度远低于工程中的塔高，污水在滤池内的停留时间就更短，因此实验中采用 100%回流比进行循环运行。在一定的水力负荷和供氧条件下，分别测定不同运行时间的出水水质指标，考察其对系统处理效果的影响，以确定最佳运行周期（水力停留时间）。

（六）生物膜镜检

分别于挂膜启动阶段和运行处理阶段取填料上的生物膜进行镜检，观察分析其微生物特征。

六、数据处理

1. 绘制水力负荷与污水中 DO 的关系曲线，分析塔式生物滤池充氧能力及其影响因素。

2. 绘制 COD、BOD、SS 和浊度等去除率与水力负荷的关系曲线，分析塔式生物滤池的抗水力负荷冲击能力。

3．绘制 COD、BOD、SS 和浊度等去除率与有机负荷的关系曲线，分析塔式生物滤池的抗有机负荷冲击能力。

4．绘制 COD、BOD、SS 和浊度等去除率与运行时间的关系曲线，以确定最佳的运行周期。

5．描述启动和运行处理阶段填料上微生物的镜检结果。

七、注意事项

1．实验过程中，要注意规范操作，避免被强酸强碱灼伤和试剂、药品的浪费。

2．曝气强度不宜过大，否则容易导致生物膜的脱落。

3．实验过程中，要爱护好仪器设备，规范使用，始终保持实验场地整洁，实验结束后要及时清理和归还借用的仪器、器材。

4．实验中，要注意用水、用电安全，如有问题须及时报告指导老师。

八、思考题

1．塔式生物滤池如何完成对污水的净化？影响塔式生物滤池处理效率的因素有哪些？

2．塔式生物滤池在水处理当中与其他活性污泥法相比有何优缺点？

实验三 下水道模拟装置处理生活污水实验

一、实验目的

1．通过下水道模拟实验装置的调试与安装，开拓学生自主动手能力和创新能力。

2．通过本实验，确定下水道模拟实验装置对生活污水处理的适宜强化条件。

3．通过本实验，确定下水道模拟实验装置随运行时间、运行长度的变化以及对生活污水污染指标的削减情况。

4．巩固学生对化学需氧量、总氮、总磷、pH 值、活性污泥活性指标、微生物镜检等检测手段的掌握。

二、实验原理

近年来，国外对重力式污水管道内生活污水在传输过程中发生的生化反应进行了研究，已经开始考虑将输送过程中污水的水质和污水处理作为一个整体进行设计。即使是压力式污水管道处理技术走在前列的美国、日本等发达国家，其对重力式污水管道污水处理工艺的研究也很重视。

本实验拟利用污水管网系统的容积和污水在其中输送时间较长等特点，构建污水管网下水道污水处理强化技术模拟实验装置，设备可进行污泥投加、坡度调节、水量调节、曝气改变等可控基本参数调节，强化实验条件对污染物去除效果的作用，可对处理后污水进行 COD、BOD、TN、TP 等污染指标的检测，研究强化污水管网内的生物化学反应过程，实现污水在市政管网必要的自行流动过程中对其部分污染物进行净化处理，承担污水厂氧化沟的部分处理负荷，利于降低后续污水厂氧化沟的运行能耗。同时能避免在经济欠发达的西部地区大量地新、扩建污水厂。

三、实验设备、仪器与试剂

1．实验设备

本污水管网下水道污水处理模拟实验装置最大污水流量为 Q_{max}=50 m^3/h，最大坡度 i_{max}=0.022，充满度（h/D）$_{max}$=0.6，最大水位高度 h_{max}=0.6 m，最大流速 V_{max}=1.298 m/s，最大水力半径 R_{max}=0.027 8 m；设备主要有不锈钢低位水箱 1 个、不锈钢高位水箱 1 个、直径 110 mm 的排水管 60 m（其中每隔 1 m 设置一个检查口，可用于挂膜检查，模拟市政管网中的检查井)、三角钢固定架构一批、坡度调节胡柱 15 根。污水流动提升由污水泵实现，设置污水回流阀门控制流量；留设曝气口，用于改变曝气量进行实验；污水管道模拟前后段设置小段软管，可对管道铺设坡度进行调节，低位水箱尺寸：长×宽×高＝1 200 mm×1 000 mm×700 mm，设计有效容积：600 L，主要用于收集实验用水，便于水泵提升供水，高位水箱尺寸：长×宽×高＝1 000 mm×1 000 mm×500 mm，设计有效容积：150 L，设置上部固定进水隔板一块（长×宽×高＝1 000 mm×1 000 mm×300 mm），主要功能为缓冲水流，避免水泵上水干扰前部水位标注。选择纤维稀疏网状填充物或其他半软性组合填料作为稀疏挂膜载体，可装填于每个管道连接处设置的挂膜强化井下部，其上端固定于挂膜强化井井盖；设置高度调节系统实现可调坡度管道的坡度调节，改变水流速度。

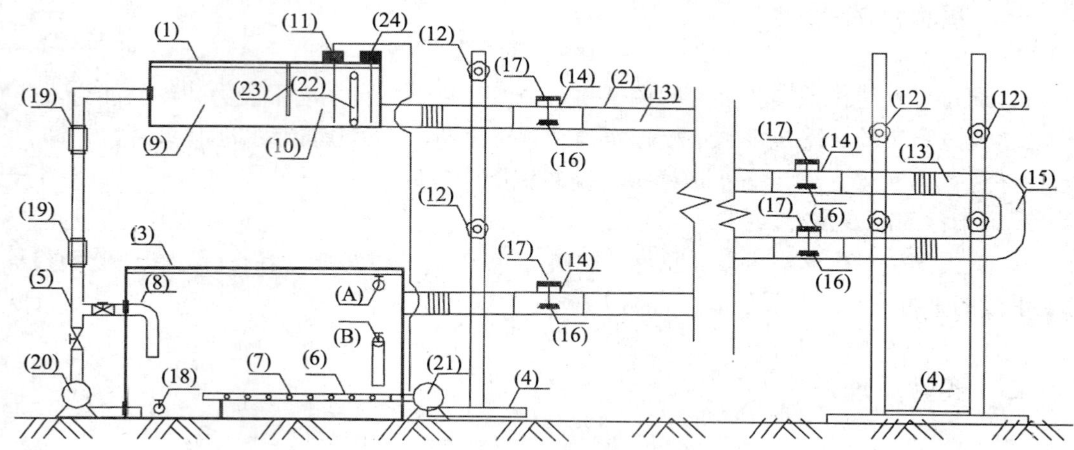

图 1-3-1 污水管网下水道污水处理模拟实验装置示意图

A．进水口；B．虹吸出水口；1．高位混合池；2．膜强化管网系统；3．低位混合池；4．支架固定系统；5．污水提升系统；6．溶解氧调节系统；7．曝气管；8．上水缓冲系统；9．缓冲区；10．集水区；11．溶解氧在线监测系统；12．高度调节系统；13．可调坡度管道；14．挂膜强化井；15．跌水井模拟区；16．稀疏挂膜载体；17．挂膜强化井井盖；18．排空阀门；19．上水管伸缩调节系统；20．污水泵；21．鼓风曝气泵；22．液位观测管；23．隔板；24．流速仪

2．分析仪器与方法

本实验采用国家标准测试方法，各项指标按《水和废水检测分析方法》（第四版）中的测试方法进行。主要实验分析项目见表 1-3-1。

表 1-3-1 主要测试分析项目及分析方法

分析项目	分析方法	分析项目	分析方法
COD_{Cr}	重铬酸钾法	NH_3-N	纳氏试剂分光光度法
pH	精密酸度仪	TN	碱性过硫酸钾消解
MLSS、SS	滤纸重量法	PO_4^{3-}	钼锑抗分光光度法
温度、溶解氧	YSI model52 溶解氧测定仪	总磷	过硫酸钾消解法
MLVSS	焚烧称量法	生物相	BA310 数码生物显微镜

本研究所采用的主要仪器设备见表 1-3-2。

表 1-3-2 主要仪器设备一览表

序号	设备及仪器名称	型号
1	溶解氧、温度测定仪	YSI model52
2	精密酸度仪	HACH sension2
3	分析天平	FA1004
4	电热鼓风干燥箱	GZX-9240MBE
5	生化恒温培养箱	SPX-250B-Z
6	微波消解 COD 速测仪	WMX
7	紫光可见分光光度计	UV-2100
8	电子显微镜	Motic DMB5
9	离心机	TDL-40B（低速）
10	离心机	TGL-18000-CR（高速）
11	箱式电阻炉	SX-4-10
12	湿式气体流量计	

四、实验步骤及记录

（一）实验装置的安装和调试

按照实验设备图对实验装置进行调试，保证水泵正常、曝气系统正常、伸缩节密封性良好、管道无破损现象。

（二）确定实验方案

根据实际对实验进行具体实施方案设计，变量控制由溶解氧浓度（DO）（mg/L）、污泥浓度（g/L）、挂膜密度[个/（10^{-1}d m^3）]、污水流速（m/s）、pH、温度（℃）中任选两个开展实验，测试指标主要为化学需氧量（COD）、总氮（TN）和总磷（TP），对污泥指标的测试主要测定 SV%、MLSS 以及污泥微生物镜检。

（三）待处理污水水质水量的监测

实验用水取自生产单位实际生活污水，水量 550 L 左右，测定原水 COD、pH 值、TN、TP，记录实验数据。

（四）挂膜启动

本实验先将填料固定在挂膜井盖，装填完毕后通入活性污泥进行培养。将该污泥加入主体反应器中，控制水温在 21～25℃，pH=6.5～7.5，DO=4～5 mg/L，在进水 COD=300～400 mg/L，MLSS=40 g/L，N_V=0.5kg COD/（m^3·d）下进行间歇培养，连续培养 15 天（此部分应在实验课开始前运行），监测不同培养时间后的水质条件，对挂膜情况进行微生物镜检，一般认为挂膜启动期 COD_{Cr} 去除率达到 65%可认为生物膜生长成熟，挂膜完成。

（五）处理周期的确定

测定本实验的进水温度、流速、pH 值、DO，将进水中 MLSS 分别控制在 0 g/L、0.5 g/L、1.0 g/L、2.0 g/L 和 3.0 g/L 的情况下开展实验，每间隔 0.5 h 取样测定其 COD，分析 COD 去除率，分析得出适宜处理周期，以此结果来确定后续条件控制实验的结束时间。

（六）条件控制实验

1．溶解氧对系统处理效果的影响

测定进水温度、进水流速、pH 值、悬浮固体浓度（MLSS），以此固定条件下，控制进水 DO 值分别为 0.5 mg/L、1.0 mg/L、2.0 mg/L、3.0 mg/L 和 4.0 mg/L，测定处理周期后的出水指标，研究溶解氧对系统处理效果的影响。

2．悬浮固体浓度（MLSS）对系统处理效果的影响

测定进水温度、进水流速、pH 值、DO，以此固定条件下，控制进水 MLSS 分别在 0.5 g/L、1.0 g/L、2.0 g/L、3.0 g/L 和 4.0 g/L，测定处理周期后的出水指标，研究悬浮固体浓度（MLSS）对系统处理效果的影响。

3．污水流速对系统处理效果的影响

测定进水温度、pH 值、DO，进水 MLSS，以此固定条件下，使用管道坡度调节系统对水流速度进行调节，流速分别控制在 0.3 m/s、0.6 m/s、1.0 m/s、1.5 m/s 和 2.0 m/s，测定处理周期后的出水指标，考察污水流速对系统处理效果的影响。

4．pH 值对系统处理效果的影响

测定进水温度、进水流速、DO，进水 MLSS，以此固定条件下，使用弱酸弱碱对进水 pH 值进行调节，分别控制进水 pH 值在 5、6、7、8，开展实验，测定处理周期后的出水指标，考察污水进水 pH 值对系统处理效果的影响。

任意选取两种条件开展条件控制实验研究即可。

五、数据处理

1．列表记录实验数据，绘制设备挂膜启动运行期设备对污水 COD 的去除效果图，并对启动前期和启动完成后的污泥进行镜检。

2．以运行时间为横坐标，COD 去除率为纵坐标，绘制 COD 去除率随时间的变化趋势图，分析得出适宜处理周期，并进行分析。

3．以控制条件为横坐标，COD 去除率、TN 去除率、TP 去除率为纵坐标，绘制各变化控制指标对各污染指标削减的影响图，并进行分析。

4．撰写实验研究技术报告。

六、思考题

根据实验结果以及实验中所观察到的现象，简述所选取的几个因素对实验结果的影响情况。

实验四　序批式活性污泥反应器处理校园生活污水实验

一、实验目的

1. 学习和掌握文献资料的检索和应用，加深对 SBR 反应器的工艺原理及特征的了解。

2. 通过调查研究、实地考察，系统了解桂林理工大学雁山校区校园生活污水的主要来源、水质情况和排放情况。

3. 利用 SBR 反应器对该校园生活污水进行处理，实验得出较优的工艺参数。

4. 通过整个实验过程，培养和锻炼发现问题、分析问题和解决问题的综合能力，主观能动性和创新思维得到启发和提高。

二、实验原理

SBR 技术是活性污泥法的一种，去除污染物的机理与传统的活性污泥法完全一致，即微生物以污水中有机基质作为食物源，对其进行吸附、吸收、氧化、分解。但其操作过程又与活性污泥法有根本不同，SBR 与传统水处理工艺的最大区别在于其以时间顺序来分割流程各单元，整个过程对于单个操作单元而言是间歇进行的，但是通过多个单元组合调度后又是连续的，因而也可以用于工业化大规模生产。这种技术集曝气、沉淀于一池，而不需设置二沉池及污泥回流设备，也无须初沉池。在该系统中，反应池在一定时间间隔内充满污水，以间歇处理方式运行，处理后混合液沉淀一段时间后，从池中排除上清液，沉淀的生物污泥则留于池内，用于再次与污水混合处理污水，这样依次反复运行，则构成了序批式处理工艺。

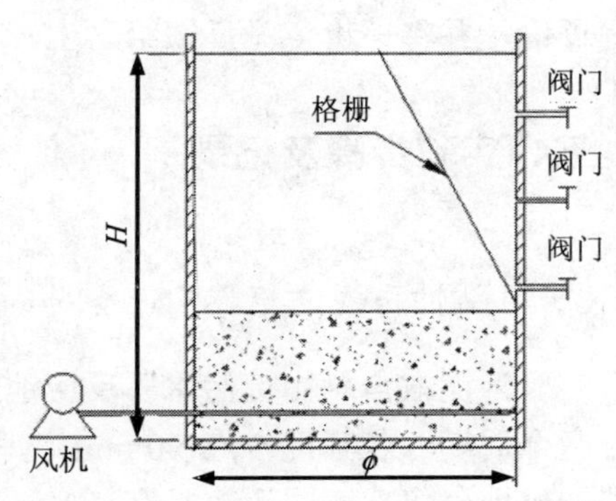

图 1-4-1　SBR 反应器结构示意图

SBR 法系统的运行分为 5 个阶段，即进水阶段、反应阶段、沉淀阶段、排水阶段和闲置阶段。从进水到闲置的整个过程称为一个运行周期，在一个运行周期内，底物浓度、污泥浓度、底物的去除率和污泥的增长速率等都随时间不断变化。

三、实验设备与试剂

1．SBR 反应器（桂林理工大学设计，上海同广科教仪器设备有限公司制作）。

2．电子天平；微波消解 COD 速测仪；电热恒温鼓风干燥箱；便携式溶氧仪；pH 计；浊度仪等。

3．烧杯、量筒、移液管、容量瓶、滴定管、锥形瓶等。

4．含 Hg^{2+}消解液，c（$1/6K_2Cr_2O_7$）=0.200 0 mol/L。

5．硫酸-硫酸银催化剂。

6．硫酸亚铁铵标准溶液。

四、实验内容

1．学生通过检索和查阅有关 SBR 处理生活污水的文献资料，设计实验方案，确定反应器运行的相关参数。

2．指导教师审查学生提交的实验设计方案后，根据实验室环境条件等具体情况，与学生讨论并修正设计方案，确定实验计划，提供相关装置设备。

3．学生启动实验方案（包括生活污水的采集、接种污泥的采集、调试运行 SBR 装置、分析溶液的配制等）。

4．SBR 反应器正式运行，定期监测进出水的水质指标和污泥指标，实验得出较优的处理参数。

5．整理实验数据，对实验结果进行分析评价，提交正式实验报告，教师对实验报告进行评价，并将评价意见反馈给学生。

五、实验步骤及记录

（一）活性污泥的培养

实验污泥取自雁山镇污水厂反应池的活性污泥，采用接种培养，加入生活污水，连续运行两个周期，若其混合液 30 min 沉降比达到 20%，污泥颜色渐变为灰褐色，沉淀后泥水能较好地分离，表明污泥具有良好的凝聚沉降性能，便认为污泥的培养基本完成。

（二）SBR 反应器的运行

实验运行方式采用进水—好氧—沉淀—排水—闲置的方式，实验过程中，温度为常温；pH 为 7±0.5；曝气过程中 DO 维持在 2.0 mg/L 以上；MLSS 浓度保持在 5 000 mg/L 左右；排出比按 1∶2（排出比是指每次排水的容积占混合液总容积的比例）计算。

（三）最佳运行条件的确定

1．最佳进气量的确定

从耗氧与供氧的关系来看，在反应初期 SBR 反应池保持充足的供氧，可以提高有机物的降解速度。随着剩余溶解氧的出现，逐渐减少供氧量，以节约运行费用；同时气量过大时气流剪切力的作用会影响菌胶团的形成。在进水 COD 浓度为 220 mg/L，反应时间为 5 h，沉淀为 1 h，排水时间为 1 h 的运行条件下，设置进气量分别为 0.15 m^3/h、0.25 m^3/h、0.37 m^3/h，对生活污水进行处理。

2．最佳反应时间的确定

曝气时间的长短关系到处理效果的好坏及运行成本的高低。在进气量为 0.25 m^3/h，沉淀时间为 1 h，排水时间为 1 h 的情况下，选择曝气时间为 4 h、5 h、6 h、7 h 进行实验。

3．SBR 系统耐冲击负荷的研究

由于 SBR 系统有一定的充水期，可以使水质得以部分均合，充水阶段对进水污染物浓度有相当大的稀释作用，通过调整曝气排水等时间，控制反应池的容积负荷或污泥负荷，来适应投配污染物总量的变化，以保证良好的处理效果。从理论上讲，SBR 能够承受较大的水量水质波动。控制工艺参数为上述 SBR 最佳运行条件下，通过改变进水中的 COD 浓度，对 SBR 工艺的耐冲击负荷情况进行研究。

六、数据处理

1．绘制供气量与污水中 DO 或出水 COD 的关系曲线，分析 SBR 充氧能力及其影响因素。

2．绘制 COD、BOD、SS 和浊度等去除率与有机负荷的关系曲线，分析 SBR 的抗有机负荷冲击能力。

3．绘制 COD、BOD、SS 和浊度等去除率与反应时间的关系曲线，分析 SBR 的最佳运行周期。

4．记录启动和运行处理阶段活性微生物的镜检结果。

七、注意事项

1．实验过程中，要注意规范操作，避免被强酸强碱灼伤和试剂、药品的浪费。

2．要爱护好仪器设备，规范使用，始终保持实验场地整洁，实验结束后要及时清理和归还借用的仪器、器材。

3．实验中，要注意用水、用电安全，如有问题须及时报告指导老师。

八、思考题

1．SBR 反应器如何完成对污水的净化？影响 SBR 反应器处理效率的因素有哪些？

2．SBR 反应器在水处理当中与其他活性污泥法相比有何优缺点？

实验五　序批式活性污泥法处理米粉工业废水实验

一、实验目的

1．使用序批式活性污泥法实验设备对米粉生产工业废水开展处理实验，培养学生方案设计、仪器调试、指标测试等自主动手和创新能力。

2．通过实验，掌握 MLSS、SS、COD、pH 等基本生物法净化污水指标测试方法。

3．了解序列间歇式活性污泥法原理及其运行的关键技术，并开展小试设备调试实验。

二、实验原理

序批式活性污泥法（Sequencing Batch Reactor，SBR）是早在 1914 年由英国学者 Ardern 和 Locket 发明的水处理工艺。SBR 工艺的过程是按时序来运行的，一个操作过程分 5 个阶段：进水、反应、沉淀、滗水、闲置。由于 SBR 在运行过程中，各阶段的运行时间、反应器内混合液体积的变化以及运行状态等都可以根据具体污水的性质、出水水质、出水质量与运行功能要求等灵活变化。对于 SBR 反应器来说，只是时序控制，无空间控制障碍，所以可以灵活控制。因此 SBR 工艺发展速度极快，并衍生出许多种新型 SBR 处理工艺。

SBR 法系统的运行分为 5 个阶段，即进水阶段、反应阶段、沉淀澄清阶段、排放处理水阶段和待进水阶段。从进水到待进水的整个过程称为一个运行周期，在一个运行周期内，底物浓度、污泥浓度、底物的去除率和污泥的增长速率等都随时间不断变化。

进水阶段：不仅是水位上升的过程，更重要的是在反应器内进行着重要的生化反应。

反应阶段：当反应器充水至设水位后，污水不再流入反应器内，曝气和搅拌成为该阶段的主要运行方式。曝气一方面可以降解污水中 BOD，另一方面也可以进行硝化反应，作为生物脱氮的前提。有时该阶段也排放一部分剩余污泥。

沉淀澄清阶段：反应降解结束后，反应器内不再曝气，系统进入沉淀澄清阶段。由于在静止的条件下进行絮凝和沉淀，有较理想的效果。

排放处理水阶段：由排水阀排至池外直到设计的最低液位。

待进水阶段：从排放水处理水阶段到进水前的一段空闲时间。

总而言之，当反应池充水，开始曝气后，就进入了反应阶段；待有机物含量达到排放标准或不再降解时，停止曝气。混合液在反应器中处于完全静止状态，进行固液分离，一段时间后排放上清液，活性污泥留在反应池内，多余的污泥可通过放空管排出。至此，完成了一个运行周期，反应器又处于准备进行下一周期运行的待机状态。

SBR 法典型的运行模式见图 1-5-1。

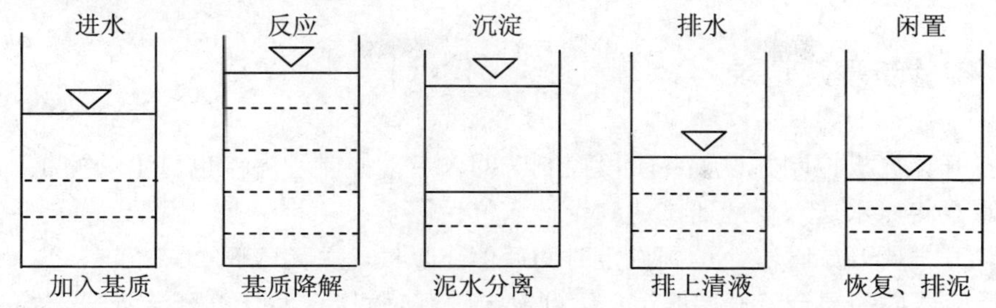

图 1-5-1　SBR 法典型的运行模式

三、实验原料、设备与分析方法

1．实验原料

待处理废水来源为广西桂林市瓦窑米粉厂。由于新鲜米粉的供应基本上都是在清晨，因而米粉生产一般在夜间进行，因此，夜间产生大量的生产废水，白天只有部分冲洗机器和地面的冲洗废水。废水排放波动较大，水质变化情况较复杂。采样点选择在该厂调节混合池，废水来源主要是米粉生产加工过程中所产生的洗米水、团粉冷却水及清洗设备和地面的冲洗水的混合废水。

实验所用活性污泥取自雁山污水处理厂反应池。将取来的活性污泥闷曝一天，使其适应实验室环境。加入实验用水，温度保持在 22℃，驯化两天后进入调试阶段。

2．实验设备与测试指标

实验用 SBR 反应器 1 台套；

实验室精密 pH 计（奥豪斯 Starter 3C）1 台套；

荧光法便携式溶氧仪（美国哈希 HQ30D）1 台套；

浊度仪（上海昕瑞 WGZ-100）1 台套。

其中，实验用 SBR 反应器有效尺寸为 65 cm×34 cm×33 cm，有效体积为 73 L，进水和排水可实现自动化定时操作，由电机搅拌器进行搅拌，1 个滗水器排水点和 1 个放空管排泥点，曝气采用空压机鼓风曝气，转子流量计控制进气量。实验装置如图 1-5-2 所示。

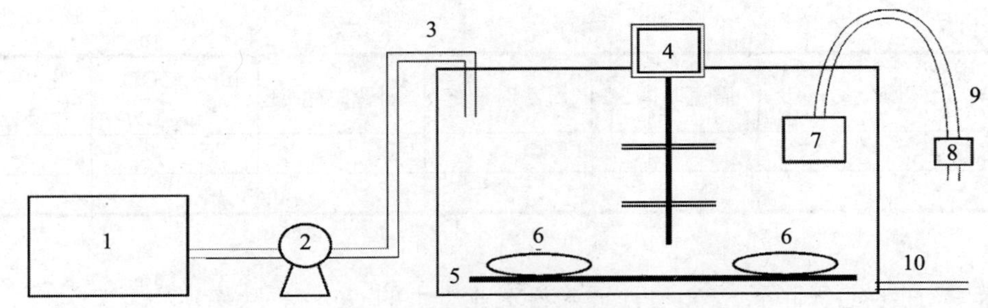

图 1-5-2　SBR 反应池结构示意图

1．水箱；2．水泵；3．进水管；4．电机搅拌；5．空气管；接空压机；6．微孔曝气头；7．滗水器；8．电磁阀；9．出水管、接水泵；10．排空管

测试指标：COD、浊度、pH 值、溶解氧、MLSS。（实验方法略）

四、实验步骤及记录

1．打开计算机控制并设置各阶段控制时间，启动控制程序，也可手动控制；

2．水泵将原水送入反应器，达到设计水位后停泵；

3．打开气阀开始曝气，达到设定时间后停止曝气，关闭气阀；

4．反应器内的混合液开始静沉，达到设定静沉时间后，阀 I 打开滗水器开始工作，关闭阀 I 打开阀 II，排出反应器内的上清液；

5．准备开始进行下一个工作周期；

6．处理水量：2～6 L/h（平均）；

7．SBR 停留时间：4 h、6～14 h；

8．二沉池停留时间：1～4 h；

9．具体待处理米粉工业废水指标数据以实验为准，实验条件安排如表 1-5-1 所示。

表 1-5-1　SBR 法处理米粉工业废水实验批次安排表

实验日期：

实验批次：

固定参数＼变化参数	进水 COD/（mg/L）	反应容积/L	排出比	反应温度/℃	曝气时间/h	静沉时间/h	滗水时间/h	闲置时间/h
曝气时间/h								
进水量/L								

注：固定参数和变化参数可根据自主设定的参数而改变或增加。

五、成果整理

1．记录实验获取指标参数于表 1-5-2。

表 1-5-2　SBR 法处理米粉工业废水实验记录表

实验日期：

进水时间/h	曝气时间/h	静沉时间/h	滗水时间/h	闲置时间/h	进水 COD/（mg/L）	出水 COD/（mg/L）

2．计算在给定条件下 SBR 法处理米粉工业废水的 COD 去除率 η：

$$\eta = \frac{S_a - S_e}{S_a} \times 100\%$$

式中：S_a——进水中有机物浓度，mg/L；

S_e——出水中有机物浓度，mg/L。

3．分析实验数据，撰写实验研究技术报告。

六、注意事项

1．放污泥时注意标记泥量线，静置沉淀后保持泥面高度。根据处理水量进水，以后根据进水线与排出比确定处理水量。

2．调 pH，按照用量投加已配制的 1.0 mol/L 的 NaOH 溶液，废水先进行 pH 调节，之后再投加到反应池中，不可直接投加废水和碱液，以免损伤污泥的活性。

3．在反应池中用 pH 计测量一次，记度数，如反应池内的 pH 与 7 相差不大便可以运行。

4．取原水测量 COD，记录。

5．测量原水浊度，记录数值。

6．进水完毕后，取水样测量反应池中的 MLSS，记录。

七、思考题

1．还有哪些常见的废水/污水生物处理法，它们的异同点有哪些？

2．SBR 法工艺上的特点及滗水器的作用。

3．如果对脱氮除磷有要求，应怎样调整各阶段的控制时间？

实验六　曝气生物滤池处理米粉废水实验

一、实验目的

1．通过学生自己取水样及制订实验方案，开拓学生自主动手能力和创新能力。

2．通过本实验，可以确定曝气生物滤池处理米粉废水的运行条件。

3．通过本实验可以巩固学生 COD、SS、DO、pH 等的测定方法。

二、实验原理

曝气生物滤池的原理是反应器内填料上所附生物膜中微生物的氧化分解作用，填料及生物膜的吸附阻留作用和沿水流方向形成的食物链分级捕食作用以及生物膜内部微环境和厌氧段的反硝化作用。污水通过滤料层，水体中含有的污染物被滤料层截留，并被滤料上附着的生物降解转化，同时，溶解状态的有机物和特定物质也被去除，所产生的污泥保留在过滤层中，只允许净化的水通过，这样可在一个密闭反应器中达到完全的生物处理而不需在下游设置二沉池进行污泥沉降。

三、实验仪器与试剂

1．实验装置：曝气生物滤池，型号为 TG-335。反应器材料采用有机玻璃，长、宽、高分别为 400 mm×400 mm×800 mm。滤池采用上向流设计，取样口为出水口。底部设有穿孔曝气管及反冲洗布水管；空气由气泵经穿孔曝气管由底部泵入，气量由气体流量计调节。

反应器底部放入一个多孔挡板作为滤料承托层，挡板上加入 450 mm 高的轻质聚乙烯颗粒滤料，堆积密度 0.9～1.1 g/c m^3，粒径 2～4 cm，比表面积 4～7 m^2/g。

2．pH 仪、浊度仪、微波消解仪、电子天平、烘箱、移液管、容量瓶等。

3．含 Hg^{2+}消解液：c（1/6$K_2Cr_2O_7$）=0.200 0 mol/L，称取经 120℃烘干 2 h 的基准纯 $K_2Cr_2O_7$ 9.806 g，溶于 600 mL 水中，再加入 $HgSO_4$ 25.0 g，边搅拌边缓慢加入浓 H_2SO_4 250 mL，冷却后移入 1 000 ml 容量瓶中，稀释至刻度，摇匀。该溶液适用含氯离子浓度大于 100 mg/L 的水样。

4．硫酸-硫酸银催化剂：于 1 000 mL 浓 H_2SO_4 中加入 10 g 硫酸银，放置 1～3 天，不时摇动使其溶解。

5．试亚铁灵指示剂：称取邻菲罗啉 1.485 g，硫酸亚铁（$FeSO_4 \cdot 7H_2O$）0.695 g 溶于水中，稀释至 100 mL，贮于棕色瓶内。

6．硫酸亚铁铵标准溶液：称取$(NH_4)_2Fe(SO_4)_2 \cdot 6H_2O$ 16.6 g 溶于水中，边搅拌边缓慢加入浓 H_2SO_4 20 mL，冷却后移入 1 000 ml 容量瓶中，定容，此溶液浓度约 0.042 mol/L，用前用 $K_2Cr_2O_7$ 标准溶液标定。

准确吸取 5.00 mL 重铬酸钾标准溶液于 150 mL 锥形瓶中，加水稀释至约 30 mL，缓慢加入浓硫酸 5 mL，混匀。冷却后，加入 2 滴试亚铁灵指示剂，用硫酸亚铁铵溶液滴定，溶液的颜色由黄色经蓝绿色至红褐色即为终点。

$$c_{(NH_4)_2Fe(SO_4)_2} = (0.200\,0 \times 5.00)/V$$

式中：c —— 硫酸亚铁铵标准溶液的浓度，mol/L；

V —— 硫酸亚铁铵标准溶液的滴定用量，mL。

四、实验步骤及记录

1．学生通过查阅相关资料和设计用书，讨论确定实验方案，包括确定进水等相关参数、测定项目以及测定方法等。

2．取米粉废水及污水厂活性污泥并挂膜，同时做实验前的准备，准备玻璃器皿及配制溶液。

3．实施实验，记录实验结果。

4．对实验数据和效果进行分析讨论，最后按照科技论文的要求写出小论文形式的实验报告，实验完成。

五、思考题

根据实验结果以及实验中所观察到的现象，简述影响 COD 降解的几个主要因素。

实验七　城市污水厂活性污泥反硝化聚磷特性检测实验

反硝化聚磷菌能够利用同一碳源完成反硝化聚磷和脱氮，不仅可以节省脱氮对碳源的需求，而且摄磷在缺氧环境中完成还可省去曝气，节省运行费用，同时产生的剩余污泥量也相对较少，这对于提高污水处理厂的脱氮除磷效率，降低能耗具有重要意义。但目前，对于现有城市污水处理厂活性污泥中是否存在 DPB 及其占总聚磷菌的比例尚缺少操作简单、成本较低的监测方法，因此无法根据活性污泥的反硝化聚磷性能调控污水厂运行条件，以实现氮磷去除效率的提高和同步节能降耗的目的。

一、实验目的

1. 确定反硝化聚磷菌是否在城市污水处理厂污泥中存在；
2. 评估城市污水处理厂活性污泥中反硝化聚磷菌占总聚磷菌的比例。

二、实验原理

反硝化除磷过程中厌氧释磷和缺氧吸磷两个过程的代谢模式如图 1-7-1 所示。

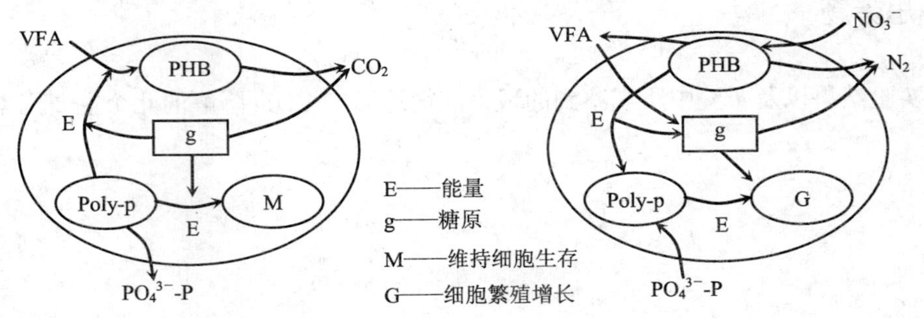

图 1-7-1　聚磷微生物放磷、聚磷机理图

厌氧释磷：在厌氧过程中，聚磷菌水解体内的 ATP，形成 ADP 和能量，同时将胞内的多聚磷酸盐（Poly-p）分解，以无机磷酸盐（PO_4^{3-}）形式释放出去。另外，聚磷菌利用原酵产物（$NADH_2$）和能量摄取废水中的有机物来合成大量的有机颗粒 PHB，贮存在细胞体内。此时表现的是磷的释放，其反应方程式基本关系为：

$$ATP+H_2O \longrightarrow ADP+H_3PO_4+能量$$

缺氧吸磷：在缺氧过程中，聚磷菌利用氧化分解硝酸根离子分解体内储存的 PHB 而产生的能量完成繁殖代谢作用，而 ADP 获得这个能量，可以用来合成 ATP；同时聚磷菌超量吸收溶液中的磷酸盐来合成 Poly-p 及糖原等有机颗粒，储存在细胞体内，此时表现的是磷的吸收，其反应方程式基本关系为：

$$ADP+H_3PO_4+能量 \longrightarrow ATP+H_2O$$

利用好氧聚磷菌和反硝化聚磷菌聚磷条件的不同，根据缺氧条件下聚磷率与好氧条件下聚磷率的比值可以简单推算出污泥中反硝化聚磷菌与总聚磷菌的比例。

三、实验仪器与试剂

1．WFZ UV-2100 紫外分光光度仪。
2．WMX 微波密封消解 COD 速测仪及配套消解罐。
3．TDL-40B 型低速台式离心机。
4．Q/CYAB10-2001 手提式压力蒸汽灭菌锅。
5．4 L 塑料桶 6 个。
6．200 mL 烧杯 6 个。
7．100 mL 注射器若干，移取沉淀后上清液用。
8．1 mL、5 mL、10 mL 移液管各一支，吸耳球若干，移取上清液用。
9．温度计 1 支，测水温用。
10．1 000 mL 量筒 1 个，量水体积用。
11．保鲜膜 1 卷，厌氧过程密封用。
12．50 mL 离心管若干。
13．曝气机 1 台。
14．取样器、绳子、漏斗等。

四、实验步骤及记录

1．准备实验器皿、药品、取样工具（桶、漏斗和绳子）、储备器皿（50 mL 离心管），将实验玻璃器皿清洗干净；

2．到达取样地点。在好氧段末端取样，将取样桶中的泥水混合物搅拌均匀后倒入准备好的容器中。在样品中加入碳源（NaAc，COD 200 mg/L）、脱氧剂无水亚硫酸钠和氯化钴。将桶中剩余泥水混合物静沉，取上清液分别置于储备器皿中，进行编号，即为初始浓度。此时开始计时，并返回实验室。

其中亚硫酸钠和氯化钴计算公式如下：

（1）脱氧剂（无水亚硫酸钠）用量：$g=（1.1\sim1.5）\times 8G$

$$G=\mathrm{DO}\cdot V$$

（2）催化剂（氯化钴）用量：投加浓度为 0.1 mg/L。

（3）由计时开始每隔一段时间取一次样（取样体积为 30 mL），置于准备好的 50 mL 离心管中，立即测量。取样时间由计时起分别为 1 h、2 h、3 h。

（4）将磷释放完全的泥水混合物混合均匀后平均分为两份，一组进行曝气，另一组加入配置好的硝酸钾溶液（浓度为 40 mg/L）。取样时间延续缺氧段时间，分别为 4 h、5 h、6 h。

（5）取样过程，活性污泥性状变化记录在表 1-7-1 中。

表 1-7-1 实验过程记录

反应阶段	取样时间/h	活性污泥性状变化描述	小 结
取样初始	0		
厌氧实验过程	1		
	2		
	3		
好氧实验过程	4		
	5		
	6		
缺氧实验过程	4		
	5		
	6		

（6）采用重量法测定活性污泥 MLVSS 浓度，各段实验所取水样经离心后（3 000 r/min，5min）采用国家规定标准方法测定 COD、TP、硝酸盐氮浓度。其中 COD 采用微波消解法、硝酸盐氮采用酚二磺酸光度法、总磷采用钼锑抗光度法。

测定结果记录于表 1-7-2 中。

表 1-7-2 原始数据记录表

	取样时间/h	水样编号	COD/（mg/L）	TP/（mg/L）	NO_3^--N/（mg/L）
厌氧段	0				
	1				
	2				
	3				
好氧段	4				
	5				
	6				
缺氧段	4				
	5				
	6				
MLVSS/（g/L）					

五、数据处理

1．厌氧段释磷量及释放率

厌氧段释磷量按公式（1-7-1）计算，释磷率按公式（1-7-2）计算。

$$P_r = \frac{C_1 - C_0}{\text{MLVSS}} \quad (1\text{-}7\text{-}1)$$

式中：P_r—— 总磷释放量，mgP/g VSS；

C_1—— 厌氧段上清液中磷浓度最大值，mg/L；

C_0—— 厌氧段初始时上清液磷浓度值，mg/L；

MLVSS—— 活性污泥混合液的挥发性悬浮固体浓度，g/L。

$$V_{P_r} = \frac{P_r}{t} \quad (1\text{-}7\text{-}2)$$

式中：V_{P_r}—— 总磷释放率，mgP/（g VSS·h）；

t—— 总磷释放量达最大值所经历时间，h。

2．聚磷量及聚磷率

聚磷量和聚磷率按公式（1-7-3）及式（1-7-4）计算。

$$P_a = \frac{C_1 - C_2}{\text{MLVSS}} \quad (1\text{-}7\text{-}3)$$

式中：P_a—— 总摄取磷量，mgP/g VSS；

C_1—— 厌氧段上清液中磷浓度最大值，mg/L；

C_2—— 好氧段（缺氧段）上清液磷浓度最小值，mg/L；

MLVSS—— 活性污泥混合液的挥发性悬浮固体浓度，g/L。

$$V_{P_a} = \frac{P_a}{t} \quad (1\text{-}7\text{-}4)$$

式中：V_{P_a}—— 总聚磷率，mgP/（g VSS·h）；

t—— 好氧段（缺氧段）上清液磷浓度达最小值所经历时间，h。

3．反硝化聚磷菌存在比例

反硝化聚磷菌存在比例为缺氧段总聚磷量与好氧段总聚磷率的比值。

计算结果填入表 1-7-3 及表 1-7-4 中。

表 1-7-3　厌氧段数据整理记录表

指标	数据
MLVSS/（g/L）	
COD/VSS/（mg/g）	
总释放磷量/（mgP/g VSS）	
磷释放率/[mgP/（g VSS·h）]	

表 1-7-4　好氧段及缺氧段数据整理记录表

指标	反硝化聚磷	好氧聚磷
COD/VSS（mg/g）		
NO_3^--N/VSS/（mg/g）		
总摄取磷量/（mgP/g VSS）		
聚磷率/[mgP/（g VSS·h）]		
DPB/PAO/%		

六、思考题

1．厌氧释磷、好氧聚磷及缺氧聚磷过程中 COD 的变化规律及其与上清液中磷浓度变化规律之间的关系。

2．缺氧聚磷过程 NO_3^--N 变化规律。

七、注意事项

1．取水样时，所取水样要搅拌均匀，要一次量取以尽量减少所取水样浓度上的差别。

2．移取上清液时，要在相同条件下取上清液，并注意不要把沉下去的活性污泥搅起来。

实验八　废水生物抑性实时监控实验

一、实验目的

在正常运行的活性污泥系统中加入生物抑制性物质（重金属、有毒有害有机物），观察其对活性污泥的抑制性规律，充分理解生物抑制性实时监控在污水处理厂预警中的重要性。

二、实验原理

耗氧速率（又称呼吸速率，OUR）是活性污泥微生物好氧利用有机物时的氧消耗速率，是表征活性污泥微生物活性的理论指标，即活性污泥 OUR 的变化情况即可反映微生物抑制性程度。

根据这一基本原理，开发一套废水生物抑制性实时监测系统，其工艺流程图见图 1-8-1。

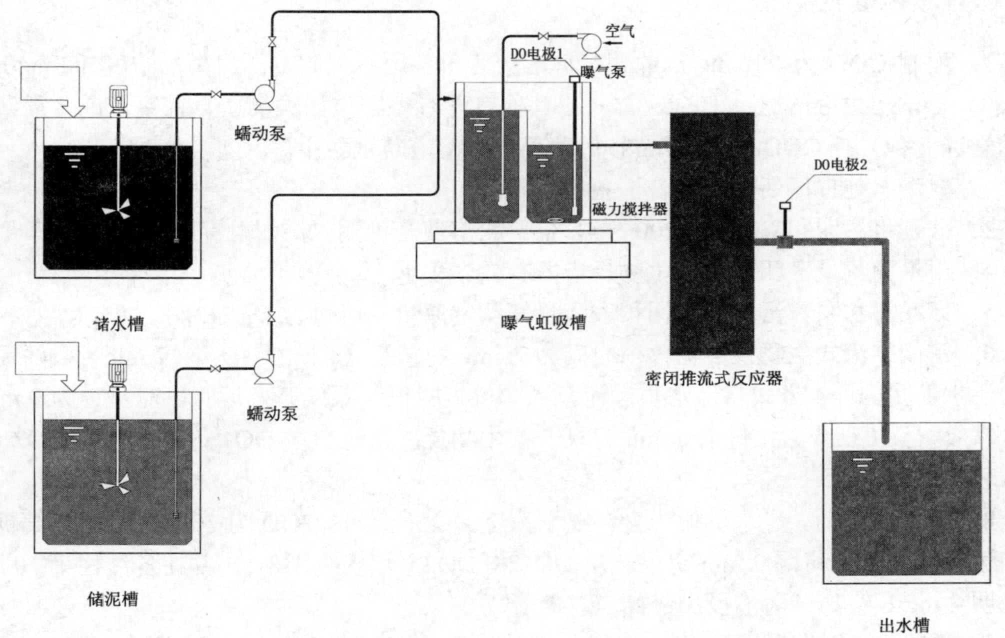

图 1-8-1　废水生物抑制性实时监测系统流程图

废水和污水实时从储水槽（或污水处理厂提升泵房集水井或沉砂池）、储泥槽（或污水处理厂生化池曝气段）由蠕动泵抽入曝气虹吸槽，以曝气混合后虹吸进入密闭推流式生物反应器，实时检测生物反应器进口端 DO1 值和出口端 DO2 值，通过下式计算活性污泥的 OUR 值：

$$OUR=（DO1-DO2）/T$$

式中，T—— 密闭推式生物反应器的水力停留时间。

根据 OUR 的变化情况就可判断废水的生物抑制性程度。

三、实验仪器与试剂

1．废水生物抑制性实时监控系统或简易废水生物抑制性实时监控实验装置（包括蠕动泵 2 台、溶氧仪 2 台、曝气虹吸槽 1 个、密闭推流式生物反应器 1 个）。

2．秒表 1 只。

3．水桶 3 只。

4．搅拌机 1 台，作污泥贮桶用，防止污泥下沉。

5．1 000 mL 量筒 1 个，量原水体积用。

6．500 mL 烧杯 2 只。

7．重铬酸钾、五水合硫酸铜、苯酚、葡萄糖等若干。

四、实验步骤及记录

最佳投药量实验

1．配制 COD 为 200 mg/L 的葡萄糖溶液若干备用；配制不同铬离子浓度（2 mg/L、4 mg/L、6 mg/L、8 mg/L、10 mg/L）（或其他有毒有害物质如铜离子、锌离子或苯酚，每组同学选一种）且 COD 为 200 mg/L 的葡萄糖水溶液若干备用。

2．取污水处理厂活性污泥若干备用。

3．分别将污泥和 COD 为 200 mg/L 葡萄糖溶液若干倒入污泥贮存桶中。

4．用量筒测量密闭推流式生物反应器有效容积 V。

5．启动污水泵和污泥泵，用秒表和量筒测定流量其流量为 Q_1、Q_2。

6．密闭推流式生物反应器停留时间为 2 min 的总量（$V/（Q_1+Q_2）$=2 min）且污泥流量：污水流量=1：4 方式将污水与污泥泵入曝气虹吸槽，系统开始运行，时刻记为 0 min。

7．运行 10 min 后，每隔 2 min 记录一次生物反应器进口端 DO1 值和出口端 DO2 值，填入表 1-8-1 中。

8．第 10 min 时，进水更换为含铬离子浓度为 2 mg/L 且 COD 为 200 mg/L 的葡萄糖溶液，运行 10 min，每隔 2 min 记录一次 DO1 和 DO2，填入表 1-8-1，并在备注栏第 10 min 时注明 2 mg/L 铬离子溶液投加起始点。

9．第 20 min 时，进水更换为 COD 为 200 mg/L 的葡萄糖溶液，运行 10 min，每隔 2 min 记录一次 DO1 和 DO2，填入表 1-8-1，并在备注栏第 20 min 时注明 2 mg/L 铬离子溶液投加结束点。

10．第 30 min 时，进水更换为铬离子浓度为 4 mg/L 且 COD 为 200 mg/L 的葡萄糖溶液，运行 10 min，每隔 2 min 记录一次 DO1 和 DO2，填入表 1-8-1，并在备注栏第 30 min 时注明 4 mg/L 铬离子溶液投加起始点。

11．第 40 min 时，进水更换为 COD 为 200 mg/L 的葡萄糖溶液，运行 10 min，每隔 2 min 记录一次 DO_1 和 DO_2，填入表 1-8-1，并在备注栏第 40 min 时注明 4 mg/L 铬离子溶液投加结束点。

12．第 50 min 时，进水更换为铬离子浓度为 6 mg/L 且 COD 为 200 mg/L 的葡萄糖溶液，运行 10 min，每隔 2 min 记录一次 DO1 和 DO2，填入表 1-8-1，并在备注栏第 50 min 时注明 6 mg/L 铬离子溶液投加起始点。

13．第 60 min 时，进水更换为 COD 为 200 mg/L 的葡萄糖溶液，运行 10 min，每隔 2 min 记录一次 DO1 和 DO2，填入表 1-8-1，并在备注栏第 60 min 时注明 4 mg/L 铬离子溶液投加结束点。

14．第 70 min 时，进水更换为铬离子浓度为 8 mg/L 且 COD 为 200 mg/L 的葡萄糖溶液，运行 10 min，每隔 2 min 记录一次 DO1 和 DO2，填入表 1-8-1，并在备注栏第 70 min 时注明 8 mg/L 铬离子溶液投加起始点。

15．第 80 min 时，进水更换为 COD 为 200 mg/L 的葡萄糖溶液，运行 10 min，每隔 2 min 记录一次 DO1 和 DO2，填入表 1-8-1，并在备注栏第 80 min 时注明 8 mg/L 铬离子溶液投加结束点。

16．第 90 min 时，进水更换为铬离子浓度为 10 mg/L 且 COD 为 200 mg/L 的葡萄糖溶液，运行 10 min，每隔 2 min 记录一次 DO1 和 DO2，填入表 1-8-1，并在备注栏第 90 min 时注明 8 mg/L 铬离子溶液投加起始点。实验结束。

表 1-8-1　数据记录表

序号	时刻/min	DO1/（mg/L）	DO2/（mg/L）	备注
0	0			
1	2			
2	4			
…	…			
5	10			2 mg/L 铬离子投加起始点
	…			

五、数据处理

1．数据分类整理

将记录的原始数据录入 EXCEL 表中，分别对每一个铬离子浓度建立表格，每一个表前 5 个数据均为记录表中的 0～8 min 的数据，第 10 min 的数据为记录表中某一浓度投加时刻，如表 1-8-2、表 1-8-3……

表 1-8-2 数据整理表（2 mg/L）

周期序号	时刻/min	DO1/（mg/L）	DO2/（mg/L）	OUR/[mg/（L·min）]	OUR 突变率/%	备注
0	0					
1	2					
…	…					
5	10					2 mg/L 铬离子投加起始点
6	12					
…	…					
10	20					2 mg/L 铬离子投加结束点
11	22					
…	…					
15	30					

表 1-8-3 数据整理表（4 mg/L）

周期序号	时刻/min	DO1/（mg/L）	DO2/（mg/L）	OUR/[mg/（L·min）]	OUR 突变率/%	备注
0	0					
1	2					
…	…					
5	30					4 mg/L 铬离子投加起始点
6	32					
…	…					
10	40					4 mg/L 铬离子投加结束点
11	42					
…	…					
15	30					

2．OUR 计算

对于每一周期序号 n 的 OUR 值的计算式如下：

$$\mathrm{OUR}_n=\mathrm{DO1}_{n-1}-\mathrm{DO2}\ n/T$$

将计算结果填入表 1-8-2，表 1-8-3 中。

3．OUR 突变率计算

OUR 突变率可表示污泥活性被抑制或恢复的程度。

OUR 突变率=（$\mathrm{OUR}_{n+1}-\mathrm{OUR}_n$）/$\mathrm{OUR}_n\times100\%$

4．周期序号为横坐标，OUR 值为纵坐标，作图，示例见图 1-8-2。

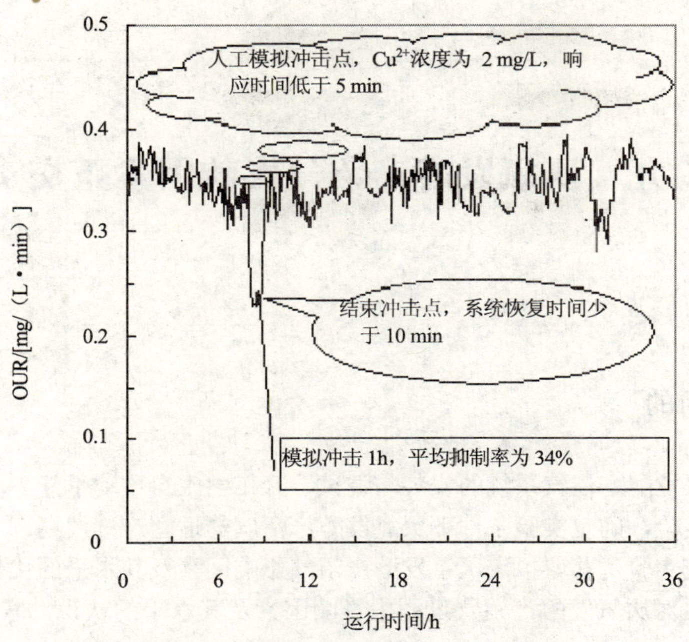

图 1-8-2 废水生物抑制在线监测装置运行图

六、注意事项

如果某种有毒有害物质 10min 还不能响应，可延长周期为 20min，浓度级数可为 3 个（如 2 mg/L、4 mg/L、8 mg/L）。

七、思考题

根据实验结果分析活性污泥活性受抑制的程度是否与有毒有害物质的浓度成正比？为什么？

实验九　厌氧发酵产沼气影响因素正交实验

一、实验目的

1．通过厌氧发酵产沼气系统的安装与调试，开拓学生自主动手能力和创新能力。

2．通过本实验，确定实验条件下厌氧发酵产沼气的适宜产气周期。

3．通过正交实验，获取拟定厌氧发酵产沼气影响因素及其水平的优化组合。

4．巩固学生对厌氧发酵产沼气过程中影响因素及其水平的认识，掌握正交实验安排及其分析方法。

二、实验原理

沼气是有机物质如有机废水、污泥、人畜粪便、秸秆、青草以及垃圾等在厌氧条件下，通过各类厌氧微生物的分解代谢而产生的气体。它是一种清洁的可燃烧的多组分混合气体，由甲烷、二氧化碳和少量的一氧化碳、氢气、氧气、硫化氢、氮气等组成，主要成分是甲烷，约占所产生的各种气体的 60%～80%。标准状态下，纯甲烷的燃烧值为 3.93×10^7 J/ m^3，比天然气（3.53×10^7 J/ m^3）高，1 m^3 沼气完全燃烧后产生的热量相当于 1.2 kg 标准煤燃烧释放的热量。

沼气发酵的实质是微生物自身物质代谢和能量代谢的一个生理过程。沼气发酵的过程中，微生物在厌氧环境下，为了取得进行自身生活和繁殖所需要的能量，而将一些高能量的有机物分解，有机物在转变为低能量成分的同时放出能量以供微生物代谢使用。不同的发酵原料和条件下沼气微生物的种类会有所不同，参与沼气发酵的微生物种类繁多决定了沼气发酵过程的复杂性，因此其产物除了甲烷之外还有其他气体成分。

产甲烷的过程是一个复杂的有机物厌氧降解过程，目前通用的解释理论有两阶段理论和三阶段理论。两阶段理论是由 Thumm、Reichie（1914 年）和 Imhoff（1916 年）提出，后经 Buswell、Neave 完善而成的，将有机物厌氧消化过程分为酸性发酵和碱性发酵两个阶段。

几十年来，厌氧消化两阶段理论一直占统治地位。但到了 1979 年，M. P. Bryant（布赖恩）根据产甲烷菌和产氢产乙酸菌阶段微生物菌群的不同，提出了三阶段理论。

厌氧产沼气的影响因素有厌氧环境、物料的碳氮比、物料的固体浓度、发酵温度、投加的微量元素种类、微量元素的投加量等。

三、实验原料、设备与分析方法

1．实验原料

实验依据开设的季节和地域特色之便，选取高浓度有机废水、鲜猪粪、干稻草、青草、南瓜叶、菜叶等农业有废弃物等为厌氧发酵原料。

2．实验设备

实验设备由发酵系统、温控系统、沼气计量系统组成。

（1）发酵系统

发酵系统为自制的厌氧发酵反应器（图 1-9-1），反应器为容积 50 L 的倒置密封塑料桶，底部设置排气管道以及水样取样管道，由气阀开关控制。排气管道通至沼气计量系统用于沼气产气计量，水样取样管道用于水样取样分析。

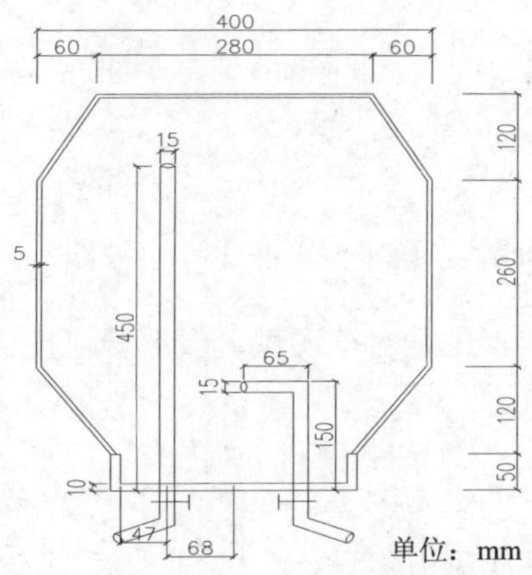

图 1-9-1　厌氧发酵反应装置示意图

（2）温控系统

温控系统为自制保温柜，柜体为隔层木板，内置保温泡沫板与塑料层，门框四周设置胶布条密封，在柜内上方设置两盏 100 W 加热白炽灯，柜内中部设置细长型金属探头为温度指示控制仪（WMZK-01，上海华辰医用仪表有限公司）传输探头环境温度，当探测温度高于设置温度时，自动控制白炽灯熄灭，当探测温度低于设置温度时，自动控制白炽灯加热升温以达到对沼气发酵环境温度进行控制的目的（图 1-9-2）。

图 1-9-2　厌氧发酵反应装置实物图

（3）沼气计量系统

沼气计量系统为医用 6 L 肺活量测定仪（FLJ-A，常州好德医疗器械厂），连接发酵系统的排气管道，放置于温控系统的保温柜内，可收集计量出控制温度下沼气发酵的产气量。

3．分析项目及其仪器方法

本实验测试的项目及方法见表 1-9-1。

表 1-9-1 测试项目与方法

测试项目	测试方法	仪器或设备
pH 值	玻璃电极法（GB 6920—86）	PHS-3S 型精密 pH 计
COD	微波密封消解速测法	微波密封消解 COD 速测仪
挥发性脂肪酸浓度	碳酸氢盐碱度和 VFA 分析的联合滴定法	PHS-3S 型精密 pH 计、磁力搅拌器、蒸馏装置等
碳酸氢盐碱度	碳酸氢盐碱度和 VFA 分析的联合滴定法	同上
每日产气量	水压式集气法	6 L 医用肺活量测定仪
甲烷含量	计量测试法	比长式气体快速检测管
总固体含量	105～110℃烘干重量法	烘箱（101-2 型电热恒温鼓风干燥箱）、电子分析天平
挥发性固体含量	550～600℃灼烧重量法	马弗炉、电子分析天平
碳素含量	以挥发性固体含量的 47%估算	同上
氮素含量	《有机肥料全氮的测定》（NY/T 297—1995）	蒸馏装置、电子分析天平

四、实验步骤及记录

（一）实验装置的安装和调试

按照实验设备图对实验装置进行对接调试，保证管道接头紧密，不漏水，发酵罐盖子封闭性好。

（二）确定实验方案

根据实际对实验进行具体实施方案设计。

1．选取确定的厌氧发酵原料，测试原料的总固体含量、挥发性固体含量、含碳量、含氮量。

2．采用正交实验法对上述厌氧发酵原料的沼气发酵效果影响因素进行正交安排，以确定的工艺条件为控制条件，开展厌氧发酵实验，以适宜发酵周期内的沼气产量以及甲烷产量为实验指标，通过正交实验极差分析法、方差分析法结合工艺参数水平变化影响分析优选出最佳工艺条件组合。

3．应用正交实验分析方法针对所考察的各因素、各水平对实验指标的影响开展科学分析；得出结论，以便对沼气发酵实际工程中发酵周期选择、最优工艺参数选择等提供指导。

五、数据处理

1．列表记录实验原料的投配情况表（表 1-9-2），正交实验因素水平表（表 1-9-3），选取正交实验表，并进行安排列表（表 1-9-4）。

2．列表正交实验各反应器的沼气日产量和甲烷日产量（表 1-9-5～表 1-9-6），对应画出产气趋势图并开展分析，获取适宜产气周期。

3．用工艺参数极差分析法、方差分析法对正交实验结果进行分析，获取工艺参数优化组合。

4．分别针对不同影响因素开展影响分析，阐述厌氧发酵产气机理。

5．撰写实验研究技术报告。

表 1-9-2 1#反应器原料投配情况

原料种类	实投重/kg	折合干重/kg	干固体占总重比例/%	含碳量/g	含氮量/g
鲜猪粪	6.00	0.72	2.9	0.592 2	0.034 2
有机废水					
…	…	…	…	…	…
微量元素（Fe/Co/Ni…）	…	…	…	…	…
总 计					

注：多个反应器则此表格可复制，其中表中原料种类可以根据自己设计投加物品自行更改和添加。

表 1-9-3 正交实验因素水平表

水平	因 素			
	A	B	C	D
1	Fe	20∶1	25℃	6%
2	Co	25∶1	30℃	7%
3	Ni	30∶1	35℃	8%

注：此表为 4 因素 3 水平正交水平表范例，选取了微量元素投加种类（A）、厌氧发酵物料碳氮比（B）、厌氧发酵温度（C）、厌氧发酵固体总量（D）为因素，分别选取常见 3 个水平进行列表，具体实验者可根据选取的水平和因素个数进行正交表选取而具体更改列出。

表 1-9-4 正交实验安排列表

工艺条件	1	2	3	4	A	B	C	D
1	1	1	1	1				
2	1	2	2	2				
3	1	3	3	3				
4	2	1	2	3				
5	2	2	3	1				
6	2	3	1	2				
7	3	1	3	2				
8	3	2	1	3				
9	3	3	2	1				

注：此表为 4 因素 3 水平正交水平表范例，具体实验者可根据选取的水平和因素个数，结合正交表的选择进行具体更改列出。

表 1-9-5 正交实验各反应器的沼气日产量 单位：L

发酵天数/d	工艺条件1	工艺条件2	工艺条件3	工艺条件4	工艺条件5	工艺条件6	工艺条件7	工艺条件8	工艺条件9
1	45.9	75.5	87.3	61.4	113.3	42.0	87.3	45.9	56.4
2	41.3	73.2	80.3	70.8	99.1	41.3	96.8	45.2	66.9
…	…	…	…	…	…	…	…	…	…
…	…	…	…	…	…	…	…	…	…
…	…	…	…	…	…	…	…	…	…
28	15.2	23.6	22.8	27.5	21.2	27.0	22.8	54.8	21.9
29	16.5	21.8	18.9	24.8	17.7	31.5	20.1	52.7	20.5
30	17.3	16.7	16.3	19.3	13.7	25.2	14.2	46.4	20.5

注：发酵天数可以根据实际实验开展天数确定后具体更改列出。

表 1-9-6 正交实验各反应器的甲烷日产量 单位：L

发酵天数	工艺条件1	工艺条件2	工艺条件3	工艺条件4	工艺条件5	工艺条件6	工艺条件7	工艺条件8	工艺条件9
1	45.9	75.5	87.3	61.4	113.3	42.0	87.3	45.9	56.4
2	41.3	73.2	80.3	70.8	99.1	41.3	96.8	45.2	66.9
…	…	…	…	…	…	…	…	…	…
…	…	…	…	…	…	…	…	…	…
…	…	…	…	…	…	…	…	…	…
28	15.2	23.6	22.8	27.5	21.2	27.0	22.8	54.8	21.9
29	16.5	21.8	18.9	24.8	17.7	31.5	20.1	52.7	20.5
30	17.3	16.7	16.3	19.3	13.7	25.2	14.2	46.4	20.5

注：发酵天数是根据沼气日产量作图，确定适宜厌氧发酵产沼气的周期而定，周期单位为天。

六、注意事项

1．厌氧发酵产沼气，需要绝对厌氧环境，因此必须保证厌氧发酵罐的密封性。
2．沼气收集罐的容量有限，应根据产气量的变化设定实验气体收集频率。
3．设定厌氧反应温度应根据实验开展的季节环境温度适量确定，不宜变化过大。

七、思考题

1．厌氧发酵罐为什么需要绝对的厌氧环境？
2．厌氧发酵的主要原理是什么？
3．实验过程中，还可以使用什么方法进行沼气收集和计量？

实验十　高盐度工业废水处理优势菌种的筛选分离实验

一、实验目的

通过本实验学习高盐度工业废水优势菌种的筛选分离。

二、实验原理

自然环境中存在着各种各样的微生物及其基因资源。特殊环境下的微生物如嗜冷微生物、嗜热微生物、嗜压微生物、嗜盐微生物、嗜酸微生物、嗜碱微生物以及抗高辐射、抗干燥、抗低营养物浓度和抗高浓度金属离子的微生物等，它们能生活在其他生物无法生存的环境中，它们的化学组成和生理功能也明显不同于一般的细菌和真核微生物，由于嗜盐微生物长期生长在特殊环境下，具有特殊的细胞结构、生理机能和遗传基因，其生物活性物质也具有独特的性质，是一类重要的极端微生物资源，同时也是研究生物进化和生物多样性的重要材料。但是，并非所有的耐盐微生物都可以应用于含高盐度的废水处理中，必须经过严格的筛选和驯化才能得到既可耐受高盐度，又可降解废水中高浓度有机物的特种耐盐微生物。利用人工筛选的方法可以从污染环境样品中得到耐盐的优势菌，由于这些微生物源于自然，因此不会对环境造成风险。这种方法对于高盐废水生物处理而言，是有效、可行的方法。

本实验的主要目的是培养、筛选、分离出降解目标高盐度工业废水的优势菌株。

三、实验仪器与试剂

1．恒温培养箱、洁净工作台、恒温摇床、高压蒸汽灭菌锅、紫外可见分光光度计、pH 计、电子天平、离心机、生物数码显微镜。

2．离心管、移液管、容量瓶、锥形瓶、试管、培养皿等。

3．牛肉膏、蛋白胨、NaCl、琼脂、K_2HPO_4、KH_2PO_4、$MgSO_4 \cdot 7H_2O$、NH_4NO_3、NaOH、HCl、$AgSO_4$、硫酸亚铁铵、重铬酸钾、硫酸、$CaCl_2$、硝酸银。

4．基础培养基配方：蛋白胨 10 g/L、牛肉膏 3 g/L，用高盐度水定容至 1 000 mL。

5．选择性培养基配方：琼脂 20 g/L，用高盐度采油废水定容至 1 000 mL。

6．斜面培养基配方：琼脂 20 g/L、蛋白胨 10 g/L、牛肉膏 3 g/L，用高盐度水定容至 1 000 mL。

四、实验方法和实验内容

1．实验方法

（1）菌种筛选方法

本实验采用平板稀释分离法和平板划线法纯化出能适应高盐度环境的菌株。

首先，在无菌操作条件下，从某油田的钻井污泥及处理高盐度石油废水反应装置的污泥中称取 1 g 采集的土样（或吸取泥样混合液 1 mL），倒入盛有 90 mL 无菌水的 250 mL 锥形瓶中（内含玻璃珠）用手振摇 20 min，将土壤中的大块颗粒打碎，使土壤中的细菌释放出来，均匀地分散于泥水混合液中，此时所得即为将原样品稀释 10 倍的混合液，静置使之分层。将 7 支装有 9 mL 无菌水的试管排列好，按稀释倍数为 10^{-1}、10^{-2}、10^{-3}、10^{-4}、10^{-5}、10^{-6} 及 10^{-7} 依次编号，用 1 mL 经过干式灭菌的刻度吸管吸取 1 mL 稀释 10 倍的上清液于第 1 管 9 mL 无菌水中，将移液管吹洗 3 次，摇匀试管获得稀释 10 倍的上清液。以同样的方法，依次稀释到 10^{-7} 倍。在无菌操作条件下，取 14 套经过干式灭菌处理的培养皿，编号分别为 10^{-1}—10^{-7}，每一个稀释倍数下同时做 2 个平行样。向每一个培养皿中倒入已配置好的、经过湿式灭菌处理的高盐度筛选培养基，冷却成平板备用。取一支经过干式灭菌处理的 1 mL 移液管从稀释倍数最大的含菌稀释液开始分别吸取 1 mL 稀释液于相应编号的培养皿内，然后用经过干式灭菌处理的玻璃刮刀在平板表面均匀涂布，待表层液体被培养基吸收后倒置，放于 35℃恒温培养箱中培养。从培养 36 h 的培养基中挑出典型菌落，标记并转接到准备好的试管斜面培养基中备用。

将稀释分离后的菌种再用平板划线法进一步纯化，将从 24 h 的斜面培养基上挑取的少量菌苔，在固体基础培养基上划线后放于 35℃恒温培养箱中培养 24 h，直到得到菌落特征一致的单菌落，转接于试管斜面基础培养基中保存备用。

然后从分离纯化的斜面基础培养基中挑取少量菌苔接种于含有高盐度选择性筛选培养基的培养皿中，再置于 35℃恒温培养箱中培养 48 h。筛选出以高盐度工业废水为碳源的目标菌株。

（2）菌株的复筛方法

将粗筛后得到的优势菌株接种到基础培养基中，在温度为 35℃、转速为 110 r/min 的摇床中进行富集培养 24 h，取 1 mL 富集培养菌液接入到高盐度石油开采废水中，降解 24 h，考察废水中投菌前后 COD 的变化。筛选去除 COD 效果较好的菌株。

（3）菌体生物量测定

① 浊度法：用可见分光光度计，于 620 nm 波长用比色皿测定起浊度。其吸光度及 OD 值代表菌体生物量。

② 稀释法：取 1 mL 菌液，依次稀释倍数为 10^{-1}、10^{-2}、10^{-3}、10^{-4}、10^{-5}、10^{-6} 和 10^{-7}，分别取 1 mL 接种到基础固体培养基中，计数基础培养基的菌落个数。

（4）菌种的保存

将筛选分离好的纯种优势菌接种于斜面保存培养基中，在 35℃恒温培养箱中培养 5 天，用报纸包好于 4℃冰箱中保存。由于微生物多具有易突变的特点，因此要对冰箱中保存的菌种进行定期转接，以减少细菌的突变性，一般转接的周期不少于 2 个月。

2. 实验内容

（1）高盐度工业废水优势菌种初筛、分离

在无菌操作条件下，称取 1 g 驯化好的污泥、新疆塔里木油田钻井污泥、西北油田钻井污泥和河南油田钻井污泥，倒入盛有 90 mL 无菌水的 250 mL 锥形瓶中（内含玻璃珠）用手振摇 20 min，将土壤中的大块颗粒打碎，使土壤中的细菌释放出来，均匀地分散于泥水混合液中，按照图 1-10-1 所示的程序进行稀释。在无菌操作条件下，于每管中取 1 mL 菌液接种到高盐度基础培养基上，放入 35℃恒温培养箱中培养。2 天后，在菌落生长明显的平板上挑取长势良好的菌落接种于含有高盐度选择性筛选培养基的培养皿中，再置于恒温培养箱中培养。其后再反复进行平板划线分离，直至得到高盐度目标降解菌。

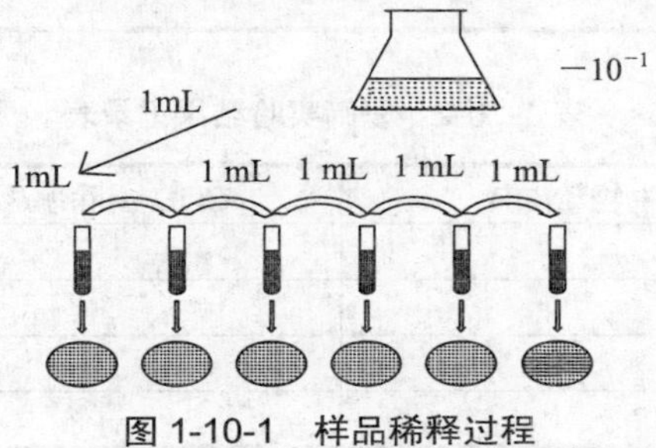

图 1-10-1 样品稀释过程

（2）高盐度工业废水优势菌种复筛

将粗筛后得到的优势菌株接种到基础培养基中，在温度为 35℃、转速为 110 r/min 的摇床中进行富集培养 24 h，取 1 mL 富集培养菌液接入到高盐度石油开采废水中，降解 24 h，考察废水中投菌前后 COD 的变化。

将第一次复筛得到的 10 株菌株以高盐度基础富集后取 10 mL 接种于 1∶3 的废水中进行第一阶段驯化，随即放至转速 120 r/min、温度 30℃的摇床中培养 48 h，取 10 mL 接种到 2∶3 的废水中进行第二阶段的驯化，条件同第一阶段。48 h 后取 10 mL 接种到全部的废水中驯化 2 天，条件同第一阶段，分离出驯化后的菌株，再次进行以 COD 降解为指标的复筛。

将驯化后的 10 株菌株接种到高盐度基础培养基中，在温度为 35℃、转速为 110 r/min 的摇床中进行富集培养 24 h，取 10 mL 富集培养菌液在转速为 4 000 r/min 的离心机中离心 10 min 后，用高盐度无菌水洗涤 3 次并离心后，加高盐度无菌水将菌体摇匀，取 1 mL 接入到高盐度石油开采废水中，降解 24 h 考察废水中 COD 的变化。

本实验流程见图 1-10-2。

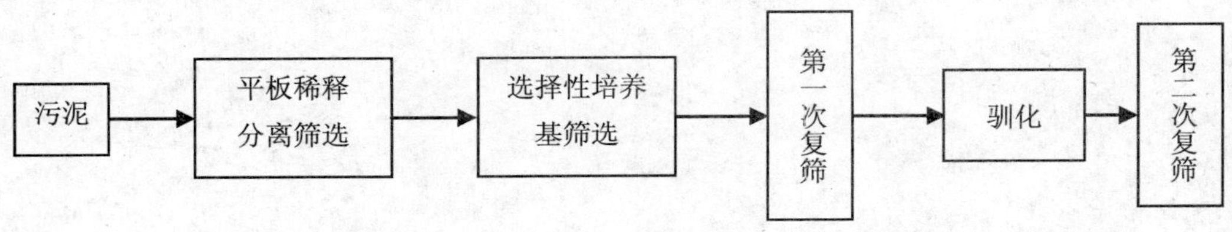

图 1-10-2 实验流程

五、实验结果记录

表 1-10-1 初筛实验结果记录表

菌株编号	菌体生物量/OD	COD 去除率/%	是否进行复筛

表 1-10-2 复筛实验结果记录表

菌株编号	菌体生物量/OD	COD 去除率/%	是否优势菌

六、思考题

1. 请结合实际情况，简述优势菌种来源的选择原则。
2. 简述基础培养基和选择性培养基的异同。

实验十一 高盐度工业废水处理优势菌种的包埋固定实验

一、实验目的

1. 通过本实验学习PVA-海藻酸钠固定化颗粒的制作，并对固定化颗粒制作过程中的各种影响因素进行实验。

2. 通过本实验学习用PVA-海藻酸钠固定化颗粒对菌种进行包埋固定。

3. 用固定好的菌种进行实际废水的处理。

二、实验原理

包埋法是将微生物细胞包埋在半透性多聚物膜或凝胶小格中，具有操作简单、能保持微生物细胞的多酶体系、对微生物活性影响较小的特点，在废水处理中得到广泛应用，是固定化微生物最常用的方法。

从本质上说，微生物是一种含有多种官能团的蛋白质结构，固定化后的微生物，通过其多种官能团与载体发生多种形式的力，如共价键或范德华力等。通过这些力的作用，使主键结构得以巩固，微生物不易流失，在流态化反应器中易于实现流态化。加固后的微生物可在一定程度上提高其对pH值、有机物浓度和生物毒性等环境因素变化的适应性，但微生物的生物活性有所降低。原则上讲，任何一种限制微生物自由流动的技术，只要满足微生物或其他反应物的可透过性，提供反应的空间，即可作为微生物的固定方法。目前，固定化微生物的方法多种多样，国内外没有统一的分类标准，根据对各种方法的分析，可将其分为物理固定法和化学固定法两大类。其中物理固定法主要有吸附法和包埋法。

固定化载体通常包括无机载体和有机载体两大类。无机载体有多孔玻璃、硅藻土、活性炭、石英砂等；有机载体有琼脂、聚乙烯醇凝胶（PVA）、角叉菜胶、海藻酸钠、聚丙烯酰胺（ACAM）凝胶等。不同的固定化方法对固定化载体有不同的要求，理想的固定化载体应具备以下条件：对细胞无毒、传质性能好、性质稳定、不易被生物降解、机械强度高、使用寿命长、价格低廉。

海藻酸钙包埋法是一种使用最广、研究最多的包埋固定化方法，具有固化、成型方便，对微生物毒性小，固定化细胞密度高等优点。利用海藻酸钠凝胶固定化微生物安全、快速、制备简单、反应条件温和、成本低廉，且适用于大多数微生物的固定化。

PVA-H_3BO_3包埋法是一种制备容易且价格低廉的固定化方法，聚乙烯醇在加热后溶于水，在其水溶液中加入添加剂后发生凝胶化，或在低温下（-10℃）冷冻形成凝胶，从而将微生物包埋固定在凝胶网格中。常用的添加剂有硼酸和硼砂，由于化学反应形成凝胶。聚乙烯醇（PVA）与硼酸反应形成的凝胶为单二醇型。该法制得的凝胶颗粒机械强度高，使用寿命长且弹性好。PVA 是一种新型的微生物包埋固定化载体，具有强度高、化学稳定性好、抗微生物分解性能强、对微生物无毒、价格低廉等一系列优点。此法应用于微生物固定化需要考虑两个方面的问题，一是用于交联 PVA 的饱和硼酸溶液酸性较强（pH 约为 4），会使固定化细胞活性降低；二是 PVA 是一种高黏性物质，并且 PVA 与硼酸反应较慢，滴下时间相差不大的两液滴相碰时会黏连在一起，逐步附聚成团，使 PVA 凝胶成球较难。经过研究发现，在起固定化过程中引入少量的多糖类物质，则能很好地解决这一问题。

根据前人的研究资料，在 PVA-H_3BO_3 法中引入少量的海藻酸钠固定化细胞的活性有明显的提高，海藻酸钠作为一种多糖类天然高分子化合物，对微生物细胞有一定的保护作用，减轻了硼酸对微生物细胞的毒性作用，因此，提高了细胞的相对活性。本实验选取 PVA 和海藻酸钠为载体材料进行包埋微生物处理本高盐度工业废水的研究。

三、实验仪器与试剂

1．恒温培养箱、洁净工作台、恒温摇床、高压蒸汽灭菌锅、紫外可见分光光度计、pH 计、电子天平、离心机。

2．离心管、移液管、容量瓶、锥形瓶、试管、培养皿、注射器等。

3．PVA、海藻酸钠、牛肉膏、蛋白胨、NaCl、琼脂、无水氯化钙、碳酸钠、$MgSO_4·7H_2O$、硼酸、$AgSO_4$、硫酸亚铁铵、重铬酸钾、硫酸、$CaCl_2$、硝酸银。

4．基础培养基配方：蛋白胨 10 g/L、牛肉膏 3 g/L，用高盐度水定容至 1 000 mL。

四、实验方法和实验内容

1．实验方法

（1）固定法颗粒制备步骤

1）配置凝胶剂：称取一定量的 PVA、海藻酸钠于蒸馏水中，于 121℃下湿热灭菌 30 min。

2）制备菌液：分别接一环菌体于基础培养基中，于 35℃、110 r/min 的条件下，振荡培养 24 h。取富集菌液于 4 000 r/min 下离心 10 min，倒出上清液，用高盐度无菌水洗涤菌体后摇匀，于 4 000 r/min 下离心 10 min，倒出上清液，取定量高盐度无菌水摇匀菌体制成单一菌液。

3）制备混合菌液，根据实际情况取单一菌液于无菌容器中，摇匀制成混合菌液。

4）配置交联剂：在饱和硼酸中加入一定量的无水氯化钙，用碳酸钠调 pH，于 121℃下湿热灭菌 30min。

5）将凝胶剂冷却到 45℃左右，取一定量的菌液混合均匀。通过直径为 2mm 的无菌注射器，以一定速度滴加到对应的交联剂中，形成小球，在室温下静置一定时间。

6）室温下静置一定时间后，将小球用无菌生理盐水浸泡一段时间，冲洗残留药液后，于 4℃保存备用。

（2）固定化颗粒弹性测定

在水平光滑的硬化平面上置一标尺，使颗粒从 1 m 高处自由下落，记录反弹的高度表征其弹性大小，每组数据为 10 颗固定化颗粒的测试平均值。

（3）颗粒渗透性测定

采用简单的颜色浸润法测试颗粒渗透性。将颗粒浸没在红墨水中，5 min 后取出，分别在颗粒中心 0、1/2、1/4 断面处切片观察浸润的程度。墨水达到的位置越靠近中心，说明颗粒的渗透性越好。每组数据为 10 颗固定化颗粒的测试平均值。

（4）颗粒黏连性、硬度、颗粒水溶膨胀性测定

肉眼观察和触摸感觉判断。

（5）颗粒密度测定

称取 20 颗粒，记录质量 M；置于装有一定体积蒸馏水（V_1）的精确量筒中，记录体积（V_2），按照密度公式计算颗粒密度=$M/(V_2-V_1)$。

（6）颗粒微生物个数测定

取固定化颗粒 3 颗，在无菌条件下将 3 颗颗粒磨碎，置于 9 mL 无菌水中，摇匀后，制成菌悬液，再采用平板计数法测定细菌数量。活细菌数量描述为：每毫升菌悬液中活菌数=同一稀释度菌落数×稀释倍数。

2．实验内容

包埋条件对混合菌包埋固定化的影响实验

1）PVA-海藻酸钠浓度的确定

兼顾考虑传质和强度因素及前人的研究成果，本实验选取 PVA 实验浓度为 10%、12%；海藻酸钠浓度为 0.5%、1%、2.5%进行空白颗粒包埋研究，即不包埋微生物，制成空白颗粒检验硬度、弹性、黏连情况、渗透性、水容膨胀性、密度等理化性质。确定优化配方。

2）$CaCl_2$ 浓度对混合菌体包埋细胞活性的影响实验

将三株优势菌，即菌株 A41、TA2、XA3，制成单株菌液，取相同的单株菌液放置于无菌容器中，混合均匀，制成混合菌液，选取不同氯化钙浓度即 1%、2%、3%，进行混合菌体包埋时细胞活性的影响研究。

3）pH 对固定化混合菌体颗粒的影响实验

选取 pH 分别为 4.0、5.0、6.0、6.5、7.5、8.0 作包埋菌体的影响研究。编号为 1～5 号，凝胶剂 pH 分别为 4.0、5.0、6.0、6.5、7.5、8.0，交联剂 pH 为原液值 4.0，编号为 6～10 号，凝胶剂 pH 分别为 4.0、5.0、6.0、6.5、7.5、8.0，交联剂 pH 相对应为 4.0、5.0、6.0、6.5、7.5、8.0。

4）pH 对固定化混合菌体颗粒处理实际废水的影响研究

实验选取凝胶剂的 pH 为 6.7，将交联剂的 pH 调为 4.0、5.0、6.0、6.5、6.9、7.5 包埋混合菌液，制备相同的固定化颗粒，处理实际废水，将相同的固定化颗粒接种到相同体积高盐度工业废水中，在 35℃下，于 110 r/min 振荡培养 24 h，以不包埋菌体的空白颗粒作为空白值，考察包埋时交联剂的 pH 对废水处理效果的影响研究。

5）交联时间对固定化混合菌体颗粒的影响实验

本实验在凝胶剂为自然 pH，交联剂 pH 为 6.5～7.2 条件下进行包埋时交联时间对固定化颗粒的影响研究，选取交联反应时间分别为 20 h、22 h、24 h、26 h、36 h。

6）混合菌体接种量对固定化颗粒处理废水的影响实验

将混合菌液分别以 10%、15%、20%、25%的接种量与凝胶剂混合均匀后，在交联剂 pH 为 6.7、交联时间 22 h，无菌高盐度水浸泡 24 h 下进行固定化颗粒制作。将相同的固定化颗粒接种到相同体积高盐度工业废水中，在 35℃下，于 110 r/min 振荡培养 48 h，以不包埋菌体的空白颗粒作为空白值。

7）固定化颗粒数与废水比例关系研究

在交联剂 pH 为 6.7，交联时间 22 h，无菌高盐度水浸泡 24 h，混合菌液接种量为 10%条件下，进行固定化颗粒制作。将不同的固定化颗粒接种到相同体积高盐度工业废水中，在 35℃ 110 r/min 下振荡培养 48 h。

8）最佳条件下包埋混合菌颗粒与混合菌液 COD 去除效果的比较实验

利用最佳组合的三株菌株进行包埋固定制成的颗粒，在最佳条件下处理高盐度采油废水，进行其去除废水中 COD 的效果与最佳组合的混合菌液处理效果的比较。

五、实验结果记录

表 1-11-1 固定化空白颗粒理化性质实验结果

包埋剂-交联剂	硬度	弹性	黏连情况	渗透性	水溶膨胀性	密度/（g/L）
PVA 10%：Na.Al 1%：$CaCl_2$ 2%						
PVA 10%：Na.Al 2.5%：$CaCl_2$ 2%						
PVA 10%：Na.Al 0.5%：$CaCl_2$ 2%						
PVA 12%：Na.Al 1.%：$CaCl_2$ 2%						
PVA 12%：Na.Al 2.5%：$CaCl_2$ 2%						
PVA12%：Na.Al 0.5%：$CaCl_2$ 2%						
PVA 10%：Na.Al 1%：$CaCl_2$ 3%						
PVA 10%：Na.Al 2.5%：$CaCl_2$ 3%						
PVA 10%：Na.Al 0.5%：$CaCl_2$ 3%						
PVA 12%：Na.Al 1%：$CaCl_2$ 3%						
PVA 12%：Na.Al 2.5%：$CaCl_2$ 3%						
PVA 12%：Na.Al 0.5%：$CaCl_2$ 3%						
PVA 10%：Na.Al 1%：$CaCl_2$ 1%						
PVA 10%：Na.Al 2.5%：$CaCl_2$ 1%						
PVA 10%：Na.Al 0.5%：$CaCl_2$ 1%						
PVA 12%：Na.Al 1%：$CaCl_2$ 1%						
PVA 12%：Na.Al 2.5%：$CaCl_2$ 1%						
PVA 12%：Na.Al 0.5%：$CaCl_2$ 1%						

表 1-11-2　不同氯化钙浓度下的微生物浓度

包埋剂-交联剂	细菌数/（个/mL）
PVA 10%：Na.Al 2.5%：$CaCl_2$ 1%	
PVA 10%：Na.Al 2.5%：$CaCl_2$ 2%	
PVA 10%：Na.Al 2.5%：$CaCl_2$ 3%	

表 1-11-3　pH 对固定化颗粒理化性质的影响

编号	硬度	弹性	黏连性	渗透性	水溶膨胀性	细菌计数	备注
1							
2							
3							
4							
5							
6							
7							
8							
9							
10							

表 1-11-4　交联时间对固定化颗粒理化性质的影响

时间/h	硬度	弹性	黏连性	渗透性	水溶膨胀性	细菌计数	备注
20							
22							
24							
26							
36							

表 1-11-5　固液比对处理废水的影响

固液比	COD/（mg/L）	COD 去除率%
40 颗粒：100 mL 废水		
80 颗粒：100 mL 废水		
120 颗粒：100 mL 废水		
160 颗粒：100 mL 废水		
160 空白颗粒：100 mL 废水		
原水		

六、思考题

1．请结合实际情况，简述各种固定方法的优缺点。

2．请简述固定化过程的主要影响因素。

实验十二 PCR-DGGE 法检测含重金属废水净化过程中微生物群落变化实验

一、实验目的

1. 掌握 PCR-DGGE 的基本原理和方法。
2. 确定重金属废水净化过程中的微生物群落结构变化。

二、实验原理

1. PCR 技术基本原理

聚合酶链式反应（polymerase chain reaction，PCR）技术的基本原理类似于 DNA 的天然复制过程，其特异性依赖于与靶序列两端互补的寡核苷酸引物。PCR 由变性—退火—延伸三个基本反应步骤构成。①模板 DNA 的变性：模板 DNA 经加热至 93℃左右一定时间后，使模板 DNA 双链或经 PCR 扩增形成的双链 DNA 解离，使之成为单链，以便其与引物结合，为下轮反应作准备；②模板 DNA 与引物的退火（复性）：模板 DNA 经加热变性成单链后，温度降至 55℃左右，引物与模板 DNA 单链的互补序列配对结合；③引物的延伸：DNA 模板-引物结合物在 Taq DNA 聚合酶的作用下，以 dNTP 为反应原料，靶序列为模板，按碱基配对与半保留复制原理，合成一条新的与模板 DNA 链互补的半保留复制链重复循环变性—退火—延伸三过程，即可获得更多的“半保留复制链”，而且这种新链又可成为下次循环的模板。PCR 反应条件如温度、时间和循环次数因扩增不同的目的基因而相异。PCR 具有的特异性强、对标本的纯度要求低、灵敏度高等特点。PCR 反应的特异性决定因素为：①引物与模板 DNA 特异正确的结合；②碱基配对原则；③Taq DNA 聚合酶合成反应的忠实性；④靶基因的特异性与保守性。

2. DGGE 技术基本原理

变性梯度凝胶电泳（denaturing gradient gel electrophoresis，DGGE）是一种根据 DNA 片段的熔解性质而使之分离的凝胶系统。核酸的双螺旋结构在一定条件下可以解链，称为变性。核酸 50%发生变性时的温度称为熔解温度（T_m）。T_m 值主要取决于 DNA 分子中 GC 含量的多少。DGGE 将凝胶设置在双重变性条件下：温度 50～60℃，变性剂 0～100%。当一双链 DNA 片段通过一变性剂浓度呈梯度增加的凝胶时，此片段迁移至某一点变性剂浓度恰好相当于此段 DNA 的低熔点区的 T_m 值，此区便开始熔解，而高熔点区仍为双链。这种局部解链的 DNA 分子迁移率发生改变，达到分离的效果。T_m 的改变依赖于 DNA 序列，即使一个碱基的替代就可引起 T_m 值的升高和降低。因此，DGGE 可以检测 DNA 分子中的任何一种单碱基的替代、移码突变以及少于 10 个碱基的缺失突变。为了提高 DGGE 的突变检出率，可以人为地加入一个高熔点区 GC 夹。GC 夹（GC clamp）就是在一侧引物的 5 端加上一个 30～40 bp 的 GC 结构，这样在 PCR 产物的一侧可产生一个高熔点区，使相应的感兴趣的序列处于低熔点区而便于分析。因此，DGGE 的突变检出率可提高到接近于 100%。

作为一种突变检测技术，DGGE 具有如下优点：①突变检出率高，DGGE 的突变检出率为 99%以上；②检测片段长度可达 1 kb，尤其适用于 100～500 bp 的片段；③非同位素性，DGGE 不需同位素掺入，可避免同位素污染及对人体造成的伤害；④操作简便、快速，DGGE 一般在 24 h 内即可获得结果；⑤重复性好。

三、实验仪器与试剂

1. PCR 仪 1 台。
2. 基因突变检测系统 1 套。
3. 电泳仪 1 套。
4. 高速离心机。
5. 10 mL 移液管 3 支，吸耳球若干，移取高浓度变性胶、低浓度变性胶和缓冲液用。
6. 恒温水浴槽 1 个。
7. 100 mL 量筒 2 个，配置缓冲液和变性胶用。
8. 100 mL 容量瓶 3 个，配置缓冲液、高浓度变性胶和低浓度变性胶用。
9. 螺口瓶 5 个，分别盛装高浓度变性胶、低浓度变性胶、凝胶母液、1×TAE、50×TAE、溶液 I、溶液 II、溶液 III、8×固定液和 15%NaOH 溶液。
10. 脱色摇床 1 台和脱色盘子 1 个。
11. 微量紫外仪 1 台。
12. 200 mL 烧杯 1 个，清洗灌胶管子用。
13. 10 μL、100 μL 和 1 000 μL 微量加样器和 tip 头各若干盒。
14. 大小透明塑料板（文具店有售）。
15. 保鲜膜 1 个、。
16. 污泥 DNA 提取试剂盒 1 个。
17. 硼氢化钠 1 瓶。
18. 去离子甲酰胺 2 瓶（200 mL）。
19. Goldview（百泰克）1 管。
20. 细菌 V3 引物 1 套。
21. Mastermix（Promega 公司），PCR 用 2 包。
22. 1.5～2 mL Ep 管架子 1 个。
23. PCR 管架子 1 个。
24. 冰盒 72 孔（长方）1 个。
25. Marker 2000；Marker λ DNA（48 kb）；Marker λDNA/EcoRI。

26．100 μL PCR 管若干。

27．琼脂糖，电泳用，1 瓶。

28．DNA 纯化试剂 1 盒。

29．基因克隆试剂 1 盒。

四、实验步骤

（一）波形潜流人工湿地构建

以 PVC（Polyvinylchloride）板材黏合成长×宽×高= 2.00 m × 1.00 m × 0.70 m 的波形潜流人工湿地（wavy subsurface constructed wetland，W-SFCW）（图 1-12-1），其中进水区长 0.20 m，湿地长 1.80 m，湿地平分为三段，每段长 0.60 m。设计水力负荷为 0.20 m^3/（m^2·d），日最大进水量为 0.36 m^3，水力坡度取 0.5%，基质深度定为 0.40 m，其中下层为 0.10 m 的砾石，上层为 0.30 m 的沸石与水稻土的混合基质。进水区基质采用粒径为 1 cm 左右的砾石，高为 0.50 m。进水中的重金属含量依据某电镀厂废水中的重金属含量用自来水和重金属配制而成，废水从进水区依次流经人工湿地第 1、第 2 和第 3 阶段，最后出水。三个阶段均种有湿生植物李氏禾（*Leersia hexandra* Swartz）。

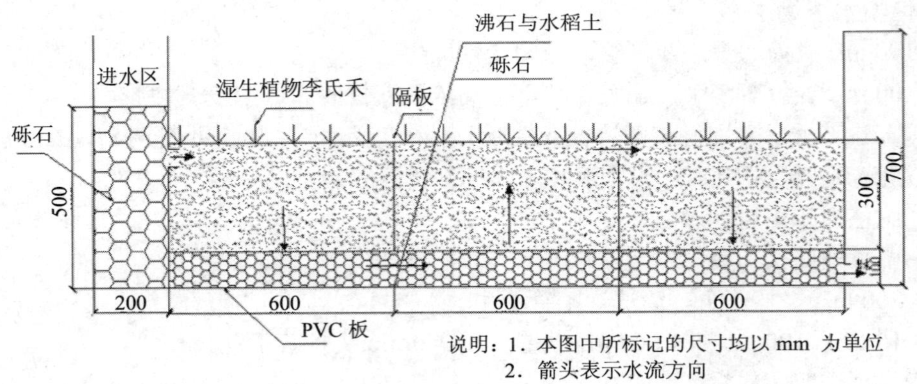

图 1-12-1　三阶段波形潜流人工湿地示意图

（二）样品采集和前处理

人工湿地出水浓度处于稳定时在不同阶段中随机选取 2 个采样点，采集 0～15 cm 表层土壤带回实验室后去掉植物根系和小石块，过 2 mm 筛后混合均匀置于 4℃冰箱短暂保存后立即进行微生物特性分析。

（三）DNA 提取和浓度测定

DNA 提取参照试剂盒说明进行，DNA 浓度用微量紫外仪测定。

（四）聚合酶链式反应（PCR）

PCR 用于扩增的引物采用对大多数细菌的 16S rRNA 有特异性的引物对，正向引物 F338-GC 为：5′-CGC CCG CCG CGC GCG GCG GGC GGG GCG GGG GCA CGG GGG GCC TAC GGG AGG CAG CAG-3′，反向引物 R518 为：5′-ATT ACC GCG GCT GCT GG-3′。扩增产物片段长约 200 bp；25 μL PCR 反应体系组成如下：2×Master Mix 12.5 μL，去离子水 9.5 μL，DNA 模板（genomic DNA，10 ng/μL）1 μL，浓度为 20 μm/μL 正向引物和反向引物各 1 μL；PCR 反应采用降落（Touch down）PCR 程序，具体如下：94℃预变性 5 min，94℃变性 1min，退火温度从 65℃开始，每两个循环降低 1℃，一直到 55℃，延伸温度为 72℃，再在退火温度 55℃下作 15 个循环；最后在 72℃下完全延伸 5 min。扩增后的 PCR 产物用 1.2%琼脂糖凝胶电泳检测质量。

（五）变性梯度凝胶电泳（DGGE）

变性梯度凝胶的制备使用 Bio-RAD 公司 475 型梯度制胶系统（Model 475 Gradient Delivery System）。对于细菌，变性梯度从上到下为 35%～60%，聚丙烯酰胺凝胶浓度为 8%。先在 200 V 电压下，60℃电泳 4 min，然后在 90 V 电压下，60℃电泳 9 h。电泳完毕后，将凝胶在固定液中固定 3 min，用银染液染色 10 min，然后用蒸馏水洗涤 2 次，再加显影液显影 3 min；将染色后的凝胶用 Bio-RAD 的 Gel Doc-2000 凝胶影像分析系统拍照；用 Quantity One 分析软件（Bio-RAD）确定样品电泳条带的数量、亮度峰值和相似性值，多样性指数计算方法参照以下公式进行。

$$香农多样性指数\ H' = -\sum P_i \ln P_i$$

式中，P_i 是第 i 条 OUT 在克隆中的比例（$P_i=n_i/N$）。

（六）克隆和测序

从 DGGE 凝胶上切下标记的 DNA 条带，置于 1.5 mL 的离心管中，加适量无菌水，于 4℃下静置过夜让 DNA 流出。以流出液为模板进行 PCR，PCR 反应条件均与原来相同。PCR 产物用 DNA 纯化试剂盒（EZgene cycle pure kit，Biomiga）进行纯化后，用基因克隆试剂盒（pEASY-T3 cloning kit，TransGen）对基因进行克隆。含有正确的克隆送交上海 Invitrogen 公司进行测序。

（七）进化树和核酸序列登录号

将测序所得的序列在 NCBI 中进行同源性比对（http://blast.ncbi.nlm.nih.gov/Blast.cgi），挑选出与每个测定序列最相似的 2 个序列，利用 Mega 4.1 软件构建系统发育树。把获得核酸序列及其最相似的 2 个序列对齐后确定其进化上大概的从属关系，用邻接法构建进化树，每个节点基于核酸序列的 1 000 次重复。将本研究中产生的序列提交到 GenBank 核酸数据库中，细菌和真菌的登记号分别为 HQ009744～HQ009747 和 HQ009748～HQ009751。

（八）数据处理

数据处理用 Microsoft Excel 2000 进行，相关性和显著性检测均采用 SPSS 13.0 软件进行。

五、实验结果

（一）PCR 产物的琼脂糖凝胶电泳图谱

图 1-12-2　PCR 产物的琼脂糖凝胶电泳检测图谱

（二）DGGE 图谱

图 1-12-3　PCR 产物的 DGGE 图谱分析

（三）聚类分析

图 1-12-4　基于 16S rRNA DGGE 图谱的聚类分析

（四）多样性分析

表 1-12-1　基于 DGGE 图谱的细菌多样性分析

多样性指数	人工湿地不同的阶段		
	S1	S2	S3
H'			

六、注意事项

1．PCR 管、枪头和 EP 管要求经过灭菌处理。
2．PCR 管中不能留有气泡。

七、思考题

1. PCR 无产物或者多个产物的原因是什么？
2. DNA 模板为什么要定量？

实验十三 蔗渣吸附剂的制备及其对氨氮的吸附实验

一、实验目的

1．通过制备蔗渣吸附剂，开拓学生自主动手能力和创新能力。

2．通过本实验，可以确定蔗渣吸附剂的制备工艺。

3．通过本实验可以确定蔗渣吸附剂吸附氨氮的平衡时间，根据实验数据绘制兰米尔等温吸附线，建立等温吸附方程，常数 K 及最大吸附容量 S_m。

4．巩固学生掌握纳氏试剂分光光度法测定氨氮的方法。

二、实验原理

活性炭是一种具有特殊微晶结构、微细孔发达、比表面积巨大、吸附能力强的碳，它作为一种优良吸附剂已广泛应用于制糖、医药、食品、化工、国防、农业等方面。近年来，活性炭吸附法还作为防治环境污染的强有力的手段之一，在发达国家，活性炭在环境治理方面用量约占总量的 1/3，主要是水源、饮水净化及工业废水、生活废水处理。制备活性炭的主要原料是木材和煤炭，由于这些资源有限，国内外利用废弃材料制备活性炭以谋求廉价原料的探索受到了重视，如国内外已开发了利用植物秸秆、果壳、果核和其他林产品（如玉米芯、竹刨花、亚麻屑、木屑等）来制备活性炭的技术，并将之用于去除废水中的重金属如铬、镉、砷等。蔗渣的化学组成与木材十分相似，它作为活性炭的原料，对于广西这样一个甘蔗大省来说，其优势在于它是取之不尽、用之不竭的再生性资源，来源集中，产量大，价格低廉。2010 年全广西的蔗渣量约 1 500 万 t，以蔗渣为原料，可大大降低活性炭的原料成本，提升蔗渣的附加值。

等温吸附方程在研究溶质迁移尤其是污染物在环境中的迁移方面，具有重要意义，是一种有效手段。等温吸附线可能是直线也可能是曲线；等温吸附方程可分为线性方程和非线性方程两种。线性方程表达式为：$S=K_d \times C$；非线性方程有兰米尔（Langmuir）等温吸附方程和费里因德里克（Freundlich）等温吸附方程。兰米尔等温吸附方程可用于描述土壤及沉淀物对各种溶质（特别是污染物）的吸附。其数学表达式为：

$$S=\frac{S_m KC}{1+KC}$$

上式经变换后可得该方程的线性表达式：

$$\frac{C}{S}=\frac{1}{KS_m}+\frac{1}{S_m}C$$

式中：C —— 平衡时液相离子浓度，mg/L；

S —— 平衡时固相被吸附离子的浓度，mg/kg；

S_m —— 某组分的最大吸附浓度，mg/kg；

K —— 与键能有关的常数。

通过实验，取得一系列的 C 值及 S 值，以 C/S 为纵坐标，C 为横坐标，即可绘出兰米尔等温吸附线，经拟合后求出兰米尔等温吸附方程线性表达式，则线性方程的截距就是 $\frac{1}{KS_m}$，斜率就是 $\frac{1}{S_m}$，由此可求出常数 K 及最大吸附容量 S_m。

三、实验仪器与试剂

1．电子天平；分光光度计；比色皿；恒温振荡器；离心管；比色管；移液管；容量瓶等。

2．纳氏试剂（HgI_2-KI-NaOH）：称取 16 g 氢氧化钠（NaOH），溶于 50 mL 水中，冷至室温。称取 7 g 碘化钾（KI）和 10 g 碘化汞（HgI），溶于水中，然后将此溶液在搅拌下缓慢地加入到氢氧化钠溶液中，并稀释至 100 mL。贮于棕色瓶内，用橡皮塞塞紧。于暗处存放。

3．酒石酸钾钠溶液：称取 50 g 酒石酸钾钠（$KNaC_4H_6O_6\cdot 4H_2O$），溶于 100 mL 水中加热煮沸，以驱除氨，充分冷却后稀释至 100 mL。

4．氨氮标准溶液（CN=1 000 pg/mL）：称取 3.819±0.004 9 氯化铵（NH_4Cl），在 100～105℃下干燥 2h，溶于水中，移入 1 000 mL 容量瓶中，稀释至刻度。

5．氨氮标准溶液（CN=10 μg/mL）：吸取 10.00 mL 氨氮标准溶液于 100 mL 容量瓶中，稀释至刻度。临用前配制。

四、实验步骤及记录

（一）制备蔗渣吸附剂

①将原料蔗渣清理、筛选、干燥、粉碎后过 30 目筛；②称取 10 g 粉碎好并已过筛的蔗渣放入瓷坩埚中，在高温马弗炉中以 10℃/min 的升温速率从室温升至 500℃，恒温炭化 40 min；③将炭化好的样品从高温马弗炉中取出，立即将样品倒入（1+9）盐酸水溶液中洗涤去除灰分；④将洗涤好的样品放入电热鼓风烘箱中，于 110℃条件下干燥 4 h，在干燥器中冷却；⑤将样品粉碎过 200 目筛备用。

（二）吸附平衡时间的确定

称取 0.3 g 炭化蔗渣到 100 mL 塑料离心管中，加入氨氮初始浓度为 30 mg/L 的 50 mL NH_4Cl 溶液，加塞后在回旋式水浴恒温振荡器中于 30℃条件下以 200 r/min 的转速振荡，分别在 30 min，60 min，90 min，120 min，150 min，180 min，240 min 取出，然后在 4000r/min 下离心 10 min，取上清液，用 0.45 μm 滤膜过滤到小聚乙烯塑料瓶中（初始的 1～2 mL 滤液弃掉），然后，用纳氏试剂比色法测定滤液中氨氮的质量浓度。将实验数据记录于表 1-13-1。

表 1-13-1　吸附平衡时间确定实验数据记录表

实验编号	吸附时间/min	吸光度	溶液中氨氮浓度 C_t/（mg/L）	氨氮吸附量 S/（mg/kg）
1	30			
2	60			
3	90			
4	120			
5	150			
6	180			
7	210			
8	240			

（三）吸附等温实验

直接炭化法蔗渣吸附剂的用量为 0.3 g，溶液的氨态氮浓度分别为 6 mg/L、10 mg/L、15 mg/L、20 mg/L、30 mg/L、40 mg/L、50 mg/L、60 mg/L、80 mg/L、100 mg/L，pH 值为 5.2（用 0.1mol/L HCl 或 NaOH 调节）。离心管密封后在 30℃下恒温振荡至吸附平衡。然后在 4 000 r/min 下离心 10 min，用 0.45 μm 滤膜过滤到小聚乙烯塑料瓶中（初始的 1～2 mL 滤液弃掉），用纳氏试剂比色法测定滤液中氨态氮的质量浓度。将实验数据记录于表 1-13-2。

表 1-13-2　吸附等温线建立实验数据记录表

编号	氨氮初始浓度 C_0/（mg/L）	蔗渣吸附剂用量/g	吸光度	溶液氨氮浓度/（mg/L）	吸附量 S/（mg/kg）	C/S（kg/L）
0	0					
1	5					
2	10					
3	15					
4	20					
5	30					
6	40					
7	50					
8	60					
9	80					
10	100					

（四）氨氮的测定

1．标准曲线的绘制

（1）在 8 个 50 mL 比色管中，分别加入 0 mL、0.50 mL、1.00 mL、2.00 mL、3.00 mL、5.00 mL、7.00 mL、10.00 mL 氨氮标准溶液，再加水至刻度。

（2）于比色管中，加入 1 mL 酒石酸钾钠溶液，摇匀，再加入纳氏试剂 1 mL，摇匀。放置 10 min 后进行比色。在波长 420 nm 下，用光程长 2 cm 的比色皿，以水作参比，测定试样的吸光值。

（3）空白实验用 50 mL 超纯水代替试样，按（2）进行处理。

（4）将上面系列标准溶液测得的吸光度扣除试剂空白（零浓度）的吸光值，便得到校正吸光值，以校正吸光值为纵坐标，氨氮质量 *m* 为横坐标，绘制校准曲线。将实验数据记录于表 1-13-3。

表 1-13-3 氨氮标准曲线绘制实验数据记录表

编号	加入 10 μg/mL 标准溶液的体积/mL	标准溶液的浓度/（mg/L）	吸光度
1	0	0	
2	0.5	0.1	
3	1.0	0.2	
4	2.0	0.4	
5	3.0	0.6	
6	5.0	1.0	
7	7.0	1.4	
8	10.0	2.0	

2．氨氮的测定

用移液管准确移取 1 mL 过滤后的氨氮溶液放入 50 mL 比色管中，再加无氨水到刻度，其余手续同标准曲线绘制。

根据所测吸光度，于标准曲线上查出 Cr（Ⅵ）的含量。

五、数据处理

1．列表记录实验数据，绘制氨氮测定标准曲线，吸附平衡浓度-时间曲线。

2．计算蔗渣吸附剂的吸附总量，并换算成吸附浓度 *S*（mg/kg）。

$$S=(C_0-C_e)V_{水}/m_{吸附剂}$$

$$C=（吸光值 A×稀释倍数）/标准曲线斜率$$

或者在曲线上根据吸光度查出对应浓度值×稀释倍数。

式中：S —— 单位质量蔗渣活性炭吸附氨氮的量，mg/kg；

C_0 —— 吸附前溶液氨氮的初始浓度，mg/L；

C_e —— 吸附后溶液氨氮的平衡浓度，mg/L；

V—— 取样体积，mL；

M—— 蔗渣吸附剂质量，g。

3．将实验数据进行数学处理，绘制吸附等温线，建立等温吸附方程，求出 K，S_m 值。

六、思考题

1．根据等温吸附方程，求出最大吸附量。

2．根据实验结果简单评述蔗渣活性对氨氮的吸附能力。

实验十四　竹炭对亚甲基蓝的吸附实验

一、实验目的

1．通过本实验，开拓学生自主动手能力和创新能力。

2．通过本实验可以确定竹炭吸附剂吸附亚甲基蓝的吸附平衡时间，根据实验数据绘制兰米尔等温吸附线，建立等温吸附方程，常数 K 及最大吸附容量 S_m。

3．巩固学生掌握分光光度法测定亚甲基蓝的方法。

二、实验原理

竹炭是竹材热解得到的主要产品，是一种具有发达的内部孔隙结构，具有较大比表面积和强吸附性的新型吸附材料。我国是世界上竹类资源最丰富的国家之一，竹子具有生长周期短、成材快、易更新等特点，而且砍伐老竹是提高竹林林分质量的一项重要措施，以其为材料生产的竹炭，具有质地坚硬、吸附力强等优点。因此，充分发挥我国竹资源丰富的优势，将其用于治理日益严重的环境污染，将会获得巨大的经济效益和环境效益。

等温吸附方程在研究溶质迁移尤其是污染物在环境中的迁移方面，具有重要意义，是一种有效手段。等温吸附线可能是直线也可能是曲线；等温吸附方程可分为线性方程和非线性方程两种。线性方程表达式为：$S=K_d\times C$；非线性方程有兰米尔（Langmuir）等温吸附方程和费里因德里克（Freundlich）等温吸附方程。兰米尔等温吸附方程可用于描述土壤及沉淀物对各种溶质（特别是污染物）的吸附。其数学表达式为：

$$S=\frac{S_m KC}{1+KC}$$

上式经变换后可得该方程的线性表达式：

$$\frac{C}{S}=\frac{1}{KS_m}+\frac{1}{S_m}C$$

式中：C—— 平衡时液相离子浓度，mg/L；

S—— 平衡时固相被吸附离子的浓度，mg/kg；

S_m—— 某组分的最大吸附浓度，mg/kg；

K—— 与键能有关的常数。

通过实验，取得一系列的 C 值及 S 值，以 C/S 为纵坐标，C 为横坐标，即可绘出兰米尔等温吸附线，经拟合后求出兰米尔等温吸附方程线性表达式，则线性方程的截距就是

$\frac{1}{KS_m}$，斜率就是$\frac{1}{S_m}$，由此可求出常数 K 及最大吸附容量 S_m。

目前，应用竹炭处理染料废水中亚甲基蓝的研究很少有报道，本实验以模拟的亚甲基蓝染料废水为研究对象，采用静态吸附法研究了竹炭对其吸附特性。

三、实验仪器与试剂

1．电子天平；分光光度计；精密 pH 计；比色皿；恒温振荡器；离心管；比色管；移液管；容量瓶等。

2．1 000 mg/L 亚甲基蓝标准溶液贮备液的配制：称取 1.000 g 分析纯亚甲基蓝，在 100～105℃下干燥 2 h，溶于超纯水中，转移到 1 000 mL 容量瓶中，用超纯水稀释至刻度。

3．100 mg/L 亚甲基蓝标准溶液使用液的配制：吸取 100.00 mL 亚甲基蓝标准贮备液于 1 000 mL 容量瓶中，稀释至刻度。临用前配制。

4．模拟染料废水的配制：准确称取分析纯的亚甲基蓝 1.000 g，用超纯水定容成 1 L，得浓度为 1 000 mg/L 的亚甲基蓝贮备液。使用时再稀释成浓度为 100～500 mg/L 的亚甲基蓝染料使用液。

四、实验步骤及记录

（一）吸附平衡时间的确定

称取 0.1 g 竹炭到 100 mL 塑料离心管中，加入初始浓度为 100 mg/L 的亚甲基蓝溶液 50 mL，旋紧盖子，置于恒温振荡器中于 25℃的条件下以 150 r/min 的转速振荡，分别在 15 min，30 min，60 min，90 min，120 min，180 min，240 min，300 min，360 min，480 min 取出，然后在 4 000 r/min 下离心 10 min，取上清液，用 0.45 μm 滤膜过滤到聚乙烯塑料瓶中（初始的 1～2 mL 滤液弃掉），然后，用分光光度法测定上层清液中亚甲基蓝的吸光度，根据工作曲线，求出溶液中亚甲基蓝浓度。将实验数据记录于表 1-14-1。

表 1-14-1 吸附平衡的时间确定实验数据记录表

实验编号	吸附时间/min	吸光度	溶液中亚甲基蓝浓度 C_t/（mg/L）	亚甲基蓝吸附量 S/（mg/kg）
1	15			
2	30			
3	60			
4	90			
5	120			
6	180			
7	240			
8	300			
9	360			
10	480			

（二）吸附等温实验

称取 0.1 g 竹炭到 100 mL 塑料离心管中，溶液中亚甲基蓝浓度分别为 100 mg/L，150 mg/L，200 mg/L，250 mg/L，300 mg/L，350 mg/L，400 mg/L，450 mg/L，500 mg/L，pH 值为 5.2（用 0.1mol/L HCl 或 NaOH 调节）。离心管密封后在 25℃下恒温振荡 6 h 至吸附平衡。然后在 4 000 r/min 下离心 10 min，用 0.45 μm 滤膜过滤到聚乙烯塑料瓶中（初始的 1～2 mL 滤液弃掉），用分光光度法测定上层清液中亚甲基蓝的吸光度，根据工作曲线，求出溶液中亚甲基蓝浓度。将实验数据记录于表 1-14-2。

表 1-14-2 吸附等温线建立实验数据记录表

编号	亚甲基蓝初始浓度 C_0/（mg/L）	竹炭吸附剂用量/g	吸光度	溶液中亚甲基蓝浓度/（mg/L）	吸附量 S/（mg/kg）	C/S（kg/L）
1	100					
2	150					
3	200					
4	250					
5	300					
6	350					
7	400					
8	450					
9	500					

（三）亚甲基蓝的测定

1．标准曲线的绘制

（1）在 8 个 50 mL 比色管中，分别加入 1.00 mL、2.00 mL、3.00 mL、4.00 mL、5.00 mL 亚甲基蓝的标准使用液，再用超纯水稀释至刻度。

（2）摇匀，在波长 665 nm 下，用光程长为 1 cm 的比色皿，以水作参比，测定试样的吸光值，绘制校准曲线。将实验数据记录于表 1-14-3。

表 1-14-3 亚甲基蓝标准曲线绘制实验数据记录表

编号	加入 100 mg/L 亚甲基蓝标准溶液的体积/mL	亚甲基蓝标准溶液系列的浓度/（mg/L）	吸光度值
1	1.00	2	
2	2.00	4	
3	3.00	6	
4	4.00	8	
5	5.00	10	

2．亚甲基蓝的测定

用移液管准确移取适量（根据初始浓度的不同移取的不同体积）过滤后的亚甲基蓝溶液放入 50 mL 比色管中，再加超纯水到刻度，其余手续同标准曲线绘制。

根据所测吸光度，于标准曲线上查出亚甲基蓝的含量。

五、数据处理

1．列表记录实验数据，绘制亚甲基蓝测定标准曲线，吸附平衡浓度-时间曲线。

2．计算竹炭吸附剂的吸附量 S（mg/kg）。

$$S=(C_0-C_e)V_{\text{水}}/m_{\text{吸附剂}}$$

$$C=(\text{吸光值}\ A\times\text{稀释倍数})/\text{标准曲线斜率}$$

或者在曲线上根据吸光度值查出对应浓度值×稀释倍数。

式中：S—— 单位质量竹炭吸附亚甲基蓝的量，mg/kg；

C_0—— 吸附前溶液亚甲基蓝的初始浓度，mg/L；

C_e—— 吸附后溶液亚甲基蓝的平衡浓度，mg/L；

V—— 取样体积，mL；

M—— 竹炭吸附剂质量，g。

3．将实验数据进行数学处理，绘制吸附等温线，建立等温吸附方程，求出 K，S_m 值。

六、思考题

1．根据实验数据，竹炭对亚甲基蓝的吸附平衡时间是多少？

2．根据等温吸附方程，求出 K、S_m 值是多少？

3．根据实验结果简单评述竹炭对亚甲基蓝的吸附能力。

实验十五　植物模板遗态材料对水中铬（Ⅵ）的吸附实验

一、实验目的

1．了解遗态材料的制备方法和吸附原理。

2．掌握水中铬（Ⅵ）的测定方法。

二、实验原理

铬（Ⅵ）有很强的刺激性和腐蚀性，其化合物可通过吸入或皮肤接触进入人体，是常见的致癌物质。含铬废水主要产生在电镀、制革、采矿、染料等工业生产中，对环境有很大的危害。吸附法是处理含铬（Ⅵ）废水常用的方法。

遗态材料是借用自然界生物经过亿万年的进化演变而形成的完美独特结构及优异性能，通过人工方法，改变其结构组分，制备出既保持自然界生物精细结构，又通过有选择性的复合，而人为赋予特性和功能的材料。本实验选取桉树为植物模板，硝酸铁为前驱体溶液制备出桉树遗态 Fe_2O_3/Fe_3O_4 复合材料。遗态材料具有的微孔结构在溶液中有较强的吸附作用，当溶液呈酸性时，一部分铬（Ⅵ）被牢固地吸附在遗态材料的孔隙中。在强酸性条件下，铬（Ⅵ）主要以 $Cr_2O_7^{2-}$和 $HCrO_4^-$形式存在，氧化铁主要以 $Fe\text{-}OH_2^+$形式存在，因此 $Cr_2O_7^{2-}$和 $HCrO_4^-$由于静电引力被吸附到带正电的氧化铁表面。氧化铁中的铁（Ⅱ）将剧毒的铬（Ⅵ）还原成毒性极微的铬（Ⅲ），从而降低铬（Ⅵ）的浓度。反应如下：

$$Cr_2O_7^{2-}+6Fe^{2+}+14H^+ \longrightarrow 2Cr^{3+}+6Fe^{3+}+7H_2O$$

$$HCrO_4^-+3Fe^{2+}+7H^+ \longrightarrow Cr^{3+}+3Fe^{3+}+4H_2O$$

三、实验仪器

1．分光光度计，比色皿（1 cm、3 cm）。

2．50 mL 具塞比色管，100 mL 碘量瓶，移液管，容量瓶等。

3．恒温水域振荡箱。

四、主要试剂

1．二苯碳酰二肼溶液：称取二苯碳酰二肼 0.2 g，溶于 50 mL 丙酮中，加蒸馏水稀释至 100 mL，摇匀，贮于棕色瓶中，置冰箱中保存。颜色变深后不能再用。

2．铬标准贮备液（100 μg/mL）：称取于 120℃下干燥 2 h 并冷却至室温的重铬酸钾 0.282 9 g，用蒸馏水溶解后，移入 1 000 mL 容量瓶中，用蒸馏水稀释至标线，摇匀。该溶液每毫升含 100 μg 铬（Ⅵ）。

3．铬标准使用液（5.00 μg/mL）：吸取铬标准贮备液 50.00 mL 于 1 000 mL 容量瓶中，用水稀释至标线，摇匀。此溶液每毫升含铬（Ⅵ）5.00 μg。

4.（1＋1）硫酸溶液：将硫酸（ρ ＝1.84 g/mL）缓缓加入同体积水中，混匀。

5.（1＋1）磷酸溶液：将磷酸（ρ ＝1.69 g/mL）与等体积水混合。

6．10 mg/L 的含铬（Ⅵ）水样。

五、植物模板遗态材料的制备方法

（1）选取木材为植物模板将原始木材切割为约 30 mm×10 mm×3 mm 尺寸的块体，首先在 5%稀氨水中 100℃下煮 6 h，以进行抽提预处理，随后用超纯水洗净，并于 80ºC 烘箱内干燥 24 h。

（2）将硝酸铁溶于乙醇-超纯水（1∶1）混合溶剂中，得到 1.2 mol/L 硝酸铁前驱体溶液。木材试样浸没于前驱体溶液中，并于 60℃水浴锅内保温 3 天，期间添加前驱体溶液以保证木材始终处于浸没状态。从溶液中取出试样后，在 60℃下烘干 24 h，重复浸渍 3 次。

（3）将样品在马弗炉中 600℃条件下焙烧 3 h，并炉冷至室温，最终获得桉树遗态 Fe_2O_3/Fe_3O_4 复合材料。工艺流程见图 1-15-1。

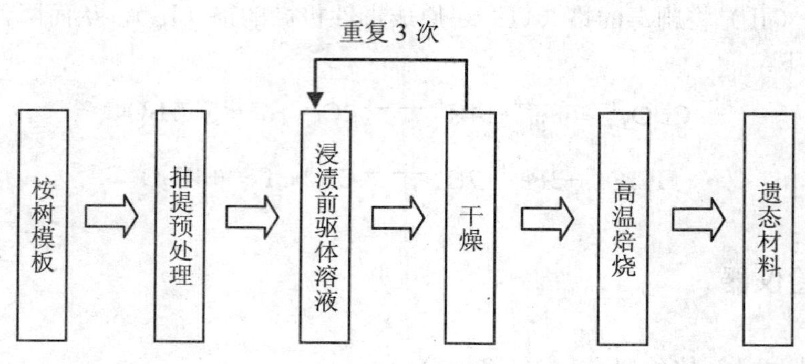

图 1-15-1 工艺流程图

六、实验步骤

1. 将制备好的遗态材料研碎，使其成为能通过 100 目以下筛孔的粉状材料。

2. 配制铬（Ⅵ）浓度约为 10 mg/L 的水样。

3. 采用二苯碳酰二肼分光光度法测原水的铬（Ⅵ）含量。

4. 取 5 个 100 mL 碘量瓶加入 0.5 g 粉状遗态材料，再加入 pH 值分别为 2、3、4、5、6 的铬（Ⅵ）水样 50 mL，放入恒温水域振荡箱（25℃）振荡 30 min。取上清液用定性滤纸过滤并测定水样中铬（Ⅵ）含量并记录数据。

5. 取 5 个 100 mL 碘量瓶分别加入 0.3 g、0.4 g、0.5 g、0.6 g、0.7 g 粉状遗态材料，再加入 pH 值为 2 的 Cr（Ⅵ）水样 50 mL，放入恒温水域振荡箱（25℃）振荡 30 min。取上清液用定性滤纸过滤并测定水样中 Cr（Ⅵ）含量，记录数据。

6. 标准曲线的绘制。

取 7 支 50 mL 比色管，依次加入铬标准使用液 0.00 mL、1.00 mL、2.00 mL、4.00 mL、6.00 mL、8.00 mL 和 10.00 mL，用水稀释至标线，加入（1+1）硫酸和（1+1）磷酸各 0.5 mL，摇匀。加入 2 mL 显色剂溶液，摇匀。5～10 min 后，于 540 nm 波长处，用 1 cm 或 3 cm 比色皿，以水为参比，测定吸光度并作空白校正。

7. 水样的测定

取适量（含铬（Ⅵ）少于 10 μg）过滤后的水样，置于 50 mL 比色管中，用水稀释至标线，余下步骤同标准曲线绘制。

七、数据记录和处理

1. 根据系列标准溶液测得的吸光度绘制吸光度-铬（Ⅵ）含量标准曲线（表 1-15-1）。

表 1-15-1 吸光度-铬（Ⅵ）含量标准曲线记录表

铬（Ⅵ）含量/μg	0.00	1.00	2.00	4.00	6.00	8.00	10.00
吸光度							

2. 从标准曲线上查得六价铬含量，计算水样中六价铬的含量并填写表格（表 1-15-2、表 1-15-3）。

表 1-15-2 不同 pH 值含铬（Ⅵ）废水吸附处理实验记录表

序号	水样 pH 值	水样体积/mL	原水样铬（Ⅵ）浓度/（mg/L）	吸附后水样铬（Ⅵ）浓度/（mg/L）	铬（Ⅵ）去除率/%	吸附量/（mg/g）
1	2					
2	3					
3	4					
4	5					
5	6					

表 1-15-3　不同遗态材料投加量对含铬（Ⅵ）废水吸附处理实验记录表

序号	遗态材料投加量/g	水样体积/mL	原水样铬（Ⅵ）浓度/（mg/L）	吸附后水样铬（Ⅵ）浓度/（mg/L）	铬（Ⅵ）去除率/%	吸附量/（mg/g）
1	0.3					
2	0.4					
3	0.5					
4	0.6					
5	0.7					

$$Cr^{6+}（mg/L）=\frac{m}{V}$$

式中：m—— 由标准曲线查得的 Cr^{6+}量，μg；

V—— 加入比色管水样的体积，mL。

$$Cr^{6+}去除率=\frac{C_1-C_2}{C_1}\times 100\%$$

式中：C_1—— 原水样铬（Ⅵ）浓度，mg/L；

C_2—— 吸附后水样铬（Ⅵ）浓度，mg/L。

$$Cr^{6+}吸附量=\frac{(C_1-C_2)\times 0.05}{M}$$

式中：M—— 遗态材料投加量，g。

八、思考题

1．根据实验结果简述 pH 值对铬（Ⅵ）去除率的影响及原因。

2．讨论常用的吸附水中铬（Ⅵ）方法及优缺点。

实验十六 聚硅酸铁铝混凝剂的制备及其混凝除磷实验

一、实验目的

1. 通过制备聚硅酸铁铝混凝剂，开拓学生自主动手能力和创新能力。
2. 通过本实验，确定某水样混凝除磷最佳投药量、最佳 pH 值等混凝条件。
3. 巩固学生掌握钼酸铵分光光度法测定总磷（GB 11893—89）的方法。

二、实验原理

聚硅酸带负电荷，属阴离子型无机高分子物质。聚硅酸一般为硅氧四面体共氧交联呈链状、环状、网状结构。水中胶粒表面一般带负电荷，所以聚硅酸对水中的胶粒不具有电中和作用，它对胶粒的混凝是通过吸附架桥使胶粒黏连完成的。聚硅酸的网状结构的比表面积很大，粒径为 4.6 nm 的比表面积为 600 m^2/g，粒径为 7.9 nm 的比表面积为 350 m^2/g；反应活性很强，20%的聚硅酸在 pH=3 时的活化能 Ea=68.71kJ/mol，pH=5 时的活化能 Ea=44.81 kJ/mol，网状结构与外加阳离子的空间配位的随机性很强。制备聚硅酸铁铝混凝剂时选择的酸度区域是处在硅酸“N”形胶凝曲线的最高点（或等电点）之右和最低点之左，硅酸聚合的酸性机制和碱性机制共存。在聚硅酸中加入适量的 Al^{3+}、Fe^{3+}时，金属 Al^{3+}、Fe^{3+}的水解体起到桥联作用，使聚硅酸所带电荷由负变正，聚硅酸铁铝混凝剂对水中胶粒具有电中和作用，形成相对稳定的桥联聚合体。可以推测制备聚硅酸铁铝混凝剂过程中聚铁、铝离子与活性硅酸离子间存在的作用使其在胶体中的自由度降低，表现出非离子性键合；聚铁、铝离子中起架桥作用的 OH 与聚硅酸中的硅氧基团之间进一步形成氢键，在原有的链状结构中还会形成支链。由于硅酸聚合体、桥联聚合体和多种 Al^{3+}、Fe^{3+}离子水解体等多种动态反应平衡的存在，环状大分子端基氢氧根之间的络合作用，使聚硅酸铁铝混凝剂成为复合型无机高分子混凝剂。吸附架桥、电中和及卷扫网捕，三者混凝功效的协同作用，使聚硅酸铁铝混凝剂具有优良的混凝性能。

三、实验仪器与试剂

1. 八联实验搅拌器 1 台。
2. 200 mL、1 000 mL 烧杯各 6 个。
3. 100 mL 注射器若干，移取沉淀后上清液用。

4．1 mL、5 mL、10 mL 移液管各一支，洗耳球若干，移取混凝剂用。

5．1 000 mL 量筒 1 个。

6．聚硅酸铝铁混凝剂（或其他混凝剂）1 瓶。

7．酸度计 1 台。

8．可见分光光度计 1 台。

9．尺子 1 把，量搅拌机尺寸用。

10．用 KH_2PO_4 配制含磷溶液。

11. 100.0 mg/L 磷标准贮备液：准确称取于 105℃下烘 4 h 的优级纯磷酸二氢钾 0.439 4 g 于小烧杯中，以少量蒸馏水溶解后，将其转移到 1 000 mL 容量瓶中，用蒸馏水定容到刻度，充分摇匀。

12. 10.0 mg/L 磷标准使用液：准确移取 100 mL 的 100.0 mg/L 磷标准贮备液于 1 000 mL 容量瓶中，用蒸馏水定容到刻度，充分摇匀。

四、实验步骤及记录

（一）采用共聚法制备聚硅酸铝铁混凝剂步骤

（1）配制摩尔浓度为 0.4 mol/L（以 SiO_2 计）的硅酸钠溶液 1 L：称取 113.64 g $Na_2SiO_3 \cdot 9H_2O$（分子量 284.10）置于 1 000 mL 烧杯中，加蒸馏水约 900 mL 使之全部溶解，将其置于温控搅拌器中于 25℃条件下，边搅拌边滴加 3 mol/L 的硫酸溶液，调节其 pH 值到 2.5，获得聚硅酸溶液，并在 25℃条件下沉置老化 30 min。然后将其转移到 1 000 mL 容量瓶中，用蒸馏水定容到刻度。

（2）配制硫酸铝/铁混合溶液：配制 Al^{3+}/Fe^{3+} 摩尔比为 3∶7 且 Al^{3+} 和 Fe^{3+} 的摩尔浓度之和为 1.0 mol/L 的硫酸铝/铁混合溶液 500 mL。即称取 50.00 g $Al_2(SO_4)_3 \cdot 18H_2O$ 和 70.00 g $Fe_2(SO_4)_3$ 置于 500 mL 烧杯中，用蒸馏水溶解后，转移到 500 mL 容量瓶中，定容到刻度。

（3）将 1 000 mL 0.4 mol/L（以 SiO_2 计）的 pH 值已调节到 2.5 的聚硅酸溶液倒入 2 000 mL 的烧杯中，于 30℃条件下，边搅拌边加入 Al^{3+}/Fe^{3+} 摩尔比为 3∶7 的硫酸铝/铁溶液 300 mL。此硅酸铝铁混凝剂中 Al^{3+} 和 Fe^{3+} 的摩尔浓度之和为 0.231 mol/L，以 Fe_2O_3 和 Al_2O_3 计算的质量浓度为 33 mg/mL。

（4）陈化 3 h 后，在功率为 180 W、频率为 40 kHz 的超声波条件下超声搅拌 30 min，即得液体聚硅酸铝铁混凝剂产品。

（二）最佳投药量实验

1．测量原水的总磷浓度及 pH。

2．用 1 000 mL 量筒量取 800 mL 水样至 8 个大烧杯中。

3．8 个水样投加聚硅酸铝铁混凝剂的体积分别为 0.15 mL、0.30 mL、45 mL、60 mL、0.75 mL、0.90 mL、1.05 mL、1.20 mL。

4．将烧杯置于搅拌机中，开动机器，调整转速，中速运转数分钟，同时按计算好的投药量，用移液管分别移取至加药的 10 mL 比色管中，加蒸馏水至 5 mL。

5．将搅拌机快速运转（转速为 300 r/min），待转速稳定后，将药液加入水样烧杯中，同时开始计时，快速搅拌 30 s，记下转速。

6．30 s 后，迅速将转速调到 200 r/min。然后用少量蒸馏水冲洗加药比色管，并将这些水加到水样烧杯中。搅拌 2 min 后，迅速将转速调至 60 r/min 搅拌 10 min。

7．搅拌过程完成后，停机，将水样烧杯取出，置一旁静沉 10 min，距上层澄清液约 2～3 cm 处吸取澄清液进行总磷和浊度的测定。实验数据记于表 1-16-1 中。

表 1-16-1　最佳投药量原始数据记录表

混凝剂名称	混凝剂浓度	原水总磷浓度/（mg/L）				原水浊度/NTU			
聚硅酸铝铁混凝剂	33 mg/mL								
水样编号		1	2	3	4	5	6	7	8
投药量	mL	0.15	0.30	0.45	0.60	0.75	0.90	1.05	1.20
	mg/L	5	10	15	20	25	30	35	40
剩余浊度/NTU									
剩余总磷浓度/（mg/L）									
总磷去除率/%									

（三）最佳 pH 实验

1．用 1 000 mL 量筒量取 800 mL 水样至 6 个大烧杯中。

2．7 个水样的初始 pH 值分别为 4.0，5.0，6.0，7.0，8.0，9.0，10.0。

3．用 1.0mol/L 的 HCl 或 1.0mol/L NaOH 将水样 pH 调节至设定值。

4．将烧杯置于搅拌机中，开动机器，调整转速，中速运转数分钟，按上述实验中实验出的最佳投药量，用移液管分别移取至加药小试管中并加蒸馏水至 5 mL。步骤 5、6、7 与最佳投药量实验相同。实验数据记于表 1-16-2 中。

表 1-16-2　最佳 pH 值原始数据记录表

混凝剂名称	混凝剂浓度	原水总磷浓度/（mg/L）				原水浊度/NTU		
聚硅酸铝铁混凝剂	33 mg/mL							
水样编号		1	2	3	4	5	6	7
混凝之前的 pH 值		4.00	5.00	6.00	7.00	8.00	9.00	10.00
剩余浊度/NTU								
剩余总磷浓度/（mg/L）								
总磷去除率/%								

（四）总磷的测定

1．工作曲线的绘制：取 7 支具塞比色管分别加入 0.0 mL，0.20 mL，0.50 mL，1.00 mL，1.50 mL，2.00 mL，3.00 mL 磷酸盐标准溶液（10.0 μg/mL），加水至标线，再加入 1 mL 抗坏血酸溶液混匀，30 s 后加入 2 mL 钼酸盐溶液充分混匀。室温下放置 30 min 后，使用光程为 30 mm 的比色皿，在 700 nm 波长下以水作参比测定吸光度，记录于表 1-16-3 中，扣除空白实验的吸光度后，对应磷的含量绘制工作曲线。

2．取 5 mL 待测总磷水样于 50 mL 比色管中，用水稀释至标线。

3．向水样中加入 1 mL 抗坏血酸溶液混匀，30 s 后加入 2 mL 钼酸盐溶液充分混匀。室温下放置 30 min 后，使用光程为 30 mm 的比色皿，在 700 nm 波长下，以水作参比测定吸光度，扣除空白实验的吸光度后，从工作曲线上查得磷的含量。

4．总磷含量以 C（mg/L）表示，按下式计算：

$$C = \frac{m}{V}$$

式中：m —— 水样测得的含磷量，μg；

V —— 测定用水样体积，mL。

五、数据处理

1．列表记录实验数据，绘制总磷测定标准曲线。

2．计算总磷的去除率列于表 1-16-3 中，绘制总磷剩余浓度和总磷去除率-投药量和总磷剩余浓度及总磷去除率-pH 值的曲线图。

表 1-16-3　总磷标准曲线绘制实验数据记录表

编号	加入 10 μg/mL 标准溶液的体积/mL	标准溶液的浓度/（mg/L）	吸光度	校正吸光度
1	0	0		
2	0.2	0.04		
3	0.5	0.10		
4	1.0	0.20		
5	1.5	0.30		
6	2.0	0.40		
7	3.0	0.60		

六、思考题

根据实验结果以及实验中所观察到的现象，简述影响混凝的主要因素。

实验十七　桂林漓江地表水源腐殖酸对混凝机理的影响

混凝沉淀实验是给水、排水处理的基础实验之一，在科研、教学和生产中应用极其广泛。通过混凝实验，可以选择投加药剂的种类、数量，还可确定其他最佳混凝条件。

一、实验目的

1．通过本实验，了解以腐殖酸为例的有机酸的提取。

2．通过观察矾花的形成过程及混凝沉淀效果，加深对混凝原理的理解。

3．通过本实验，确定腐殖酸与高岭土、二氧化硅混合后，对混凝剂的投加量和絮凝效果的影响。

4．通过本实验，确定某水样的最佳投药量、最佳 pH 值等最佳混凝条件。

二、实验原理

水体中通常存在大量的胶体颗粒，是水体产生混浊的一个重要原因，胶体颗粒靠自然沉淀是不能去除的。

胶体颗粒之间的静电斥力、胶粒的布朗运动及胶粒表面的水化作用，使得胶粒具有分散稳定性，三者中以静电斥力的影响最大。向水中投加混凝剂能提供大量的正离子，压缩胶团的扩散层，使 ξ 电位降低，静电斥力减小。此时布朗运动由稳定因素转变为不稳定因素，也有利于胶粒的吸附凝聚。水化膜中的水分子与胶粒有固定联系，具有弹性和较高的黏度，把这些水分子排挤除去需要克服特殊的阻力，阻碍胶粒的直接接触。有些水化膜的存在决定于双电层状态，投加混凝剂降低 ξ 电位，有可能使水化作用减弱。混凝剂水解后形成的高分子物质或直接加入水中的高分子物质一般具有链状结构，在胶粒与胶粒之间起吸附架桥作用，即使 ξ 电位没有降低或降低不多，胶粒不能相互接触，通过高分子链状物吸附胶粒，也能形成絮凝体。

消除或降低胶体颗粒稳定因素的过程叫做脱稳。脱稳后的胶粒，在一定的水力条件下，形成较大的絮凝体，俗称矾花。直径较大且密实的矾花容易沉淀。

自投加混凝剂直至形成较大矾花的过程叫混凝。混凝过程见表 1-17-1。

从胶体颗粒变成较大的矾花是一个连续的过程，为了研究方便，可划分为混合和反应两个阶段。混合阶段要求浑水和混凝剂快速均匀混合，一般来说，该阶段只能产生用肉眼难以看到的微絮凝体；反应阶段则要求将微絮凝体形成较密实的大粒径矾花。

表 1-17-1 混凝过程

阶段	混合阶段	反应阶段			
		凝聚			絮凝
过程	药剂混合	脱稳		异向絮凝为主	同向絮凝为主
作用	药剂扩散	混凝剂水解	杂质胶体脱稳	脱稳胶体凝聚	微絮凝体进一步碰撞聚集
动力	质量迁移	溶解平衡	各种脱稳机理	分子热运动	液体流动的能量消耗
处理构筑物	混合设备				反应设备
胶体状态	原始胶体		脱稳胶体	微絮凝体	矾花
胶体粒径/μm	0.1～0.001	5～10			0.5～2

混合和反应均需消耗能量，而速度梯度 G 值能反映单位时间内单位体积水耗能值的大小，混合的 G 值应大于 300～500 s^{-1}，时间一般不超过 30 s，G 值大时混合时间宜短。混合方式可以是机械搅拌混合和水泵混合。本实验水量较小，采用的是机械搅拌混合的方式。由于粒径大的矾花抗剪强度低，易破碎，而 G 值与水流剪力成正比，故从反应开始至反应结束，随着矾花逐渐增大，G 值宜逐渐减小。实际设计中，G 值在反应开始时可采用 100 s^{-1} 左右，反应结束时可采用 10 s^{-1} 左右。整个反应设备的平均 G 值为 20～70 s^{-1}，反应时间 15～30 min。本实验采用机械搅拌反应，G 值及反应时间 T 值（以秒计）应符合上述要求。

混合或反应的速度梯度 G 值

$$G=\sqrt{\frac{P}{\mu V}} \tag{1-17-1}$$

式中：P —— 混合或反应设备中水流所耗功率；1 W＝1 J/s=1N·m/s；

V —— 混合或反应设备中水的体积，m^3；

μ —— 水的动力黏度 Pa·s，1Pa·s=1N·s/m^2。

不同温度水的动力黏度 μ 值见表 1-17-2。

表 1-17-2 不同水温水的动力黏度 μ 值

温度/℃	0	5	10	15	20	25	30	40
μ/（10^{-3}N·s/m^2）	1.781	1.518	1.307	1.139	1.002	0.890	0.798	0.653

本实验搅拌设备垂直轴上装设两块桨板，如图 1-17-1 所示，桨板绕轴旋转时克服水的阻力所耗功率 P 为，

$$P=\frac{C_D rL\omega^3}{4g}(r_2^4-r_1^4)$$

式中：L —— 桨板长度，m；

r_2 —— 桨板外缘旋转半径，m；

r_1 —— 桨板内缘旋转半径，m；

ω —— 相对于水的桨板旋转角速度，可采用 0.75 倍实测角速度表示，rad/s；

r —— 水的重度，N/m^3；

g —— 重力加速度，$9.80\ m/s^2$；

C_D —— 阻力系数，取决于桨板宽长比，见表 1-17-3。

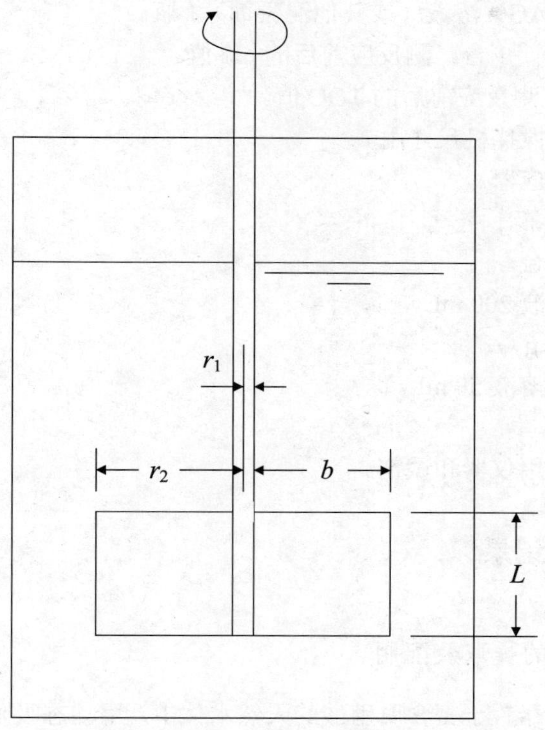

图 1-17-1 搅拌设备示意图

表 1-17-3 阻力系数 C_D 值

b/L	<1	1～2	2.5～4	4.5～10	10.5～18	>18
C_D	1.10	1.15	1.19	1.29	1.40	2.00

当 C_D＝1.15（即宽长比 b/L 为 1～2），r=9 810 N/m^3，g=9.80 m/s^2，转速为 n（r/min）（即 $\omega_{实测}=\dfrac{2\pi r}{60}\times 0.75=0.078\,5n.\text{rad/s}$）时，

$$P=0.139\ln^3(r_2^4-r_1^4)$$

三、实验仪器与试剂

1．六联实验搅拌器 1 台。

2．1 000 mL 烧杯 6 个。

3．200 mL 烧杯 6 个。

4．100 mL 注射器若干，移取沉淀后上清液用。

5．1 mL、5 mL、10 mL 移液管各 1 支，吸耳球若干，移取混凝剂用。

6．温度计 1 支，测水温用。

7．1 000 mL 量筒 1 个，量原水体积用。

8．聚合氯化铝（PAC）溶液（或其他混凝剂）1 瓶。

9．PHS-3C 型酸度计 1 台，测反应前后的 pH 值。

10．TOC 仪 1 台，测反应前后的 TOC 值。

11．尺子 1 把，量搅拌机尺寸用。

12．提取腐殖酸反应器。

13．1 000 mL 容量瓶 1 个。

14．恒温振荡器 1 台。

15．10% NaOH 溶液 200 mL。

16．树脂 1 包（50 g）。

17．1mol/L H_2SO_4 溶液 50 mL。

18．烘箱。

19．其他常规实验用仪器和试剂。

四、实验步骤及记录

（一）水体腐殖酸的提取及配制

将腐殖酸提取反应器置于富含腐殖酸的天然水体中，用动态吸附方式，经一段时间过滤吸附后将吸附柱带回实验室加入 10% NaOH 溶液进行脱附，测定脱附液的 TOC 值，将滤液放入烘箱（70℃）烘干至粉末，在干燥皿内保存备用。测量粉末重量，若低于 0.5 g，则重复上述操作以便制取更多腐殖酸粉末。

（二）最佳投药量实验

1．用 1 000 mL 量筒量取 6 个水样至 6 个大烧杯中，各入 30 mg 腐殖酸备用粉末。

2．测量原水的水温、TOC 值及 pH。

3．设最小投药量和最大投药量，利用均分法确定其他 4 个水样的混凝剂投加量。

4．将烧杯置于搅拌机中，开动机器，调整转速，中速运转数分钟，同时将计算好的投药量，用移液管分别移取至加药小试管中。加药试管中药液量过少时，可掺入蒸馏水，以减小药液残留在试管上产生的误差。

5．将搅拌机快速运转（转速为 300～500 r/min），待转速稳定后，将药液加入水样烧杯中，同时开始计时，快速搅拌 30 s，记下转速。

6．30 s 后，迅速将转速调到中速运转（如 120～150 r/min）。然后用少量蒸馏水冲洗加药试管，并将这些水加到水样杯中。搅拌 3 min 后，迅速将转速调至慢速（如 80 r/min）搅拌 5 min。

7．搅拌过程中，注意观察并记录矾花形成的过程、矾花外观、大小、密实程度等，并记录于表 1-17-4 中。

8．搅拌过程完成后，停机，将水样杯取出，置一旁静沉 10 min，静沉过程中，观察并记录矾花沉淀过程并记录在表 1-17-4 中。

表 1-17-4　观察记录

水样编号	矾花形成及沉淀过程的描述	小 结
1		
2		
3		
4		
5		
6		

9．水样静沉 10 min 后，用注射器每次吸取水样杯中上清液约 130 mL（够测浊度、pH 用即可），置于 6 个洗净的 200 mL 烧杯中，测反应后的浊度及 pH 并记录入下列的原始数据表 1-17-5 中。

表 1-17-5　原始数据记录表

混凝剂名称		原水 TOC/（mg/L）		原水温度/℃		原水 pH	
PAC 溶液							
水样编号							
投药量	mL						
	g/L						
剩余 TOC/（mg/L）							
TOC 去除率/%							
沉淀后 pH 值							

10．比较实验结果，根据 6 个水样所分别测得的剩余浊度，结合水样混凝沉淀时所观察到的现象，对最佳投药量的所在区间作出判断。缩小投药量范围，重新设定下次实验的最大和最小投药量值 a 和 b，重复上述实验。

（三）最佳 pH 实验

1．用 1 000 mL 量筒量取 6 个水样至 6 个大烧杯中，加入 30 mg 腐殖酸备用粉末。

2．测定水样的 TOC 值、温度值。

3．设最小 pH 和最大 pH，利用均分法确定其他 4 个水样的 pH。

4．用酸和碱将水样 pH 调至设定值。

5．将烧杯置于搅拌机中，开动机器，调整转速，中速运转数分钟，将上述实验中实验出的最佳投药量，用移液管分别移取至加药小试管中。

6．将搅拌机快速运转（转速为 300～500 r/min），待转速稳定后，将药液加入水样烧杯中，同时开始计时，快速搅拌 30 s。

7．30 s 后，迅速将转速调到中速运转（如 120～150 r/min）。然后用少量蒸馏水冲洗加药试管，并将这些水加到水样杯中。搅拌 3 min 后，迅速将转速调至慢速（如 80 r/min）搅拌 5 min。

8．搅拌过程中，主要观察并记录矾花形成的过程、矾花外观、大小、密实程度等，并记录入表 1-17-4 中。

9．搅拌过程完成后，停机，将水样杯取出，置一旁静沉 10 min，静沉过程中，观察并记录矾花沉淀过程并记录在表 1-17-6 中。

表 1-17-6 观察记录

水样编号	矾花形成及沉淀过程的描述	小 结
1		
2		
3		
4		
5		
6		

10．水样静沉 10 min 后，用注射器每次吸取水样杯中上清液约 130 mL（够测浊度、pH 用即可），置于 6 个洗净的 200 mL 烧杯中，测反应后的浊度及 pH 并记录于表 1-17-7 中。

表 1-17-7 原始数据记录表

混凝剂名称	混凝剂用量		原水 TOC	原水温度		原水 pH
PAC 溶液						
水样编号						
混凝前 pH 值						
剩余 TOC/（mg/L）						
TOC 去除率/%						
沉淀后 pH 值						

11．北较实验结果，根据 6 个水样分别测得的剩余浊度，结合水样混凝沉淀时所观察到的现象，对最佳 pH 值的所在区间做出判断。缩小投药量范围，重新设定下次实验的最大和最小 pH 值，重复上述实验。

五、结果处理

1．最佳投药量的确定

以投药量为横坐标，以 TOC 去除率为纵坐标，绘制投药量-TOC 去除率曲线，从曲线上求得本次实验不小于某一 TOC 去除率的最佳投药量值。

2．最佳 pH 值的确定

以 pH 值为横坐标，以 TOC 去除率为纵坐标，绘制 pH 值-TOC 去除率曲线，从曲线上求得本次实验不小于某一 TOC 去除率的最佳 pH 值。

3．计算反应过程的 G 及 GT 值，并比较其是否符合设计要求

将测得的原始数据填入表 1-17-8 中。

表 1-17-8 混凝原始数据记录表

桨 板 尺 寸				
r_1=0.003	r_2=0.030	b=0.047	L=0.047	C_D=1.115
水温=18.0℃		动力黏度μ=1.084 1		
快速搅拌时 n=300 r/min T=0.5 min GT=499				
中速搅拌时 n=130 r/min T=3 min GT=852				
慢速搅拌时 n=80 r/min T=5 min GT=685				

六、注意事项

1．取水样时，所取水样要搅拌均匀，要一次量取以尽量减少所取水样浓度上的差别。

2．移取烧杯中沉淀液的上清液时，要在相同条件下取上清液，并注意不要把沉下去的矾花搅起来。

七、思考题

1．根据实验结果以及实验中所观察到的现象，简述影响混凝的几个主要因素。

2．为什么在最大投药量时，混凝效果反而不一定好。

实验十八　混凝沉淀处理糖蜜酒精废水实验

一、实验目的

1．通过观察矾花的形成过程及混凝沉淀效果，加深对混凝原理的理解。

2．通过本实验，确定适合糖蜜酒精废水的最佳混凝剂及最佳投药量、最佳 pH 值等最佳混凝条件。

3．降低糖蜜酒精废水部分 COD 和色度，改善处理效果，提高处理水质。

二、实验原理

糖蜜酒精废水 COD、SO_4^{2-}浓度、色度均高。其中色素来自糖蜜原料，主要有酚类物和氨基氮化合物等。多酚类物质在酶的作用下氧化成褐色素，还原糖碱分解缩合聚合成高分子棕黑色素，还原糖与氨基酸反应生成褐色聚合物，糖热分解成深咖啡色焦糖色素，酚类物与铁反应生成深色的化合物等。这些色素难以被微生物降解、耐温、耐光照。混凝沉淀是降低糖蜜酒精废水 COD、色度的有效方法之一。

混凝技术是目前国内外用来提高水质处理效率的一种既经济又简便的水处理技术。其机理是利用混凝剂及其水解产物的各种性能使溶液中的有机物、稳定色素脱稳，被吸附分离，从而沉淀去除。混凝过程涉及三方面问题：水中胶体粒子的性质、混凝剂在水中的水解物种以及胶体粒子与混凝剂之间的相互作用。

（1）压缩双电层。把一种电解质加到胶体扩散层中，由于加入的电解质将使扩散层中的价电子浓度增加，从而减小扩散层厚度，因此扩散层被压缩到颗粒表面。这种压缩作用将改变在胶体附近的双电层斥力分布，并且随着电解质浓度增加，胶体表面电势减小使胶体间范德华引力的作用大于其相互间的静电斥力，促使颗粒聚集。

（2）电性中和。一些化学物质能够被吸附在胶体颗粒表面。如果被吸附物质带有与胶体粒子电性相反的电荷，就会导致其表面电势减小，使胶体脱稳。

（3）吸附架桥。不仅带异性电荷的高分子物质与胶粒具有强烈吸附作用，不带电甚至带有与胶粒同性电荷的高分子物质与胶粒也有吸附作用。通过对高分子物质吸附架桥作用的研究认为：当高分子链的一端吸附了某一胶粒后，另一端又吸附另一胶粒，形成“胶粒－高分子－胶粒”的絮凝体。起架桥作用的高分子都是线性分子且需要一定的长度。

（4）当铝盐或铁盐混凝剂投量很大而形成大量氢氧化物沉淀时，可以网捕、卷扫水中胶粒以致产生沉淀分离，称为卷扫或网捕作用。这种作用基本上是一种机械作用，所需混凝剂量与原水杂质含量成反比。

混凝技术的关键问题是絮凝剂的选择。混凝剂及其形态的电荷正负、电性强弱和分子量、聚集体的粒度大小是决定其絮凝效能的主要因素。当然，水质与颗粒物的脱稳需求以及投加剂量和工艺条件的适配也是重要因素。

三、实验仪器与试剂

1．六联实验搅拌器（配带刻度的搅拌杯）。
2．200 mL 烧杯 6 个。
3．1 mL、5 mL、10 mL 移液管各 1 支，吸耳球若干，移取混凝剂用。
4．温度计 1 支，测水温用。
5．混凝剂（硫酸铝，氯化铁，聚合氯化铝）。聚合氯化铝（PAC）（工业品，含铝 30%）配成 0.001 g/mL 溶液、0.01 g/mL 溶液，硫酸铝（AR）配成 0.001 g/mL 的溶液，氯化铁（AR）配成 0.001 g/mL 的溶液。
6．PHS-3C 型酸度计 1 台，测反应前后的 pH 值。
7．COD 微波消解速测仪 1 台。
8．实验水体取自覃潭糖厂糖蜜酒精车间废水。

四、实验步骤及记录

（一）分析方法

1．用 PH-3CA 型 pH 计测定 pH。
2．微波快速消解法测 COD_{Cr}。
3．色度用稀释倍数法测定。
4．脱色率的计算：

$$脱色率=（TA-TB）/TA\times100\%$$

式中：TB———脱色后处理液的色度；
TA———pH 为 a 时的原液色度。

（二）混凝步骤

1．测定原水 COD、SO_4^{2-}、色度。
2．用石灰乳调节水样的 pH 值。
3．按表 1-8-1 实验条件进行混凝。
4．水样静沉、过滤并检测其相关指标。
5．实验结果比较与分析。

表 1-18-1 混凝实验基本条件

	转速（r/min）	反应时间/min
混合	300	0.5
絮凝	100	10
混凝	60	10

（三）初步实验阶段

选取常用的硫酸铝、氯化铁及聚合氯化铝作为混凝剂，按照步骤（二）的混凝条件进行混凝实验，并测定混凝前后的 COD 及色度，根据结果选出最适合糖蜜酒精废水的混凝剂。

（四）深入实验阶段

对最适合糖蜜酒精废水的混凝剂按照步骤（二）进行最佳投药量及最佳 pH 值的混凝条件实验。

五、成果整理

1．最佳药剂的确定

2．最佳投药量的确定

以投药量为横坐标，以剩余浊度为纵坐标，绘制投药量-剩余 COD、剩余色度曲线，从曲线上求得最佳投药量值。

3．最佳 pH 值的确定

以 pH 值为横坐标，以剩余浊度为纵坐标，绘制投药量-剩余 COD、剩余色度曲线，从曲线上求得最佳投药量值。

六、注意事项

1．取水样时，所取水样要搅拌均匀，要一次量取以尽量减少所取水样浓度上的差别。

2．移取烧杯中沉淀液的上清液时，要在相同条件下取上清液，并注意不要把沉下去的矾花搅起来。

七、思考题

1．根据实验结果以及实验中所观察到的现象，简述影响混凝的几个主要因素。

2．为什么在最大投药量时，混凝效果反而不一定好。

实验十九　隔膜电解法处理含铬电镀废水实验

一、实验目的

1．了解电解法、隔膜电解法的特点、原理和计算。

2．掌握水中六价铬的测定方法。

二、实验原理

六价铬为吞入性毒物/吸入性极毒物，皮肤接触可能导致敏感；更可能造成遗传性基因缺陷，吸入可能致癌，对环境有持久危险性。而铬金属、三价或四价铬并不具有这些毒性。

电解法处理含铬废水，具有速度快、处理达标率高等特点，用离子交换膜（阳电解膜，只允许阳离子通过）将电解槽分隔为两极室，保证两极室的极液和反应物不会相互混淆，保证了在阴极被还原的产物不会被阳极重新氧化，从而大大提高电解效率。本实验中，加入 5%的硫酸溶液为电解液，起导电和浓集杂质离子的作用。插入紫铜板为阴极、石墨板为阳极，由于隔膜的作用，电解时在电解槽的阴极和阳极之间产生电位差，使六价铬离子向阴极迁移，得到电子直接被还原成三价铬、四价铬或者铬金属从而达到处理含铬电镀废水的目的。随着电解的进行，含铬电镀污水变成无毒的澄清水；硫酸根和其他负离子向阳极迁移，在阳极失去电子而被氧化。其反应如下：

阳极反应（石墨板）：

$$4OH^- - 4e^- = O_2\uparrow + 2H_2O$$

阴极反应（紫铜板）：

$$Cr^{6+} + 3e^- = Cr^{3+} \quad \text{（主要）}$$

$$Cr^{6+} + 2e^- = Cr^{4+}$$

$$Cr^{6+} + 6e^- = Cr$$

$$2H^+ + 2e^- = H_2\uparrow$$

同时有少量沉淀物析出：

$$Cr^{3+} + 3OH^- = Cr(OH)_3\downarrow$$

上述反应如图 1-19-1 所示。

电解反应时，能使电解正常进行所需要的最小电压为分解电压，它必须大于理论分解电压（原电池的电动势）、极化电压（浓度极化、化学极化）及溶液内阻与膜助力之和。分解电压的大小与电极的性质、废水性质、电流密度、温度等有关。铬的理论分解电压为 12V，氢的理论分解电压为 2.2V。当外加电压大于铬的分解电压时，铬离子开始向阴极迁移，当外加电压大于氢的分解电压时，氢离子也开始向阴极迁移。随着大量离子的迁移，电流急剧增大，电压-电流曲线上出现一个很明显的转折点，这个转折点的电压值就是实验条件下的经济工作电压。电解法处理效果好坏可以用电流效率、电耗（电解去除 1 kg 污染物所消耗的电能）、污染物去除率来衡量。

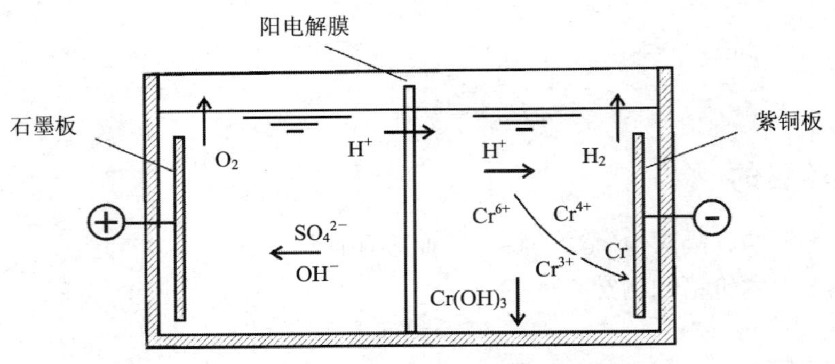

图 1-19-1　隔膜电解处理含铬废水示意图

三、实验装置与设备

1．实验装置

实验装置为隔膜电解实验装置（包含晶体管直流稳压电源（30V/5A），有机玻璃电解槽（11 cm×7 cm×4 cm)，紫铜板(12.5 cm×7.5 cm×0.3 cm)，石墨板(12.5 cm×7.5 cm×0.3 cm)，阳电解膜（均相膜）；耐酸橡胶皮，连接示意如图 1-19-2 所示。

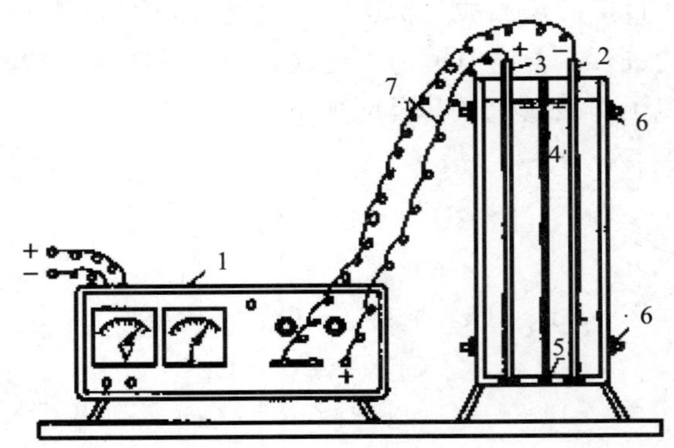

图 1-19-2　隔膜电解法实验设备装置图

1．直流稳压电源；2．紫铜板；3．石墨板；4．阳离子膜；5．耐酸橡皮垫片；6．固定架；7．导线

电解槽由有机玻璃、塑料块制成，槽中间有一阳离子交换膜，用长螺丝和三角铁将两个半槽体、耐酸橡皮垫片与膜夹紧。膜两边的两个极室中间有凹槽可插铜板和石墨板，每个极室的容积为 100 mL 左右。

2．仪器设备与试剂

（1）分光光度计，比色皿（1 cm 或 3 cm）。

（2）具塞比色管（50 mL），移液管（0.5 mL、1 mL、2 mL、5 mL），容量瓶（1 000 mL、100 mL），100 mL 量筒，水桶。

（3）含铬电镀废水（约 10 mg/L），5%硫酸溶液，二苯碳酰二肼溶液，铬标准贮备液、铬标准使用液，（1+1）硫酸溶液，（1+1）磷酸溶液。

四、实验步骤

1．电解处理含铬废水

（1）配置 5%的硫酸溶液作为电解液。

（2）在阳极室中加入 100 mL 5%硫酸溶液，阴极室中加入 100 mL 待处理含铬废水。

（3）将石墨板和紫铜板分别插入阳极室和阴极室，并接通直流稳压电源的正负电源接线柱。

（4）调节电压为 4 V、6 V、8 V、10 V、12 V、14 V、16 V、18 V，每个电压值保持电解时间为 5 min 左右，待电流相对稳定后，记录恒定电流值，倒掉两极室的液体。

（5）根据实验步骤（4）的记录，以电压为纵坐标、电流为横坐标作图，得到电压-电流曲线，找出曲线转折点的电压值作为实验条件下经济工作电压值。

（6）按照实验步骤（2）（3）操作，并将电解电压加到实验获取的经济工作电压值，进行电解 0.5 h（可根据实验安排时间为影响因素的对比实验），结束时记录电压值和电流值。

（7）测定原水样和处理后水样含六价铬浓度。

2．注意事项

（1）直流稳压电源要预热半小时后才能进行实验。

（2）含铬废水有毒，操作过程需要极度小心，实验后要用肥皂或洗手液洗手后方可离开，严格遵守实验室制度不带吃喝的东西进教室。

（3）反应结束后及时关闭电源，小心取出并洗净石墨板和紫铜板，洗净电解槽，放入清水浸泡阳电解膜。

五、实验结果整理

（1）测定并记录实验基本参数并填写表格：

实验日期：　　　年　　月　　日

电解前废水中六价铬离子浓度 C_0：　　　　mg/L

电解时间 t：　　　h

某电压条件下电解后废水中六价铬离子浓度 C_i：　　　　mg/L

电解电压：　　V

电解电流：　　A

加入含铬电镀废水量 V_i：　　　mL

加入 5%硫酸溶液量：　　　mL

（2）求转折点电压的实验记录可参考表 1-19-1。

（3）待处理废水中六价铬离子浓度的测定数据可参考表 1-19-2 记录。

（4）参考下列公式计算电流效率、电耗和六价铬离子的去除率。

$$电解去除六价铬效率=\frac{C_0-C}{C_0}\times 100\%$$

$$电流效率=\frac{W_{实}}{W_{理}}\times 100\%$$

$$电耗=\frac{UIt}{W_{实}}$$

式中：C_0——原水六价铬浓度，mg/L；

C_i——某固定电压下电解处理后水样含六价铬浓度，mg/L；

U——电压，V；

$W_{实}$——实际去除六价铬的量，$W_{实}$=（C_0-C_i）$\times V_i$， g；

$W_{理}$——理论上应去除六价铬的量，$W_{理}=It\frac{M}{2}/26.8$，I 为电流值（A）、t 为电解时间（h），M 是铬的摩尔质量（52 g/mol）、26.8 是法拉第常数（A・h/mol）。

表 1-19-1　电压、电流记录表

槽电压 E/V	4	6	8	10	12	16	18
电流 I/A							

表 1-19-2　电解含六价铬废水实验记录表

序号	电压值/V	恒定电流值/A	理论去除六价铬的量/g	实际去除六价铬的量/g	电流效率/%
1	3				
2	4				
3	5				
4	6				

六、思考题

1．为何在电压-电流曲线上有明显转折点？

2．如果不用隔膜进行电解，会出现什么不良后果？

3．实验计算的指标说明了什么？

4．可否将含铬废水和 5%硫酸溶液放置的位置互换，为什么？

附：六价铬的测定方法

一、实验原理

在酸性条件下，六价铬与二苯碳酰二肼（DPCI）反应，生成紫红色配合物，该配合物最大吸收波长为 540 nm，摩尔吸光系数为 4×10^4 L/（mol•cm），吸光度与浓度的关系符合比尔定律。反应式如下：

$$O{=}C\begin{cases}NH-NH-C_6H_5\\NH-NH-C_6H_5\end{cases} + Cr^{6+} \rightarrow O{=}C\begin{cases}NH-NH-C_6H_5\\N{=}N-C_6H_5\end{cases} + Cr^{3+}$$

二苯碳酰二肼（DPCI）　　　　苯肼羰基偶氮苯

实验中，Hg_2^{2+}和 Hg^{2+}、Mo^{6+}、V^{5+}、Fe^{3+}等有干扰，其中 Mo^{6+}干扰较小，Fe^{3+}的干扰可加入磷酸消除，V^{5+}与显色剂生成的干扰物在显色 10 min 后，其颜色可自行消退。氧化性及还原性物质，如 ClO^-、Fe^{2+}、SO_3^{2-}、$S_2O_3^{2-}$等，以及水样有色或浑浊时，都对测定有干扰，须进行预处理。

二、实验仪器

1．分光光度计，比色皿（1 cm、3 cm）。

2．50 mL 具塞比色管，移液管，容量瓶等。

三、主要试剂

1．二苯碳酰二肼溶液：称取二苯碳酰二肼 0.2 g，溶于 50 mL 丙酮中，加蒸馏水稀释至 100 mL，摇匀，贮于棕色瓶中，置冰箱中保存。颜色变深后不能再用。

2．铬标准贮备液（100 μg/mL）：称取于 120℃下干燥 2 h 并冷却至室温的重铬酸钾 0.282 9 g，用蒸馏水溶解后，移入 1 000 mL 容量瓶中，用蒸馏水稀释至标线，摇匀。该溶液每毫升含 0.100 mg 六价铬。

3．铬标准使用液（5.00 μg/mL）：吸取铬标准贮备液 50.00 mL 于 1 000 mL 容量瓶中，用水稀释至标线，摇匀。此溶液每毫升含六价铬 1.00 μg。

4．（1＋1）硫酸溶液：将硫酸（ρ＝1.84 g/mL）缓缓加入同体积水中，混匀。

5．（1＋1）磷酸溶液：将磷酸（ρ ＝1.69 g/mL）与等体积水混合。

四、实验步骤

1．水样的预处理

（1）不含悬浮物、低色度的清洁地面水可直接测定。

（2）若水样有色但不太深，可通过进行色度校正测定。即另取一份水样，加入除显色剂以外的各种试剂，以 2 mL 丙酮代替显色剂，以此溶液为参比测定待测水样的吸光度。

（3）锌盐沉淀分离法。对于浊度及色度较大的水样，可用沉淀过滤来处理水样。取适量水样（含六价铬低于 100 μg）于 150 mL 烧杯中，加水至 50 mL，滴加 0.2%（质量浓度）氢氧化钠溶液，调节溶液 pH 为 7～8。在不断搅拌下，滴加氢氧化锌共沉淀剂至溶液 pH 为 8～9。将此溶液转移至 100 mL 容量瓶中，用水稀释至刻度。用慢速滤纸过滤，弃去 10～20 mL 初滤液，从剩余滤液中取出 50.0 mL 供测定用。

2．标准曲线的绘制

取 7 支 50 mL 比色管，依次加入铬标准使用液 0.00 mL、1.00 mL、2.00 mL、4.00 mL、6.00 mL、8.00 mL 和 10.00 mL，用水稀释至标线，加入（1＋1）硫酸和（1＋1）磷酸各 0.5 mL，摇匀。加入 2 mL 显色剂溶液，摇匀。5～10 min 后，于 540 nm 波长处，用 1 cm 或 3 cm 的比色皿，以水为参比，测定吸光度并作空白校正。

3．水样的测定

取适量（含六价铬少于 10 μg）无色透明水样或经过预处理的水样，置于 50 mL 比色管中，用水稀释至标线，余下步骤同标准曲线绘制。

五、数据处理

1．根据系列标准溶液测得的吸光度绘制吸光度-六价铬含量标准曲线。

2．从标准曲线上查得六价铬含量，并按下式计算水样中六价铬的含量。

$$Cr^{6+}\ (\mathrm{mg/L}) = \frac{m}{V}$$

式中：m——由标准曲线查得的 Cr^{6+}量，μg；

V——水样的体积，mL。

六、注意事项

1．本实验中所有实验器皿（包括采样瓶）不能用铬酸清洗。

2．显色反应酸度一般控制在 0.05～0.3 mol/L（$1/2H_2SO_4$），以 0.2 mol/L 为佳。显色前，水样应调至中性。显色温度一般为 15℃，显色时间 5～15 min，络合物可在 1.5h 内稳定。

3．若测定清洁地面水中的六价铬，测定时可不必加酸，直接加入按以下方法配制的显色剂 2.5 mL。配制方法：溶解 0.2 g 二苯碳酰二肼于 100 mL 95%的乙醇中，边搅拌边加入（1＋9）硫酸 400 mL。显色剂加入后，立即摇匀，以免六价铬可能被乙醇还原。

4．水样中若存在不易被氢氧化锌沉淀法去除的有机物干扰，可在酸性条件下用高锰酸钾氧化破坏有机物，过滤水样，再用尿素去除过量的高锰酸钾，将滤液定容，留待测定。

5．若水样中六价铬含量较高，标准使用液的浓度应为 5.00 μg/mL，同时显色剂的浓度也要相应增加 5 倍，即 1 g 二苯碳酰二肼溶于 50 mL 丙酮中；测定吸光度时可使用 1 cm 比色皿。

实验二十 降雨—入渗—产流过程实验

一、实验目的

水文学原理是水文水资源专业的核心专业课程，水文规律的认识是该课程重要的实践性教学环节，同时也是学生获得实践知识、强化水文学基本原理的理解和掌握的重要途径。

1．改变以往常规水文学原理实验教学只进行单个水文环节实验教学的传统模式，将水文循环的主要子过程——降水产流过程完整再现，使学生对水文循环主要因素之间的相互作用和相互影响有一个直观的感性认识，充分理解并掌握所学理论知识。

2．培养学生的创新意识和创新能力。

3．通过实验的具体操作，充分发挥学生的主观能动性，培养良好的团队精神、协作意识以及运用所学知识发现问题、解决问题能力。

二、实验器材设备

1．供试土壤

实验在大型变坡土槽中进行，供试土壤由实验教师预先完成土槽填充。土槽长 4.0 m、宽 1.2 m、深 0.8 m，土槽底层具有渗漏功能。先在土槽底部填充 5 cm 厚的中细沙，上覆 80 目细纱网。填土深度 0.5 m，以 5 cm 厚度分层填装土料，按照土壤容重 1.3 g/cm^3 逐层拍实，并保持实验坡面物理状况的一致性，层间接触面打毛，防止出现分层现象。土槽坡度 0～30°，可调，填土时应考虑土槽末端土层表面与收集径流槽的连接。

2．降雨设备

人工智能降雨设备的降雨面积为 4.0 m×5.0 m，可调，降雨高度 3～6 m，降雨强度 0.1～5.0 mm/min。降雨强度、降雨历时等参数通过计算机设置加以控制，并进行降雨强度和降雨均匀度检验。

3．土壤含水量测试设备

实验室拥有进行经典烘干法（标准方法）、中子法、电阻法、TDR 法的相关设备，实验者可根据实验目的和方案进行选择，要求选择两种以上测试方法，其中经典烘干法为必选方法，经典烘干法不便于进行不同深度土壤含水量的测试，主要用于进行不同方法测试精度的对比和校验。

4．径流测验设备

径流测验设备包括薄层水流流速仪、带刻度的集流桶。使用薄层水流流速仪需要通过测验流速及过水断面面积获得，主要用于监测径流强度变化，而径流量及径流强度的精确测验需要用集流桶获得。

5．注意事项

实验设备选择和使用前应充分了解设备的工作原理、安装和控制方法、适用条件。所选实验设备应能达到实验目的，满足实验过程及结果分析的要求。

三、实验设备调试及安装

1．土槽的调试安装

土槽位置的确定应考虑有利于降雨器的安装和运行、薄层水流流速仪的安装和运行、集流桶的放置及更换；实验土槽可变坡度，实验者根据实验方案调整坡度，并能够确定坡面的精确坡度。

2．降雨设备安装及校验

降雨器为便携式设备，每次实验前应按照设备使用说明进行安装。安装主要考虑水电连接及安全、闸阀启闭、智能控制设备摆放及运行。降雨范围应调整到略大于土槽尺寸，降雨高度应使雨滴对坡面的作用与天然降雨基本一致。降雨设备安装完成后，确定实验所采用的降雨强度，并应进行降雨强度和均匀性的检验。检验方法参考降雨设备操作手册。

3．土壤含水量测定设备调试

将土壤含水量测定设备的探头分别置于坡面以下 5 cm、10 cm、15 cm、25 cm、35 cm、45 cm 深度，并在安装前进行仪器校验，校验方法参考仪器使用手册。

4．薄层水流流速仪安装

薄层水流流速仪安装于土槽末端与集流槽连接处，用于测验进入集流槽时水流的流速。

5．集流槽安装及径流收集桶准备

集流槽上方应有遮挡及排泄降雨装置，以避免超过土槽面积的降雨进入径流收集桶，引起实验误差。径流收集桶包括 20 L 带刻度小桶 4 只、带刻度且具滑轮和倾倒装置的 50 L 大桶 2 只。小桶用于承接较小雨强的径流，并与大桶配合使用，承接大雨强产生的径流，实验前将集流桶置于集流槽出水口附近。

6．计时设备

计时设备用于记录降雨历时、产流时间、集流桶集流时间等，可用秒表或其他具有分项计时功能的设备。

四、实验步骤

实验设备安装调试完成后，按照以下步骤进行实验。

1．初始土壤含水量测定

在实验开始前先进行土壤不同深度土壤含水量测定，作为初始土壤含水量。

2．设备开启

接通水电，将降雨器水箱充满水，保证供水稳定；开启降雨器控制设备、薄层水流流速仪，并开始计时。降水历时控制在 1 h 左右，当需要进行土壤水分常数及下渗容量参数实验时，可根据实验情况延长降水历时。

3．实验过程监控及记录

实验开始后，密切注意观察入渗和产流情况。每隔一定时间进行一次土壤含水量测定，直到降水入渗结束或土壤含水量稳定；有径流出现时，及时记录产流时间，开始测验径流流速，记录流速变化过程；同时开始用集流桶收集径流，计时更换一次集流桶，记录每次集流桶收集的水量。产沙量较大时应考虑泥沙体积对径流量的影响。

4．结束实验过程

降水历时满足实验要求后，先关闭降水模拟器的进水阀门；无明显径流时，顺序停止流速测验、集流、土壤含水量测定等。

5．实验条件控制

根据实验目的，改变土槽坡度、降雨强度、初始土壤含水量，按照上述步骤进行实验。进行不同坡度、雨强及初始土壤含水量的降雨—入渗—产流实验，需要修整土槽中的土壤，并等土壤水分蒸发到一定程度后进行。

五、实验参数记录

实验过程中，需要记录的基本参数如下。

1．降雨参数

包括降雨强度、实验降雨历时。

2．土壤含水量参数

包括初始土壤含水量、入渗过程中不同土壤深度不同时刻的土壤含水量、土壤含水量稳定后的土壤水分。

3．径流参数

包括产流时刻、径流流速、每个集流桶收集的水量。

六、实验结果分析

根据实验目的及所记录的数据，应进行以下结果的分析计算，并提供相应的成果。

1．根据雨强及降雨历时进行降雨总量计算（降入土槽的有效降雨量）。

2．根据初始土壤含水量及降雨结束后的土壤含水量，计算土壤蓄水量的变化，并绘制不同时刻的土壤水分剖面图以及土壤蓄水量随时间的变化曲线。

3．根据流速测验数据，绘制径流量随时间的变化曲线。

4．根据集流桶的数据，计算产流强度、产流总量。

5．进行水量平衡计算，进行误差分析。

6．根据其他小组的数据，分析初始土壤含水量与入渗强度、初始土壤含水量对产流时间及产流量的影响。

7．对实验中出现的问题进行分析，给出合理解释。

实验二十一　水环境化学综合实验

第一部分　水环境化学综合实验的目的、内容和要求

一、实验目的

水环境化学是水文水资源专业的重要专业课，水质监测技术是该课程重要的实践性教学环节之一，是学生获得实践性知识、强化监测技能的重要途径。

1．通过综合实验，对水环境监测实验室的操作和野外监测工作的一般程序有深刻了解。理论联系实际，巩固和深入了解已学的理论知识，增强对水环境监测工作的感性认识。

2．掌握地面水体水质水量结合监测的原则，掌握现场测试的基本方法，正确选择实验室分析方法；进行实验室质量控制，保证实验数据的准确；对数据进行分析与处理，正确剔除离群数据；提高动手能力和实验研究能力。

3．通过亲身参加水环境监测实践，培养分析问题和解决问题的独立工作能力，为将来的工作打下基础。

二、实验内容

本次综合实验的内容如表 1-21-1 所示。

表 1-21-1　实验项目一览表

序号	实验项目	实验内容	实验性质
1	河流水质监测实验	河流水质监测布点方法	必做
2	流量测验	熟悉流速仪的结构和原理，掌握测验方法和流量计算方法	必做
3	化学需氧量测定	重铬酸钾测定 COD、滴定管的使用、滴定终点控制	必做
4	氨氮测定	分光光度计的使用、絮凝沉淀预处理、纳氏试剂分光光度法测氨氮	必做
5	溶解氧测定	移液管、滴定管的使用，碘量法	必做
6	电导率测定	电导率仪的原理、使用方法	必做
7	pH 测定	酸度计的使用	必做
8	水位观测	超声波测深仪的使用	选做
9	总氮测定	紫外分光光度计的使用和测定	选做
10	总磷测定	钼酸铵测定总磷、掌握消解的前处理方法	必做
11	生化需氧量测定	稀释接种法测定 BOD_5	选做

三、实验要求

1. 实验内容要求

应在实验老师的指导下，具体参加有关的监测分析工作，要求做到如下几点。

(1) 熟练掌握常规监测项目的采样、现场测试、实验室分析、数据处理、报表填写等基本技能，掌握水环境监测的全过程工作程序。

(2) 了解常规监测仪器的基本结构、基本原理，能够独立正确地使用监测工作中常用的仪器设备。

(3) 在实验过程中，要勤于观察和思考，掌握监测技术的细节和要领。每天写好实验笔记，记录实验情况、心得体会、工作计划等。对有关监测数据进行详细记录并加以整理。

(4) 了解水环境分析室的有关业务常识，掌握实验室安全、卫生知识。

(5) 尊敬指导老师，同学之间团结协作。学会协调人际关系，有利于工作顺利开展。

2. 实验报告要求

实验结束后要提交实验报告，内容应包括以下几项。

(1) 实验的工作内容。包括采样、调查、实验室项目分析等调查监测方案的制订。

(2) 实验项目分析应包括实验目的、实验原理、实验仪器设备、实验步骤、实验现象的观察和记录、实验原始数据和处理过程。

(3) 通过实验情况，选择可以反映实验成果和结论的主要内容，有重点地、系统地进行分析和讨论。

(4) 实验报告要包含有技术细节的内容，反映对实验项目的掌握程度，以评价实验的实际效果。

(5) 个人心得体会及今后工作建议。

四、成绩评定

综合实验考核的内容包括：学生对理论知识的应用能力；动手能力，对实验现象的观察能力，分析问题、解决问题的能力；工作态度、学习态度、团队合作精神，语言交流能力、提出问题的能力；实验方案的合理性；实验方法、实验结果表达的正确性；实验报告的正确性、完整性等方面。

综合实验成绩分五档，分别计为优（90～100分）、良（80～89分）、中（70～79分）、及格（60～69分）、不及格（60分以下）。

具体评分办法见表1-21-2。

表1-21-2 学生综合实验考核评分标准

一级标准	二级标准	评价标准
实验课前准备（20分）	实验方案（14分）	实验方案完整、可操作性强
	预习效果（6分）	基本了解实验目的，原理和步骤
		课前老师提问，能正确回答

一级标准	二级标准	评价标准
实验能力（30分）	动手能力（8分）	动手操作、操作规范
	分析、解决问题的能力（8分）	发现问题后，积极思考对策
		将问题及时解决
	理论知识的应用能力（6分）	能把理论知识与实际结合
	团结合作能力（8分）	小组实验，分工合作，协调性好
		实验过程中若出现问题，小组成员不相互埋怨，而是互相鼓励
实验态度（20分）	学习态度（14分）	实验准时参加、实验未结束不离开、给老师一定的反馈信息
	操作态度（6分）	操作不规范时，老师纠正要及时更正
实验效果（10分）	实验成功	总结实验过程中注意的问题
	实验失败	找出失败的原因
实验课后情况（20分）	玻璃器皿、仪器设备情况（4分）	玻璃器皿清洗干净，归位
		仪器设备完好
	打扫卫生情况（3分）	实验台及实验室地面整洁
	实验报告情况（13分）	按时交实验报告
		实验报告内容完整
		实验报告结果表达正确
总分		

第二部分 综合实验水质水量监测

一、制订监测方案

1．实验前由学生根据监测对象——小东江花园村段水文及水质状况进行水文、水质要素的调查和资料收集，提交监测方案。在方案中给出采样点、采样方法、监测项目及测定方法的设计。

2．由教师、小组成员共同讨论监测方案的可行性，确定最终监测方案。明确实验目的、原理、任务、主要操作步骤及应该注意的有关事项。

3．各项目分析监测及数据处理方法参照我国水质标准分析方法，即《水和废水监测分析方法》。

二、水样采集

1．实验目的

掌握断面水样采集、采样点的设置和不同水样的采集方法，了解采样器的使用方法和水样保存的基本要求。

2．能力目标

掌握采样器的正确使用方法，解决采样现场遇到的一般性技术问题。掌握水质采样的质控方法。

3．相关知识

（1）代表性。为真实反映水质，除了用精密仪器和准确的分析技术之外，还要特别注意水样的采集和保存。采集的样品要代表水体的质量。除需现场测定的样品外，带回实验室的样品在测试前需妥善保存，以确保样品在保存期内不发生明显的变化，从而保证样品的代表性。

（2）采样的一般过程。包括现场勘查（测）、采样断面的设置、采样点的布置、样品的现场采集、样品的保存、样品的运输和存放。

（3）水质监测的分类。水质监测可分为水环境监测和水污染源监测。水环境的水体包括地表水和地下水，污染源包括各种工业污水、生活污水等。

4．水样的采集

（1）河流采样断面的布设

1）城市或工业区河段，应布设对照断面、控制断面和削减断面。

2）污染严重的河段可根据排污口分布及排污状况，设置若干控制断面，控制的排污量不得小于本河段总量的 80%。

3）本河段内有较大支流汇入时，应在汇合点支流上游处及充分混合后的干流下游处布设断面。

4）水质稳定或污染源对水体无明显影响的河段，可只布设一个控制断面。

5）河流或水系背景断面可设置在上游接近河流源头处，或未受人类活动明显影响的河段。

6）供水水源地、水生生物保护区以及水源型地方病发病区、水土流失严重区应设置断面。

7）城市主要供水源地上游 1 000 m 处应设置断面。

（2）确定采样垂线和采样点

河流采样垂线的布设见表 1-21-3。

表 1-21-3 采样垂线的布设

水面宽/m	垂线数说明	说明
≤50	一条（中泓线）	断面上垂线的布设应避开岸边污染带。有必要对岸边污染带进行监测时，可在污染带内酌情增设垂线； 对无排污河段并有充分数据证明断面上水质均匀时，可只设中泓线一条垂线
50～100	二条（左、右近岸有明显水流处）	
>100	三条（左、中、右）	

（3）采样容器

采样容器应由惰性物质制成，抗破裂、清洗方便、密封性和开启性均好，以保证样品免受吸附、蒸发和外来物质的污染。

1）测定有机及生物项目应选用硬质（硼硅）玻璃容器。

2）测定金属、放射性及其他无机项目可选用高密度聚乙烯或硬质（硼硅）玻璃容器。

3）测定溶解氧及 BOD_5 应使用专用贮样容器。

4）容器在使用前应根据监测项目和分析方法的要求，采用相应的洗涤方法洗涤。

5．质量控制样品的采集

采集数量应为水样总数的10%～20%，每批水样不得少于2个。质量控制样品可用以下方法制备。

（1）现场空白样。在采样现场以纯水、按样品采集步骤装瓶，与水样同样处理，以掌握采样过程中环境与操作条件对监测结果的影响。

（2）现场平行样。现场采集平行水样，用于反映采样与测定分析的精密度状况，采集时应注意控制采样操作条件一致。

（3）加标样。取一组现场平行样，在其中一份中加入不定量的被测物标准溶液。然后两份均按常规方法处理后，送实验室分析。

6．采样时注意事项

（1）水样采集量监测项目及采用的分析方法以所需水样量及备用量而定。

（2）采样时，采样器口部应面对水流方向。用船只采样时，船首应与水流逆向，采样在船舷前部逆流进行，以避免船只污染水样。

（3）除细菌、油等测定用水样外，容器在装入水样前，应先用该采样点水样冲洗3次。

（4）测定溶解氧与 BOD_5 的水样采集时应避免曝气，水样应充满容器，避免接触空气。

三、水量指标监测

1．水深测定

掌握超声波测深仪的性能和使用方法。

（1）适用条件

超声波测深仪是专用于水库、湖泊、江湖、河道等内陆水体测深的便携式测深仪。适用于水深较大，含沙量较小，泡漩、可溶固体、悬浮物不多时的江河、湖库的水深测量。

（2）主要结构

由主机、换能器、导流体、旋杆组成。本仪器以单片计算机为智能中心，控制仪器的工作并对接收的数据进行分析和处理。

（3）工作原理

应用超声波技术，测深时将换能器放置于水面，仪器向水下发射超声波，经水底反射再由换能器接收。测定从发射超声波到接收的时间，经仪器自动换算及修正，即可得水深。

（4）注意事项

1）在使用中如发生显示器不显示，或其他不正常现象，一般为电池耗尽。在正常情况下，装入新的5号电池应能连续使用10 h以上，更换时应全部更换，勿新旧混用。

2）仪器具有空载保护功能，但也要尽量防止在没有插换能器和换能器没有入水的情况下进行测深操作。

3）防止对换能器暴晒、抛甩、碰撞，以防损坏，每次使用以后，应将换能器由导流体及悬杆上取下擦干，防止生锈。

4）当气温与水相差太大时，可能造成短时测深困难，此时可将换能器在水中浸泡 5～10 min，使换能器温度与水温一致即可。

5）不同仪器的换能器不可互换，以防止由于不匹配而使测深效能降低。

2．流速流量测定

（1）仪器结构及工作原理

流速用流速仪测量，流速仪包括：感应水流的旋转器、计数器和保持仪器正对水流的尾翼。旋转器在水流的冲击下旋转，通过记录旋转的次数即可求得流速。

（2）流量计算

由测点速度计算垂线平均速度。

垂线上平均流速计算公式：

三点法：
$$V_{\mathrm{m}}=\frac{1}{3}(V_{0.2}+V_{0.2}+V_{0.2})$$

二点法：
$$V_{\mathrm{m}}=\frac{1}{2}(V_{0.2}+V_{0.8})$$

一点法：
$$V_{\mathrm{m}}=V$$

计算部分面积的平均流速。

岸边流速：
$$\upsilon_1=0.70V_{\mathrm{m}}$$

中间部分流速为两侧垂线平均流速的平均值。

将部分面积上的平均流速与部分面积相乘得部分流量。

将各部分流量相加得总流量。

（3）实地操作步骤

1）用皮尺量出河流宽，根据实际河宽按水文测验的规范（有精测法和常测法）进行测速垂线的布设，并记录垂线间距于表格中。

2）根据不同的流速仪采用不同的测速方法测出或算出点的流速，并记录于表格中。

四、水质指标监测

根据监测方案，每组同学做好采样前准备工作：

（1）试剂、标准溶液及其他试液的配备；

（2）采样器、采样时的不同水质项目需添加的保存剂的准备。

1．水温

温度为现场观测项目之一，常用的测量仪器有水温计和颠倒温度计。水温计用于浅层水温的测量；颠倒温度计用于深层水温的测量。用水温计测量水温时，最需注意的地方是读取温度值时，一定要迅速。必要时可重复测量。水温表或颠倒温度表应定期校核。颠倒温度计的测量方法可参阅该仪器使用说明。

2．pH 的测定

pH 值是水中氢离子活度的负对数，是水化学中常用的和最重要的检验项目之一。天然水的 pH 值多为 6～9，这也是我国污水排放标准中的 pH 值的控制范围。由于 pH 值受水温影响而变化，测定时应在规定的温度下进行，或者校正温度。通常采用玻璃电极法测定 pH 值。

（1）实验目的。

掌握测定水样 pH 值的方法、原理，学会 pH 计的使用。

（2）能力目标。

通过本项目实习操作应能独立准确地测定出水样的 pH 值，并能掌握 pH 计的基本原理，熟练掌握 pH 计的正确使用。

（3）实验原理。

利用玻璃电极作为指示电极，饱和甘汞电极作为参比电极组成一个电池。在 25℃理想条件下，根据电动势的变化测量 pH 值。许多 pH 计上有温度补偿装置，用于校正温度对电极的影响，用于常规水样监测可准确到 0.1pH 单位，较精密的仪器可准确到 0.01pH 单位。为了提高测定的准确度，校准仪器时选用的标准缓冲溶液的 pH 值应与水样的 pH 值接近。

（4）水样测定环节。

每次测定时电极必须清洗干净并不附着水珠。将电极浸入水样中，小心搅拌，待读数稳定后记录 pH 值。为防止空气中二氧化碳溶入或水样中二氧化碳逸失，测定前不宜提前打开水样瓶塞。

3．水样 COD 的测定

（1）实验目的。

通过本实验，掌握污水 COD 测定方法和数据处理及相关仪器的使用。

（2）能力目标。

该实验项目完成后，应掌握以下几方面的内容：①能独立完成水样中 COD_{Cr} 的测定（包括水样的预处理）；②掌握测定过程中的关键步骤；③掌握测定所需仪器设备的使用。

（3）相关知识。

COD 是指在一定条件下，用强氧化剂处理水样时所消耗氧化剂的量，以氧的质量浓度（mg/L）表示。化学需氧量反映了水体受还原性物质污染的程度。水中还原性物质包括有机物、亚硝酸盐、亚铁盐、硫化物等。

由于强氧化剂除了氧化水样中有机物外，还能氧化还原性物质，因此 COD 只能作为测定有机物的相对指标。同时水样的 COD 值受到氧化剂种类、浓度、反应溶液体系的酸度、反应温度和时间、加试剂的顺序、催化剂等条件的影响，因此，COD 是一个条件性很强的水质指标，必须严格遵守操作程序进行质量控制，才能获得可靠的结果。对工业废水中的 COD，我国现行规定用重铬酸钾法测定。

（4）实验重点

1）重铬酸钾法的原理。

在强酸性溶液中，一定量的重铬酸钾氧化水样中还原性物质，过量的重铬酸钾以试亚铁灵指示剂，用硫酸亚铁铵溶液回滴（硫酸亚铁铵临用前，用重铬酸钾标准溶液标定）。根据重铬酸钾用量计算出水样的 COD_{Cr} 值，以氧的质量浓度（mg/L）表示。

2）注意事项。

① 对于 COD 小于 50 mol/L 的水样，应用 0.025 0 mol/L 重铬酸钾标准溶液，回滴时间用 0.01 mol/L 硫酸亚铁铵标准溶液。

② COD_{Cr}的测定结果应保留三位有效数字。

③ 每次实验时，应对硫酸亚铁铵标准滴定溶液进行标定，室温较高时应注意其浓度变化。

4．水样 BOD_5 的测定

生化需氧量是指在规定条件下，微生物分解存在水中的某些可氧化物质，特别是有机物所进行的生物化学过程中消耗溶解氧的量。目前国内外普遍规定于（20±1）℃培养 5d，分别测定样品培养前后的溶解氧，两者之差即为五日生化需氧量（BOD_5 值），以氧的质量浓度（mg/L）表示。

（1）实验重点

1）测定原理

将待测废水适当处理后，在（20±1）℃有氧条件下培养 5 d，测定出培养前后水样中的溶解氧值，其溶解氧的差值即为 BOD_5 的值，以氧的毫克/升（mg/L）表示。

2）溶解氧、微生物的控制

待测水样中溶解氧，微生物种类、数量的控制。

①水样经培养后所消耗的溶解氧大于 2 mg/L，而剩余溶解氧在 1 mg/L 以上。当有机物含量较多时要稀释后测定和培养测定。

②当水样中稍含或不含微生物时，应进行接种，引入能分解废水中有机物的微生物。必要时（如有毒、难分解），要引入驯化后的微生物种。

3）测定范围

本方法适用于测定 BOD_5 大于或等于 2 mg/L，最大不超过 6 000 mg/L 的水样。当水样 BOD_5 大于 6 000 mg/L 时，会因稀释带来一定的误差。

4）BOD_5 测定时干扰物质的消除

①在 2 个或 3 个稀释比的样品中，凡消耗溶解氧大于 2 mg/L 和剩余溶解氧大于 1 mg/L 的，计算结果时，应取其平均值。若剩余的溶解氧小于 1 mg/L，甚至为 0 时，应加大稀释比。溶解氧消耗量小于 2 mg/L，有两种可能，一种是稀释倍数过大；另一种可能是微生物菌种不适应，活性差，或含毒物质浓度过大。这时可能出现在几个稀释比中，稀释倍数大的消耗溶解氧反而较多的现象。

②稀释水。稀释水的准备力求每批次的水是同次处理的。水温控制在 20℃左右，所用曝气压缩机为无油空压机。空气经活性炭和水洗涤要充分，同时曝氧要充分以保证水中 DO 值达到 8 mg/L 左右。

③接种水、接种稀释水。用城市污水、表层土壤浸出液或用含城市污水的河水、湖水或污水处理厂的出水或当分析含有难降解物质的废水时，在其排污口下游 3～8 km 处取水样作为废水的驯化接种液的接种水时，应考虑季节、气温对微生物的影响进而造成的对接种水质量的影响，以及所需的驯化时间调整。同时每升稀释水中接种液的加入量也要调整。接种稀释水配制后立即使用。

④为检查稀释水和接种液的质量，以及化验人员的操作水平，可将 20 mL 葡萄糖-谷氨酸标准溶液用接种稀释水稀释至 1 000 mL，按测定 BOD_5 的步骤操作。测得 BOD_5 的值应为 180～230 mg/L。否则应检查接种液、稀释水的质量或操作技术是否存在问题。

5．水中“三氮”的测定

（1）实验目的。

掌握水样中氨氮（NH_3-N）、亚硝酸盐氮（NO_2-N）、硝酸盐氮（NO_3^--N）测定时水样的预处理方法，以及测定条件的确定。

（2）能力目标。

1）根据实际情况，对水样进行正确的预处理。

2）掌握水样中“三氮”的测定方法和正确的数据处理方法。

（3）相关知识

1）水体中氨氮（NH_3-N）的来源及危害

水体中氨氧（NH_3-N）以游离氨（NH_3）或铵盐（NH_4^+）形式存在，两者的组成比取决于水体的 pH 值。当 pH 值偏高时，游离氨的比例较高；pH 值低时，铵盐的比例较高。

水中氨氮的主要来源为生活污水中含氮有机物被微生物作用分解的产物、工业污水中的焦化废水和合成氨化肥厂的废水，以及农田排水。此外，厌氧状态下，水中存在的亚硝酸盐被微生物还原为氨，在有氧状态下，水中氨也可转为亚硝酸盐，甚至转化为硝酸盐。

氨氮含量较高时，对鱼类可呈现毒害作用，可产生富营养化。

2）水体中亚硝酸盐氮（NO_2^--N）的来源及危害

亚硝酸盐氮（NO_2^--N）是氮循环的中间产物，不稳定，在氧和微生物的作用下，可被氧化成硝酸盐，在缺氧条件下也可被还原为氨。亚硝酸盐进入人体后，可将低铁血红蛋白氧化成高铁血红蛋白，使之失去输送氧的能力，还可与仲胺类反应生成具致癌性的亚硝酸胺类物质。亚硝酸盐很不稳定，一般天然水中含量不会超过 0.1 mg/L，在 pH 值较低的酸性条件下，有利于亚硝酸胺类的形成。

3）水体中硝酸盐氮（NO_3^--N）的来源及危害

硝酸盐是在有氧环境中最稳定的含氮化合物，也是含氮有机化合物经无机化作用最终阶段的分解产物。制革、酸洗废水、某些生化处理设施的出水及农田排水中常含大量硝酸盐。清洁的地面水中硝酸盐氮（NO_3^--N）含量较低，受污染水体和一些深层地下水中 NO_3^--N 含量较高。硝酸盐在无氧环境中，可受微生物的作用而还原为亚硝酸盐，亚硝酸盐也可经氧化而生成硝酸盐。人体摄入硝酸盐后，经肠道中微生物作用转变成亚硝酸盐而呈现毒性作用。

（4）实验重点

1）水体中氨氮（NH_3-N）的测定

① 测定方法的选择及样品保存

氨氮的测定方法，通常有纳氏试剂比色法、苯酚-次氯酸盐（或水杨酸-次氯酸盐）比色法和电极法等。纳氏试剂比色法具有操作简便、灵敏等特点。水中钙、镁和铁等金属离子，硫化物，醛和酮类，颜色，以及浑浊等均干扰测定，需作相应的预处理。

水样采集在聚乙烯瓶或玻璃瓶内，并应尽快分析，必要时可加硫酸将水样酸化至 pH <2，于 2～5℃下存放。酸化样品应注意防止吸收空气中的氨而导致污染。

② 样品的预处理

因水样带色或浑浊以及含其他一些干扰物质，将影响氨氮的测定。故在测定水样中的氨氮时，需将水样作适当处理。预处理方法有絮凝沉淀法、蒸馏法两种。

a. 蒸馏水。水样稀释及试剂配制所用蒸馏水均为无氨蒸馏水。

b. 絮凝沉淀法。适合于较清洁的水样。

c. 蒸馏法。适合于污染严重的水样或工业废水样。在水样蒸馏时，应避免发生暴沸，否则馏出液温度过高，氨吸收不完全（挥发）。应防止蒸馏时产生泡沫。若水样中含有余氯，则按 0.35%硫代硫酸钠 0.5 mL 去除 0.25 mg 氯的比例加入。

③ 纳氏试剂比色法测定水体中的氨氮（NH_3-N）

最低检出浓度为 0.025 mg/L，测定上限为 2 mg/L。

a．纳氏试剂在配制时应注意，按方法一（GB 7479—87）配制时配制的溶液要静置过夜，将上导清液移入聚乙烯瓶中的密塞保存。

b．纳氏试剂中碘化汞与碘化钾的比例，对显色反应的灵敏度有较大影响。静置后生成的沉淀应除去。

c．滤纸中常含痕量铵盐，使用时注意用无氨水洗涤。所用玻璃器皿应避免被实验室空气中的氨沾污。

2）水体中亚硝酸盐氮（NO_2^--N）的测定

① 测定方法选择及样品保存

亚硝酸盐在水中受微生物等作用而很不稳定，采集后应尽快进行分析，必要时以冷藏来避免微生物的影响。

② 测定方法的原理

在磷酸介质中，pH 值为 1.8±0.3 时，亚硝酸盐与对氨基苯磺酰胺反应，生成重氮盐，再与 N-（1-萘基）-乙二胺偶联生成红色染料。在 540 nm 波长处有最大吸收。

③ 方法的适用范围和干扰消除

本方法所用水全为不含亚硝酸盐的蒸馏水。

a. 适用范围。本法适用于饮用水、地面水、地下水、生活污水和工业污水中亚硝酸盐的测定。最低检出浓度为 0.003 mg/L，测定上限为 0.20 mg/L 亚硝酸盐氮。

b. 干扰及消除。氯胺、氯、硫代硫酸盐、聚磷酸钠和高铁离子有明显干扰。水样呈碱性（pH≥11）时，可加酚酞溶液为指示剂，滴加磷酸溶液至红色消失。水样有颜色或悬浮物，可加氢氧化铝悬浮液并过滤。

c. 测定水样时，若水样经预处理后还有颜色，则分别取两份体积相同的经预处理的水样，一份加 1.0 mL 显色剂，另一份改加 1 mL（1∶9）磷酸溶液。由加显色剂的水样测得的吸光度，减去空白实验测得的吸光度，再减去改加磷酸液的水样所测得的吸光度后，获得校正吸光度，以进行色度校正。

d. 显色剂配制时一定要避免试剂与皮肤接触或吸入体内，因显色剂有毒性。同时显色剂溶液应贮于棕色瓶中，保存在 2～5℃，至少可稳定 1 个月。

e. 亚硝酸盐氮标准贮备液中加入 1 mL 三氯甲烷，贮于棕色瓶中，在 2～5℃下至少稳定 1 个月。贮备液的浓度应由高锰酸钾的标准溶液标定后确定。亚硝酸盐氮标准中间液在 2～5℃下只稳定 1 周。亚硝酸盐氮标准使用液应在使用时当天配制。

3）水体中硝酸盐氮（NO_3^--N）的测定

① 测定方法选择及样品保存

水中硝酸盐氮的测定方法颇多，常用的有酚二磺酸光度法、镉柱还原法、戴氏合金还原法、离子色谱法、紫外法和电极法。酚二磺酸法测量范围较宽，显色稳定；镉柱还原法适用于测定水中低含量的硝酸盐；戴氏合金还原法对严重污染并带深色的水样最为适用；离子色谱法需有专用仪器，但可同时与其他阴离子联合测定；紫外法和电极法常作为筛选法。

水样采集后应及时进行测定。必要时，应加硫酸使 pH<2，保存在 4℃下，在 24 h 内进行测定。

② 酚二磺酸光度法测定硝酸盐氮

a. 方法原理。硝酸盐在无水情况下与酚二磺酸反应，生成硝基二磺酸酚，在碱性溶液中生成黄色化合物，进行定量测定。

b. 测定方法的适用范围和干扰消除。本方法适用于饮用水、地下水和清洁地面水中 NO_3^--N 的测定，检出范围为 0.02～2.0 mg/L。水中含氯化物、亚硝酸盐、铵盐、有机物和碳酸盐时可产生干扰，应在前处理时消除干扰。本方法实验用水应为无硝酸盐蒸馏水。

c. 水样测定

干扰的消除。水样浑浊和带色时，可取 100 mL 水样于具塞量筒中，加入 2 mL 氢氧化铝悬浮液，密塞振摇，静置数分钟后，过滤，弃去 20 mL 初滤液。

氯离子的去除。取 100 mL 水样移入具塞量筒中，根据已测定的氯离子含量，加入相当量的硫酸银溶液，充分混合。在暗处放置 0.5 h，使氯化银沉淀凝聚，然后用慢速滤纸过滤，弃去 20 mL 初滤液。

若不能获得澄清滤液，可将已加硫酸银溶液后的试样，在近 80℃的水浴中加热，并用力振摇，使沉淀充分凝聚，冷却后再进行过滤。如需同时去除带色物质，则可再加入硫酸银溶液，充分混合。在暗处放置 0.5 h，使氯化银沉淀凝聚，然后用慢速滤纸过滤，弃去 20 mL 初滤液。

亚硝酸盐的干扰。当亚硝酸盐氮含量超过 0.2 moL/L 时，可取 100 mL 水样，加 1 mL 0.5 mol/L 硫酸，混匀后，滴加高锰酸钾溶液至淡红色保持 15 min 不褪色为止，使亚硝酸盐氧化为硝酸盐，最后从硝酸盐氮测定结果中减去亚硝酸盐氮量。

实验二十二 水文测验综合实验

一、实验目的

1．掌握 WGZ-1 型光电数字水位计、LS25-3A 型旋桨式流速仪、LS-68 型旋杯式流速仪、LJD 打印式流速流量仪、直读流速流向及 S48-1 型超声波测深仪的性能、主要结构、工作原理和使用方法。

2．掌握河流断面流速流量、河流流向的测定方法，GPS 定位、导航操作，并对所定位的点、导航的路线进行编辑、修改，掌握 GPS 在水文测验中的应用。

3．通过实验了解和掌握粒径计法泥沙颗粒分析的方法和成果计算，取得泥沙颗粒级配的断面分布和变化过程的资料。

二、主要仪器设备及其工作原理

1．主要仪器设备

WGZ-1 型光电数字水位计、LS25-3A 型旋桨式流速仪、LS-68 型旋杯式流速仪、LJD 打印式流速流量仪、直读流速流向及 S48-1 型超声波测深仪、GPS 以及粒径计。要求学生掌握各仪器的性能、主要结构、工作原理、适用条件、仪器维护及使用方法。

2．工作原理

（1）流速仪工作原理

测流速的感应部件用旋桨式转子式转子流速仪，旋桨由水流推动而旋转，经信号装置产生转数信号，并由下述公式计算出流速：

$$v = K\frac{AX}{T} + c$$

式中，v—— 所测流速，m/s；

K—— 桨叶水力螺距（称倍常数），m；

c—— 仪器常数，m/s；

A—— 转数与信号的比值，一般有 1/24、1/10、1/2、1、5、10、20 几种，本机 A=20；

T—— 测流历时，s；

X—— T 历时内的总信号数。

注：本仪器具有识别真假信号的功能，当误信号传来或信号周期长于 40 s 时，仪器自动复零不打印，当时间到 100 s 无信号时，音响长鸣警告，此时需人工复零，仪器才重新工作，只有仪器接收到实测信号时，打印机才打印出计算结果。

（2）测深仪工作原理

应用超声波技术，测深时将换能器放置于水面，仪器向水下发射超声波，经水底反射再由换能器接收。测定从发射超声波到接收的时间，经仪器自动换算及修正，即可得水深。如图 1-22-1 所示，超声波自换能器发射到达河底又反射回换能器，所经过的距离为 2 L，超声波的传播速度 c 可根据经验公式计算，当测得超声波往返传播时间为 t 时，可得

$$L=\frac{1}{2}ct$$

从图中可见：

$$h=h_0+L$$

式中：h —— 水深，m；

h_0 —— 换能器吃水深，m；

L —— 换能器至河底的垂直距离，m。

上式中，h_0 为已知，只要精确测定超声波传播往返的时间 t，即可求出水深。

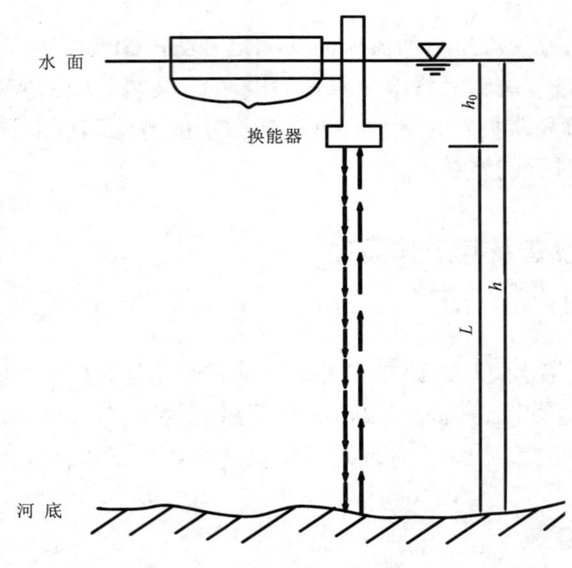

图 1-22-1　超声波测深仪原理图

（3）流速流向仪工作原理

测点流向工作原理是根据“磁性同步原理”，即传送器做任何转动时，指示器的指针旋转同样的角度。

（4）GPS 工作原理

在通过地心的 6 个极地轨道面上，均匀分布着 24 颗 GPS 卫星，这些卫星全天候、实时地向地面发送卫星星历等定位信息，用户接收机根据接收到的卫星信息，实时计算所处的位置坐标，从而达到全球性、全天候、连续的精密三维导航与定位目的。

GPS 是美国从 20 世纪 70 年代开始研究，于 1994 年全面建立的全球定位系统（Global Positioning System），是由空间星座、地面监控和用户设备 3 大部分组成的。GPS 接收机的两大主要用途为定位和导航。

三、实验内容

水文测验综合实验分为河流现场断面水位、流速流向、水质和室内泥沙颗粒分析实验两部分。

（一）河流断面现场实验

1．仪器安装及操作

（1）流速仪的安装及操作步骤

1）从仪器箱内取出测流仪，打开电池盖并装好电池。

2）从箱内取出信号线并将其插入仪器左上方的信号输入插孔。

3）按“启/止”键使仪器处于工作状态，短接信号线，听到仪器发出第一声音响后计算器开始累计加计数，当第十一个（短路）信号来后计算器打印出测量结果，这时即可认为仪器正常，关机待用。

4）取出测杆，接好信号线（一根接流速仪接线柱，另一根接测杆）。全套仪器安装示意见图 1-22-2。

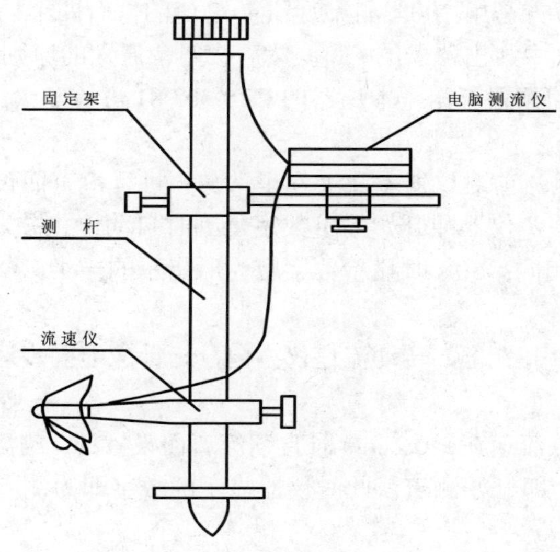

图 1-22-2　全套仪器安装示意图

注：当河流较宽，水较深时，为安全起见，我们不用将测流打印仪固定在固定架上。

当没有超声波测深仪测深时，可用测杆量出测流断面的水深和宽度，算出断面面积待用。

5）按电源“开/关”键，正常时仪器应显示 0.005，否则，应关机后重新开启电源，如仍不正常，则应检查是否电池电压不足或接触不良。

6）转动流速仪，测流打印仪应有声音信号，如果没有信号，有可能信号线接触不好。

7）仪器正常显示 0.005 后，在对所测流速要求很精确时，需输入 av 值（测速系数），依次按下述键并输入数据：

开/关→MC→ON/AC（或 AC）→置入 av=0.005 3→M+→放入水中（注意流速仪的吃

水深度，前面应计算好）→启止（显示启动的状态）→仪器开始测量按“启/止”键后第一个信号来时计算器开始工作，第十一个信号来时计算器停止累加计算，并显示及打印出测点平均流速，然后自动复零。由此周而复始地进行工作，直到按动“启/止”键方停止测量。若要求测量结果精确，记录纸上的流速数据还应加上 C 值（本仪器 C=0.038 1）。

（2）流向仪的安装及操作步骤

1）仪器的安装

首先将尾翼用固尾螺丝固在身架上，将旋桨放在转轴套上，转轴套上下用铜悬杆连接下面再吊铅鱼，上面接钢丝绳，再将六芯电缆上的密水插头端接在插座上，注意要用扳手固紧才能防水，线的另一端接在显示器上。电池盒内装四节干电池（注意“＋”、“－”极），接入显示器后面板电源插座。

2）仪器操作步骤

① K 值选择开关

K 值选择开关是专门用来预置流速仪 K 值的。首先从流速仪检定公式中找出仪器的 K 值，然后将 K 值选择开关置于相应档位，即完成 K 值的预置工作，本仪器的 K=0.099 5 m。

② C 值选择开关

C 值选择开关是专门用来预置流速仪 C 值的。横线上方是用 50 s 测流时预置 C 值的，只有两个档位：横线下方是用 100 s 测流时预置 C 值的，有四个档位可供选择。使用时，首先从流速仪检定公式中找出仪器的 C 值，然后按四舍五入的原则将 C 值选择开关置于相应档位，即完成 C 值的预置工作。本仪器的 C=0.003 81 m/s。

③ 自校 K 值

自检档主要是在测流前对仪器本身工作正常与否进行检查而设置的。将流速开关置于自检档，启动复零开关，仪器即开始显示数字，到时自动停止并发出音响。100 s 时显示数应与听指示的 K 值相同；50 s 时显示数字应为所指示的一半。

④ 流向的检查

将流向开关置于“开”位，转动流速仪方向，指针应能同步运行，即为正常。

⑤ 直读档

该档主要是与测点流速在≥0.2 m/s 时直读流速而设置的。测流时，将流速开关置于该档位，启动复零开关，即开始测流。此时仪器显示的数字即为测点的实际流速（最高位数字为米）。

施测前检查：启动复零开关和音响开关后，转动流速仪桨叶，置 100 s 时，四转（四个信号）显示一个数字（显示的第一个数字由于 C 值预置的关系不一定是四个信号），100 s 到自动停止，喇叭发出长响信号，所显示数字即为测点流速。置 50 s 时两转（两个信号）显示一个数字，到 50 s 自动停止，音响长响，所显示的数即为测点流速。

说明：一般情况下，我们所测量的河流流速小于 0.2 m/s，所以在使用过程中可不参考这步骤。

⑥ 计数档

当流速低于 0.2 m/s 时，用直读档测流误差较大，可用计数档。此时，流速仪一转（一个信号）音响一次，同时显示一个数。然后根据用秒表测得的时间和信号数（即转数）代入如下公式，

$$V = K \cdot \frac{N}{T} + C$$

即可求出测点流速。

⑦ 测流向

将流向开关置于“开”的位置，等指针平稳后即可读取流向值。一般可先测流向，再测流速，测完流速再测流向，流向值最好取几次的平均值。流向耗电较大，必须随测随开。

注：由于流向开关对测速有影响，故不宜在测速时开动流向开关。

⑧ 仪器使完后，流速开关要拨到“电源关”，流向开关置于“关”，切勿忘记。

（3）测深仪的安装及操作步骤

1）电池安装：用小棋子拧下电池盖螺丝，取下盖板，装入八节 5 号干电池（注意极性不要装反），重新装上电池盖。电池装好后，打开仪器背面的电源开关，液晶显示屏上应显示“0”。

2）换能器安装：将换能器电缆穿过导流体，并将换能器装入导流体内，再将电缆穿过旋杆，将旋杆与换能器旋紧。如在流速较小或船只与水之间相对运动速度小于 1 m/s 时，也可以不使用导流体，此时只将旋杆装在换能器上即可。操作时，换能器可以手持，也可以将其固定于船舷，能源器应完全没入水中垂直指向水底，注意在任何情况下换能器工作面都不能有气泡，否则将影响效果。

3）使用：将换能器插头插于主机后面插孔，打开电源开关，即可进行测深。按下测深键并随即放开，仪器将按照“重复-叠加”方式进行一次测深操作。这时仪器将自动重复测量 5 次，并对测深结果进行分析，排除干扰影响后显示水深。如当时换能器未入水或因其他影响致测深失败，则在显示屏上只显示两点。“重复-叠加”方式宜用于静止或换能器运动速度小的情况下。

2．实地操作步骤

（1）用超声波测深仪测出测速垂线的深度 h_1、h_2、h_3、h_4……按水文测验规范，确定测速垂线上的测点数目并计算测速点吃水深度（在实验过程中，我们一般采用一点法），并记录于表 1-22-1 中。

（2）将流速仪按照前述方法安装好，根据不同的流速仪采用不同的测速方法测出或算出测点的流速，并记录于表 1-22-1 中。

（3）用安装并设置好 K、C 值的流速仪对河流某段面进行流速、流向的测定，要求每一条垂线上的测点不少于两点（可视水深情况来定测点的数量），并将所测得的数据记录于表 1-22-2 中。

（4）在测流同时，进行 GPS 的定位、导航操作，并对所定位的点、导航的路线进行编辑、修改等，掌握 GPS 在水文测验中的应用。

3．数据处理

（1）流速资料的整理

1）在厘米纸上画出断面剖面图，按照平均分割法（即岸边部分按三角形面积计算，中间部分按梯形面积计算）计算出测流断面的面积。

2）用旋杯、旋桨式流速仪测量时，根据测得的总转数 N，历时时间 T，流速计算公式

$V = K\dfrac{N}{T} + C$，求出测点流速；用打印式流速仪测量时，将正常工作时打印出的流速值加上 C 值即为该测点的流速。

3）以起点距为横坐标，纵坐标的上坐标为垂线平均流速，下坐标为水深，画出垂线平均流速沿河宽分布图以及河流断面图。

4）分析流速在该河道中（包括垂线上的和断面上的）的变化规律。

（2）流向资料的整理

1）根据每条垂线上测得的各点的流速、流向，在厘米纸上分别绘出垂线上流速和流向的分布曲线图 $v=f(h)$ 和 $a=f(h)$。

2）求垂线平均流向。

方法：根据垂线上测得的各点流速、流向，求出垂线平均流向为：

$$\mathrm{tg}a = \frac{\sum v_i \sin a_i}{\sum v_i \cos a_i}$$

式中，a——垂线平均流向的磁方位角；

a_i——垂线上各测点的流向磁方位角；

v_i——垂线上各测点的流速。

3）求断面平均流向，并根据测流断面必须与断面平均流向垂直的原理来确定准确的测流断面。

方法：由所测得的流速和部分面积（部分面积是指以两垂线间的中点为分界，得部分宽 b 及平均水深 h，两者乘积为部分面积）来计算部分流量，其方位由实测流向测定，断面平均流向可用矢量合成法推求，即以部分流量的大小按比例矢量的长度，流向方位角作为矢量的方向，逐个叠加，求矢量和。

（二）室内颗粒分析实验

1．适用范围

粒径计法适用于粒径为 0.5～0.01 mm、分析水样干沙重为 0.3～5.0 g 的泥沙分析。

2．仪器设备

玻璃粒径计分析管，天平，分析杯，温度计，烘箱，干燥器，秒表，簧夹，注沙器等，浓度 25%的氨水（反凝剂），蒸馏水。

3．分析前准备工作

（1）在实验前，应对分析前的沙样进行称重，主要目的是实验后各粒径段沙样总重是否和分析前一样，如果相差太多，说明在实验过程中，沙样损失较大。一般情况下，沙样重为 3%～5%属正常。称沙重时采用烘干法进行。

（2）将水样充分拌匀，然后由漏斗倒入分沙器分样。

（3）将浓度合适的水样装入试管（或杯子）内以控制加清水的容积，因须使浑液倒入玻璃粒径后所增加的高度使管中水面恰好至橡皮塞底部防止水样外溢或管口漏气。所以预先可用清水试测一下应加入的水量。

（4）由于浓缩的水样中泥沙有凝固的现象，为防止其凝固，分析前应把已制备好的水样倒去清水，加入浓度为25%的氨水1～1.5 cm^3摇匀。

（5）洗管，用毛刷刷洗，洗毕，打开橡皮塞让管内浊水流出，放回管架。

（6）管子洗好，粒径计下端装橡皮塞注入蒸馏水，从管口径的距离（50 cm或90 cm）开始做好记号。

（7）把分析杯按顺序排列好，注水至杯口低一点，填写杯号及杯重于记录表1-22-3中。

（8）总检查：检查一遍粒径计、秒表、温度计、分析杯等一切有关设备，当全部检查工作完成确定没有问题时开始分析操作。

4．分析操作步骤

（1）先测定实验时悬液的温度，并以此温度及粒径查出相应的换杯时间，记入表1-22-3中。

（2）把沙样在试管中摇匀，注入加沙器徐徐装在粒径顶部橡皮塞上，塞紧管口，不使漏气，当加沙器碰水面时，加沙器盖子即自行打开，泥沙开始下沉，同时按下秒表计时，分析开始。

（3）观测最大粒径时，做好步骤2后，打开管子下端的橡胶塞，将第一只接沙杯放在管嘴下，使管嘴浸入水中（注意：一定要使管嘴浸入接沙杯的水中，否测下沉的泥沙会堵住管嘴），同时仔细观察最大一颗泥沙的下沉情况。当最大一颗泥沙通过预先做好记号的标志（有50 cm或90 cm，若在25 s之前最大一颗泥沙已达到50 cm处时，则可改在90 cm处观察最大一颗泥沙的下沉时间）时，记下沉降时间T，则最大粒径的沉降速度V_{max}为：

$$V_{max}=\frac{50(90)}{T}$$

参照玻璃管内的浑液温度，查得泥沙的最大粒径。

（4）按分析所需控制的粒径0.25 mm、0.10 mm、0.05 mm、0.025 mm、0.010 mm，0.007 mm相应的操作时间换杯，如当达到0.25 mm颗粒相应沉降时间时，即快速拿出第一个接沙杯，同时将第二个接沙杯放到玻璃管管嘴下，依次按步骤1查得的操作时间进行换杯，直至0.007 mm的接沙杯接下泥沙。

（5）当粒径大于0.007 mm颗粒的杯子换下后，再轻轻拿去加沙器，将玻璃管内的悬液倒入大杯中，注意不要使玻璃管内的悬液溢出大杯，将粒径计管冲洗干净，冲下之泥沙应一并倒入大杯内，并沉降浓缩。

换杯时应注意，动作要快而轻，不要发生气泡以免扰动水体，杯号与填写记录要细心核对，不能错。

（6）操作结束后，清洗设备。

（7）把接沙杯中的水样沉清后，用吸管吸去上部清水，送入烘箱烘干，冷却至室温，即可在天平上称重，得出不同粒径组的干沙重。

5．数据处理

计算出小于某粒径的泥沙重百分数$P_{di}=\frac{\sum_{1}^{i}g_i}{W_s}\times100\%$，根据粒径$d_i$及计算得到的泥沙重百分数$P_{di}$，在半对数纸上绘出泥沙颗粒级配曲线。

四、思考题

1．对断面进行测流时，我们应该怎么布设测速垂线？

2．进行流速测量有哪几种方法？哪种方法最常用？

3．在什么样的条件下，河流必须进行水流流向的测定？

4．泥沙颗粒分析有哪几种方法？

5．什么是泥沙颗粒级配曲线？泥沙颗粒级配曲线的特征值有哪些？

6．我们从泥沙颗粒级配曲线中可以了解沙样的粒径变化范围，试分析实验所得的泥沙颗粒级配曲线中沙样的粒径变化情况。

附件：

表 1-22-1　河（江）段面流速流量测量记录表

仪器名称：________　　型 号：________　　河宽= ______米

天 气：________　　施测时间：______年______月______日

第一条测速垂线 No1.						第二条测速垂线 No2.						第三条测速垂线 No3.						第四条测速垂线 No4.						成果计算		
起点距（距左岸）/m	总转数/N	相对水深/m	测点吃水水深/m	测速历时/s	垂线平均流速/（m/s）	距上一点距离/m	总转数/N	相对水深/m	测点吃水水深/m	测速历时/s	垂线平均流速/（m/s）	距上一点距离/m	总转数/N	相对水深/m	测点吃水水深/m	测速历时/s	垂线平均流速/（m/s）	距上一点距离/m	总转数/N	相对水深/m	测点吃水水深/m	测速历时/s	垂线平均流速/（m/s）	河流断面面积/m^2	断面平均流速/（m/s）	断面流量/（m^3/s）

第　　组　施测员：______　记录员：______　计算员：______　校核员：______

说明：1．本表格格式为一点法记录表；

2．使用流速仪测流时，流速计算公式为：$V = K\frac{N}{T} + C$，式中，V——流速，m/s；K——水力螺距，m；T——测速历时，s；C——仪器常数，m/s。

其中：LS68 型旋杯式流速仪使用范围为：0.2～3.5 m/s，检定公式为：$V = 0.679\,8\frac{N}{T} + 0.001\,0$，其中 K=0.679 8，C=0.001 0；

LS25-3A 型旋桨式流速仪使用范围为：0.04～10 m/s，检定公式为：$V = 0.250\,4\frac{N}{T} + 0.007\,5$，其中 K=0.250 4，C=0.007 5。

表 1-22-2　河（江）断面流速流向记录表

仪器名称：________________　　　型 号：________________　　　河宽= ______米

天 气：________________　　　施测时间：______年______月______日

第一条测量垂线 No1.						第二条测量垂线 No2.						第三条测量垂线 No3.						第四条测量垂线 No4.					
起点距（距左岸）/m	相对水深/m	测点吃水水深/m	测速历时/s	测点流向/（°）	测点流速/（m/s）	起点距（距左岸）/m	相对水深/m	测点吃水水深/m	测速历时/s	测点流向/（°）	测点流速/（m/s）	起点距（距左岸）/m	相对水深/m	测点吃水水深/m	测速历时/s	测点流向/（°）	测点流速/（m/s）	起点距（距左岸）/m	相对水深/m	测点吃水水深/m	测速历时/s	测点流向/（°）	测点流速/（m/s）
垂线上平均流向计算公式： $tga=\frac{\sum v_i \sin a_i}{\sum v_i \cos a_i}$				垂线平均流向： a_1=		垂线上平均流向计算公式： $tga=\frac{\sum v_i \sin a_i}{\sum v_i \cos a_i}$				垂线平均流向： a_2=		垂线上平均流向计算公式： $tga=\frac{\sum v_i \sin a_i}{\sum v_i \cos a_i}$				垂线平均流向： a_3=		垂线上平均流向计算公式： $tga=\frac{\sum v_i \sin a_i}{\sum v_i \cos a_i}$				垂线平均流向： a_4=	
平均流速计算公式可参考实验一				V_1=　m/s		平均流速计算公式参考实验一				V_2=　m/s		平均流速计算公式参考实验一				V_3=　m/s		平均流速计算公式可参考实验一				V_4=　m/s	

施测员：____________　　记录员：____________　　计算员：____________　　校核员：____________

表 1-22-3　泥沙颗粒分析（粒径计法）记录计算表

<table>
<tr><td colspan="3">取样地点：</td><td colspan="2">施测号数：</td><td colspan="2">取样日期：　年　月　日</td></tr>
<tr><td colspan="5">测线编号：</td><td colspan="2">分析日期：　年　月　日</td></tr>
<tr><td colspan="5">管号：</td><td colspan="2">分析者：　　　　称重者：</td></tr>
<tr><td colspan="5">混液温度：</td><td colspan="2">计算者：　　　　校核者：</td></tr>
<tr><td colspan="5">分析时计算 d 的沉降距离 100 cm</td><td colspan="2">沙样种类：</td></tr>
<tr><td colspan="5">观读最大粒径时沉降距离为 50 cm 或 90 cm，最大粒径下降至 50 cm 时历时：T=　　　s
90 cm 时历时：T=　　　s</td><td colspan="2">分析前总沙重：　　　g
分析后总沙重：　　　g</td></tr>
<tr><td colspan="5">最大粒径：D_{max}=　　　mm</td><td colspan="2">小于某粒径</td></tr>
<tr><td>换杯时间</td><td>粒径/mm</td><td>杯 号</td><td>杯沙重/g</td><td>杯 重/g</td><td>沙 重/g</td><td>沙重/%</td></tr>
<tr><td></td><td>D_{max}</td><td></td><td></td><td></td><td></td><td>100%</td></tr>
<tr><td></td><td>0.25</td><td></td><td></td><td></td><td></td><td></td></tr>
<tr><td></td><td>0.10</td><td></td><td></td><td></td><td></td><td></td></tr>
<tr><td></td><td>0.05</td><td></td><td></td><td></td><td></td><td></td></tr>
<tr><td></td><td>0.025</td><td></td><td></td><td></td><td></td><td></td></tr>
<tr><td></td><td>0.010</td><td></td><td></td><td></td><td></td><td></td></tr>
<tr><td></td><td>0.007</td><td></td><td></td><td></td><td></td><td></td></tr>
</table>

第二篇　典型范例技术报告

报告一 生物接触氧化法处理校园生活污水实验技术报告

一、概述

随着世界人口的不断增长和工农业的飞速发展，用水量及排水量正逐年增加，而有限的地表水和地下水资源又被不断污染，加上水资源在地区和时间上的分布不均和周期性干旱，导致淡水资源日益短缺，水资源的供需矛盾呈现出越来越尖锐的趋势。目前地球上每年排放污水约 5 000 亿 t，其中 90%未得到必要的处理。全世界许多地区的可用水资源已经接近或达到极限，污水的处理和再生利用无疑成为保护和扩充水源的可行方法。

生物接触氧化法是一种高效的水处理工艺，由于其兼有活性污泥法和生物膜法的特点，且管理简单、耐冲击负荷、处理效果稳定，自 20 世纪 70 年代后期以来，在国内外得到了广泛的应用。

从 20 世纪 70 年代后期起，国外学者对生物接触氧化法在应用范围、填料选材、氧转移率提高、氧化池形式设计及微生物选育和挂膜技术等方面都做了大量的研究工作。F. FdzPolanco 等研究了淹没式生物滤池中异样菌和硝化菌的空间分布情况，S. Gonzalez 等研究了淹没式生物滤池的反应动力学，S. Vinaverde 等研究了 pH 值对淹没式生物滤池的影响，还研究了淹没式生物滤池中游离氨对硝化效果的影响，Charmot 等用淹没式生物滤池处理高浓度含氨废水，实验表明，在碳氮比（有机碳：氨氮）为 1.7 时氨氮去除率最高，可达 72%。Goncalves 等利用 UASB 和淹没式生物滤池串联对生活污水进行二级处理，对 SS、BOD_5、COD_{Cr} 的平均去除率分别为 94%、96%、91%，出水的 SS、BOD_5、COD_{Cr} 分别为 10 mg/L、9 mg/L、38 mg/L。Goncalves 等还研究了在连续流下采用 A/O（缺氧/好氧）方式除磷，P. A. Castillo 等用淹没式生物滤池和膜反应器串联进行生物除磷，Wang Baozhen 等研究了序批式淹没式生物膜的除磷机理；Yun 等用淹没式生物滤池处理炼钢工业废水并达到回用水的标准。

我国在 20 世纪 70 年代开始对生物接触氧化工艺进行研究，由北京环境保护科学研究所的郑元景等人将第一座生物接触氧化工艺实验性装置用于处理城市污水，其在处理效果、动力消耗、经济效益和管理维护等方面都明显优于活性污泥法。随后，生物接触氧化工艺得到了大量的研究和应用，刘贯一做了超滤膜作载体的生物接触氧化工艺研究，实验结果表明，经初沉处理后的生活污水，当接触时间为 3 h 左右时，COD_{Cr}、BOD_5、SS、NH_3-N 的去除率分别可达到 83%、92%、94%和 60%左右。李正凯等做了高负荷生物接触氧化法处理污水特性的研究，杜茂安等做了生物接触氧化过滤处理生活污水的实验研究，吴慧英等用加压生物接触氧化法处理生活污水，实验研究表明，与常压法相比，污染物去除率提高了 10%～18%，停留时间仅为常规生物处理法的 1/4～1/3。宋襄翎等采用自行研制的中空聚丙烯纤维作为多孔软性填料，通过改变气水比、污水与微生物有效接触时间、污水在柱内运行时间、温度、pH 值等因素，观察填料在生物接触氧化柱中的作用，在相应工艺条件下，COD 去除率均在 82.8%以上、总磷去除率可达到 82.0%以上。吴俊奇等探讨了生物接触氧化法的连续进水、间歇曝气运行方式与传统的连续进水、连续曝气运行方式在不同负荷下 COD、NH_3-N、TN 和 TP 等的去除情况。结果表明：在停留时间 5.8 h，连续曝气 4 h，停止曝气 1.8 h 的情况下，间歇曝气运行方式的混合样出水水质达到了传统运行方式的处理效果。李鑫钢等用生物接触氧化法处理炼油废水，实验研究表明，在处理 COD≤500 mg/L 的炼油废水时，硝化细菌能和其他细菌共存于生物膜中，并保持一定的优势，用生物接触氧化工艺能同时有效地去除 NH_4^+-N 和 COD，NH_4^+-N 负荷达 600 g/（m^3·d）时，其去除率可达 70%以上。陈洪斌等用悬浮填料生物接触氧化法深度处理炼油废水，填料挂膜迅速、生物膜更新快，对 COD_{Cr}、BOD_5 的去除率分别达到 15%～50%和 80%，油、硫化物、酚等被彻底去除，而且悬浮填料保持适度的流动状态可取得很好的处理效果并能防止积泥。

综上所述，生物接触氧化工艺除生活污水和城市污水外，还在石油化工、农药、印染、纺织、造纸等工业废水处理方面取得了良好的处理效果。因此，生物接触氧化工艺深受污水处理工程领域人们的重视，是一种经济实用的废水处理方法。

二、研究内容和实施情况

1．指导学生通过调查研究、实地考察，掌握学校雁山校区污水的主要来源、水中主要污染物和排放情况。

2．学生通过对雁山校区排污口的水质进行取样、检测分析，确定污水中主要污染物为 COD；再将污水运回实验室内，采用生物接触氧化池小型实验装置进行处理。首先完成接触氧化池的挂膜启动，然后分别考察水力负荷、曝气量和停留时间对生活污水处理效果的影响，并进行生物膜镜检。

三、实验运行技术报告

1．实验装置及方法

实验反应器采用长为 380 mm，宽为 380 mm，高为 700 mm，体积为 101.08 L 的有机玻璃池，距池底 50 mm 处设有圆环形进水布水器和曝气盘，内挂 9 根直径约为 50 mm 的半软性填料，距池顶 50 mm 处设有三角堰出水口，进出水管直径均为 20 mm，并配有进水泵及液体流量计和曝气泵及气体流量计，实验装置见指导书。

COD 采用重铬酸钾法测定，pH 值采用 pH 计测定，浊度采用浊度计测定，SS 采用重量法测定。

2．实验结果与讨论

（1）接触氧化池的挂膜启动

反应器的接种污泥采用雁山污水处理厂的好氧池污泥，好氧池污泥经 5 次沉淀后倒出上清液，取其沉淀后的污泥作菌种来培养，挂膜启动分为三个阶段进行。

闷曝阶段：取 10 L 刚从污水处理厂取回来的接种污泥加入接触氧化池，再用校园生活污水注满氧化池，然后进行曝气，闷曝 6 h，让活性污泥附着在接触氧化池的填料上，形成生物膜。

低流速进水阶段：闷曝结束后，开始小流量进水，水力停留时间（HRT）为 8 h，挂膜初期采用较低的水力负荷是为了防止水流剪切力破坏已形成的生物膜。

高流速进水阶段：由于反应器的形状和容积一定，故实验中通过增大进水流量来提高进水负荷。控制 HRT 为 4 h，这样持续运行 2～3 天后，填料上可以明显发现浅黄色且透明的生物膜，挂膜启动完成，可进行污水处理的实验工作。

（2）水力负荷对生活污水处理效果的影响

在曝气量约为 0.25 m^3/h，曝气 3 h，停止曝气 1 h 的工况下，考察进水量分别为 10 L/h 和 15 L/h 时，对污水中 COD_{Cr}、SS 去除效果的影响及出水 pH 和浊度的影响。取样时刻为曝气 1 h、曝气 2 h、曝气 3 h、停止曝气 1 h，分别测定出水的 COD_{Cr}、SS、pH 和浊度，实验结果见表 2-1-1。

表 2-1-1　不同进水量对反应器出水水质影响

水样	ρ（COD_{Cr}）/（mg/L）		ρ（SS）/（mg/L）		pH		浊度/NTU	
进水量/（L/h）	10	15	10	15	10	15	10	15
进水	275.52	275.52	1 056	1 056	6.26	6.26	66.8	66.8
曝气 1 h	221.76	255.36	753	803	6.93	6.80	29.5	33.9
曝气 2 h	188.16	201.60	514	581	6.84	6.83	28.7	39.5
曝气 3 h	154.56	275.52	295	352	6.85	6.79	28.4	38.7
停曝 1 h	134.40	188.16	145	206	6.90	6.80	31.4	37.2
去除率/%	51.2	31.7	86.3	80.5	—	—	—	—

从表 2-1-1 可以看出，随着曝气时间延长，出水 COD_{Cr}、SS 和浊度均逐渐下降，表明污水中有机物得到了有效降解。一个运行周期结束，进水量为 10 L/h 时，COD_{Cr} 和 SS 去除率分别达到 51.2%和 86.3%、pH 值上升到 6.90、浊度下降到 31.4 NTU；而进水量为 15 L/h 时，COD_{Cr} 和 SS 去除率分别达到 31.7%和 80.5%、pH 值上升到 6.80、浊度下降到 37.2 NTU；这说明增大污水进水量，提高水力负荷对有机物的去除效果产生了不利影响。这是因为，提高水力负荷使污水的 HRT 缩短，生物降解作用受到限制，一些有机物还未来得及彻底降解就被水流带出；另外水力负荷的增加使生物接触氧化池中的水力剪切力加大，造成生物膜脱落，使其容易被带出生物接触氧化池，导致去除率下降。

在本实验中，当进水量为 10 L/h 时，生物接触氧化池对 COD_{Cr} 和 SS 有较好的去除率，不仅是因为该水力负荷恰好能使微生物的氧化代谢能力得以充分发挥，同时也由于水流较平缓且其剪切力较小增强了对悬浮物的截留，不仅去除浊度，也可将老化脱落的生物膜截留并积累下来共同去除有机物。

但从实验结果看，无论进水量是 10 L/h 还是 15 L/h，出水的各项指标均未达到《城镇污水处理厂污染物排放标准》（GB 18918—2002）的一级标准，仍须调整曝气时间、曝气强度和水力停留时间。

（3）曝气量对生活污水处理效果的影响

在进水量约为 10 L/h，曝气 3 h，停止曝气 1 h 的工况下，考察曝气量分别为 0.25 m^3/h

和 0.275 m^3/h 时，对污水中 COD_{Cr}、SS 去除效果的影响及出水 pH 和浊度的影响。取样时刻为曝气 1 h、曝气 2 h、曝气 3 h、停止曝气 1 h，分别测定出水 COD_{Cr}、SS、pH 和浊度，实验结果见表 2-1-2。

表 2-1-2 不同曝气量对反应器出水水质影响

水样	ρ（COD_{Cr}）/（mg/L）		ρ（SS）/（mg/L）		pH		浊度/NTU	
曝气量/（m^3/h）	0.25	0.275	0.25	0.275	0.25	0.275	0.25	0.275
进水	430.08	430.08	1 056	998	7.80	7.80	127.8	127.8
曝气 1 h	288.96	241.92	753	552	7.72	6.99	98.0	57.5
曝气 2 h	268.80	235.20	514	303	7.32	7.11	65.0	54.9
曝气 3 h	241.92	208.32	295	290	7.32	7.16	58.0	50.8
停曝 1 h	201.60	174.72	145	99	7.35	7.25	48.0	29.0
去除率/%	53.1	59.4	86.3	90.1	—	—	—	—

从表 2-1-2 中可以看出，曝气量为 0.25 m^3/h 时，COD_{Cr} 和 SS 去除率分别达到 53.1%和 86.3%、pH 值降低到 7.35、浊度下降到 48.0 NTU；而当曝气量为 0.275 m^3/h 时，COD_{Cr} 和 SS 去除率分别达到 59.4%和 90.1%、pH 值降至 7.25、浊度下降到 29.0 NTU。可见，随着曝气量增大，出水 COD_{Cr}、SS 和浊度均明显下降，表明加大曝气量，提高了气水比，增加了污水中溶解氧的质量浓度，促进了微生物对污染物质的分解，提高了去除效果。因此，实际应用中应根据水质情况，综合考虑运转费用和处理效果，以溶解氧作为控制参数来选择合适的曝气量，以满足生物氧化对溶解氧的要求。从实验结果来看，随着曝气时间延长，污染物质的去除率呈明显下降趋势，按该运行周期运行，出水仍未达到《城镇污水处理厂污染物排放标准》的一级标准，可适当延长曝气时间，进一步加强污染物质降解，提高去除率。

（4）曝气时间对生活污水处理效果的影响

在进水量约为 10 L/h，曝气量为 0.25 m^3/h 的条件下，考察曝气时间分别为 2.5 h 和 3 h 时，对污水中 COD_{Cr}、SS 去除效果及出水 pH 和浊度的影响。曝气 2.5 h 的取样时刻为曝气 1 h、曝气 2 h、停止曝气 0.5 h、停止曝气 1 h，曝气 3 h 的取样时刻为曝气 1 h、曝气 2 h、曝气 3 h、停止曝气 1 h，分别测定出水 COD_{Cr}、SS、pH 和浊度，实验结果见表 2-1-3。

表 2-1-3 不同曝气时间对反应器出水水质影响

水样	ρ（COD_{Cr}）/（mg/L）		ρ（SS）/（mg/L）		pH		浊度/NTU	
曝气时间/h	2.5	3	2.5	3	2.5	3	2.5	3
进水	675.36	675.36	965	965	6.64	6.64	178	178
曝气 1 h	611.52	450.91	830	784	5.11	6.17	175	115
曝气 2 h	517.44	430.42	610	543	5.52	6.28	146	108
停曝 0.5 h 曝气 3 h	483.83	375.76	437	396	5.58	6.33	140	106
停曝 1 h	463.68	332.54	286	225	6.03	6.44	126	98
去除率/%	31.3	50.8	70.4	76.7	—	—	—	—

从表 2-1-3 中可以看出，曝气时间为 2.5 h 时，COD_{Cr}和 SS 去除率分别达到 31.3%和 70.4%、pH 值降低到 6.03、浊度下降到 126 NTU；而当曝气时间为 3 h 时，COD_{Cr}和 SS 去除率分别达到 50.8%和 76.7%、pH 值降至 6.44、浊度下降到 98 NTU。可见，随着曝气时间延长，出水 COD_{Cr}、SS 和浊度均明显下降；但到运行周期结束，出水水质指标均未达到《城镇污水处理厂污染物排放标准》（GB 18918—2002）的一级标准，因此，需调整曝气时间或增强曝气强度，以提供充足反应时间或溶解氧浓度，保障微生物能充分分解污染物质。

（5）停留时间对生活污水处理效果的影响

在曝气量约为 0.25 m^3/h、曝气 3 h、停止曝气 1 h 的工况下，考察进水量分别为 10 L/h 和 15 L/h 时，停留时间对出水 COD_{Cr}、SS、pH 和浊度的影响，实验结果详见图 2-1-1、图 2-1-2、图 2-1-3 和图 2-1-4。

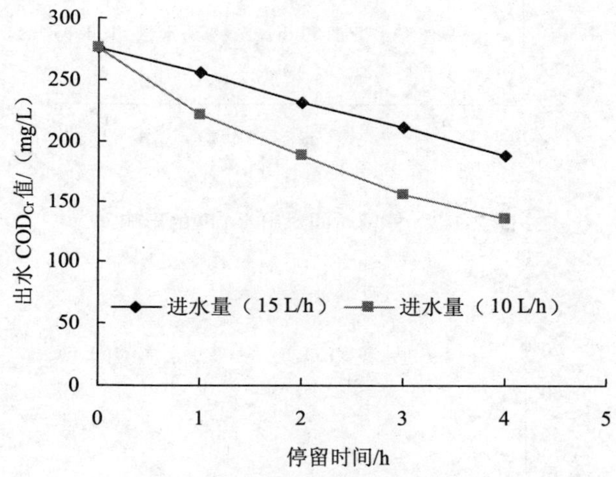

图 2-1-1 停留时间对出水 COD_{Cr} 的影响

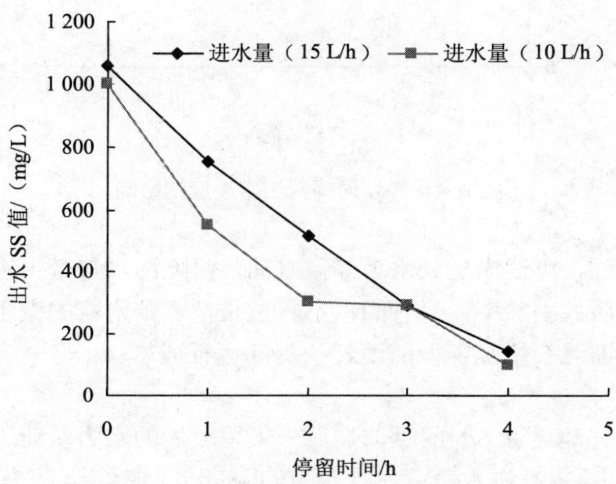

图 2-1-2 停留时间对出水 SS 的影响

从图 2-1-1 至图 2-1-4 可看出，在 HRT 从 1 h 增大到 4 h 时，无论进水量是 10 L/h 还是 15 L/h，出水 COD_{Cr}、SS 值均呈现随 HRT 增大而减少的趋势，出水 pH 值和浊度基本保持平稳。进水量为 10 L/h 的出水水质较 15 L/h 好，表明水力冲击的影响造成部分未老化的生物膜脱落下来，从而使得载体上的生物量随着水力负荷的加大呈现减少的趋势，对微生物的活性产生不利影响。

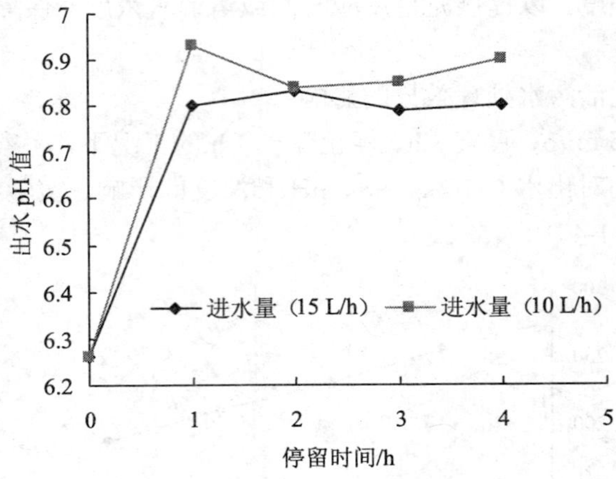

图 2-1-3 停留时间对出水 pH 的影响

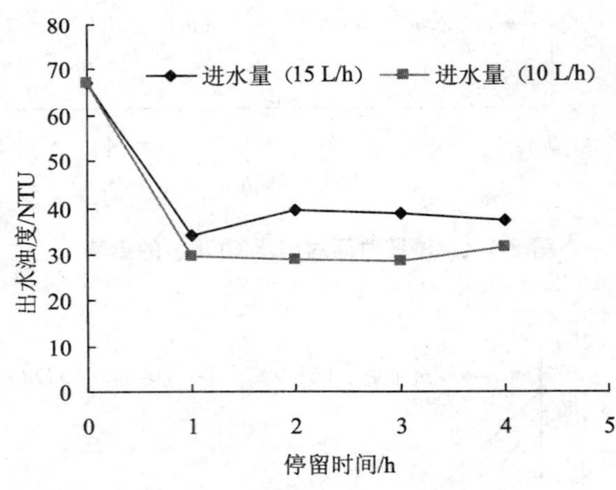

图 2-1-4 停留时间对出水浊度的影响

分析实验结果可知，可适当延长水力停留时间，保障污水与微生物有充足的接触反应时间，以提高污染物质的去除率；但时间也不宜过长，否则附着的微生物自身发生氧化分解，处理效果降低，而且会增加能源的消耗，提高运行成本。

3．结论

（1）生物接触氧化池通过 6 h 闷曝，然后先采用较低的水力负荷进水、设置水力停留时间（HRT）为 8 h，再提高进水负荷，控制 HRT 为 4 h，持续运行 2～3 天后，填料上发现浅黄色且透明的生物膜，挂膜启动成功。

（2）进水量对生物接触氧化池处理生活污水的效果有明显影响，进水量大，水力负荷增大，使污水的 HRT 缩短，生物降解作用受到限制，部分有机物还未来得及彻底降解就被水流带出。当进水量为 10 L/h 时，COD_{Cr} 和 SS 去除率分别达到 51.2%和 86.3%、pH 值上升到 6.90、浊度下降到 31.4 NTU，这些指标均好于进水量为 15 L/h 时的出水水质指标。

（3）曝气量对生物接触氧化池处理生活污水的效果也有明显影响。随着曝气量增大，气水比得到提高，增加了污水中溶解氧的质量浓度，促进了微生物对污染物质的分解，使出水 COD_{Cr}、SS 和浊度均明显下降。

（4）曝气时间和停留时间对生物接触氧化池处理生活污水的效果也均产生明显影响。合理设计曝气时间和停留时间，不仅能为污水与微生物提供充足的接触反应时间，保障微生物能充分分解污染物质，提高处理效果；同时也能增加污水处理量并降低能源的消耗和运行成本。

四、不足及建议

对生物接触氧化池处理生活污水的研究方案还比较合理；但从实验结果看，实验工况的设计范围较窄，处理效果尚未出现最佳值，实验的组数也较少；同时检测指标也不够完整，如 BOD_5、总氮、氨氮和总磷以及微生物镜检等指标均未检测。

在今后实验研究中，建议增加水质指标的检测、扩大水力负荷、气水比、曝气时间和水力停留时间的范围及增加实验组数。

参考文献

[1] F. FdzPolanco，E. Mendez，M.A. Uruena，et al. Garcia. Spatial distrbution of heterotrophs and nitrifiers in a submerged biofilter for nitrification[J]. Water Research，2000，34（16）：4081-4089.

[2] S. Gonzblez-Marti nez，E. Lippert-Heredia，M. Hern6ndez-Esparca，et al. Reactor kinetics for submerged aerobic biofilms[J]. Bioprocess Engineering，2000，23（1）：57-61.

[3] Villaverde，S.，Garcia-Encina，P.A.，Fdz-Polanco，F.. Influence of pH over nitrifying biofilm activity in submerged biofilters[J]. Water Research，1997，31（5）：1180-1186.

[4] S. Villaverde，F. FdzPolanco，P.A. Garcia. Nitrifying biofilm acclimation to free ammonia in submerged biofilters. Start-up influence[J]. Water Research，2000，34（2）：602-610.

[5] Charmot-Charbonnel，Marie-Louise，Herment，Sandrine，Roche，Nicolas，Prost. Christian Nitrification of high strength ammonium wastewater in an aerated submerged fixed bed[J]. Environmental Progress，1999，18（2）：123-129.

[6] Goncalves，Ricardo Francis de Araujo，Vera Lucia，Chemicharo，Carlos Augusto L. Association of a UASB reactor and a submerged aerated biofilter for domestic sewage treatment[J]. Wat. Sci.Tech.，1998，38（8-9）：189-195.

[7] R.F. Gonaloes，F. Rogalla. Optimising the A/O cycle for phosphorus removal in a submerged biofilter under continuous feed[J]. Wat. Sci. Tech，2000，41（4-5）：503-508.

[8] P.A. Castillo，S. Gonzblez-Martinez. Observations during start-up of biological phosphorus removal in biofilm reactors[J]. Water Science and Technology，2000，41（4-5）：425-432.

[9] Wang Baozhen，Li Jun，et al. Mechanism of phosphorus removal by SBR submerged biofilm system[J]. Water Research，1998，9：2633-2638.

[10] Yun Yeoung-Sang，Lee Min Woo，Park Jong Moon，et al. Reclamation of wastewater from a steel-making plant using an airlift submerged biofilm reactor[J]. Journal of Chemical Technology and Biotechnology，1998，73（2）：162-168.

[11] 杨林梅. 生物接触氧化法处理城镇污水的发展前景[J]. 太原科技，2001，1：17-18.

[12] 刘贯一. 超滤膜作载体的生物接触氧化工艺研究[J]. 中国给水排水，2000，16（8）：4-7.

[13] 李正凯. 高负荷生物接触氧化法处理污水的特性[J]. 水处理技术，1994，20（1）：45-50.

[14] 杜茂安，等. 生物接触氧化过滤处理生活污水的实验研究[J]. 哈尔滨建筑大学学报，2001，34（4）：34-36.

[15] 吴慧英，黄晨，等. 加压生物接触氧化法处理生活污水的实验研究[J]. 给水排水，2003，29（6）：36-37.

[16] 宋襄翎，张欣，李继荣，等. 生物接触氧化法处理生活污水的研究[J]. 化学与生物工程，2007，24（2）：66-68.

[17] 吴俊奇，潘强，陆华. 间歇曝气生物接触氧化法处理生活污水小试研究[J]. 工业用水与废水，2009，40（6）：50-52.

[18] 李鑫钢，庞金钊. 生物膜法处理炼油废水[J]. 化学工程，2000，28（4）：41-43.

[19] 陈洪斌，庞小东，李建忠，等. 悬浮填料生物接触氧化法处理炼油废水[J]. 中国给水排水，2002，18（9）：42-44.

报告二 塔式生物滤池处理校园生活污水实验技术报告

一、概述

随着高校建设规模迅速扩大，校园污水排放量不断增加，造成当地水污染负荷上升。同时校园生活污水回用方面的研究却较少，未能真正做到校园生活污水的就地资源化和无害化，如卫生冲洗、校园绿化浇灌及清洁道路等，大学校园的中水回用还有很大的空间。

塔式生物滤池是生物膜法处理装置的主要形式之一。塔式生物滤池占地面积小、结构简单、避免了大量蚊蝇的生长，同时由于不需要专门的供氧设备，大大地减少了运行费用，因而在欧美各国得到广泛应用。塔式生物滤池对含腈废水有较好的处理效果，使之在 20 世纪 60 年代中期后在我国炼油、石油化工、冶金、轻工等工业废水处理中得到了广泛实验和应用。张俊霞等提出采用“沉淀—塔式生物滤池—脉冲澄清池”处理造气洗涤废水，工艺简单、技术成熟、投资合理、节约占地面积，该方法对悬浮物、氰化物处理效率较高，处理后废水达到造气洗涤水回用要求，工艺技术经济可行。吴骥良等探讨了塔式生物滤池处理肥皂废水的工艺，研究了处理工艺流程和有关工艺参数。结果表明，塔式生物滤池具有高效、易操作等特点，对肥皂废水 COD 的去除率可达 80%～85%。冯榕芳探讨了冷却型塔式生物滤池处理煤造气含氰废水的工艺流程及生物脱氰原理，叙述塔式滤池生物挂膜及运行情况。结果表明，该装置生物脱氰总效率达到 90%以上，处理后废水中氰化物达标率为 100%。沈柏年研究了塔式生物滤池处理煤造气污水，工程运行结果表明，污水中氰化物的去除率已达到 94%，硫化物从进水 2.5～6.5 mg/L 降至出水含量接近 0，挥发性酚含量从进水 0.02 mg/L 降至 0.002 mg/L，去除率为 90%，远小于国家控制排放标准 1 mg/L。郑钊分别从进塔煤造气污水 SS 含量及生物塔滤处理效果两方面的影响因素进行原因分析，提出改进沉淀池结构、塔滤填料换型等对策。赵勇用以塔式生物滤池为中心的两级处理流程——沉淀预处理加生化处理来处理化肥厂造气污水，结果表明该工艺操作管理简单，并且能承受冲击负荷，是一种行之有效的、高效能的处理化肥工业造气污水的方法。彭松等采用水解—塔式生物滤池和混凝沉淀工艺，对腈纶纱染色的废水预处理工程进行设计。工程运行表明，原水 COD≤1 600 mg/L 时，适当增大回流量，水解—塔式生物滤池对 COD 的去除率可达 57%；再经混凝沉淀，COD 的去除率可达 45%，出水 COD＜380 mg/L，满足了接管要求，而色度、SS 远低于接管要求。刘军等研究了塔式生物滤池处理城市污水。实验结果表明：①塔式生物滤池生物量大，具有较高的耐冲击负荷能力。在有机负荷≤2 156 kgBOD/（m^3·d），40 m^3/（m^2·d）≤水力负荷≤190 m^3/（m^2·d）时，COD 去除率在 40%以上，BOD 去除率在 50%以上；②当氨氮负荷≤1 kgN/（m^3·d）、有机负荷≤1.4 kgBOD/（m^3·d）时，氨氮去除率＞20%，表明当氨氮负荷较小、有机负荷较低时，氨氮去除率相对较高；③塔式生物滤池具有处理量大、氧化能力强、产泥量低、可避免活性污泥膨胀、占地面积小、操作管理简单、运转灵活性大等特点。

综上所述，塔式生物滤池广泛应用于工业废水处理，鉴于塔式生物滤池池身高，故较少用在城市污水处理中。但塔式生物滤池无须供氧而运行费用较低的优点在一些经济较落后又有可资利用地形的城镇的污水处理中具有一定优势。为此，我们开展了塔式生物滤池处理校园生活污水的实验研究。

二、研究内容和实施情况

1．指导学生通过调查研究、实地考察，掌握学校雁山校区污水的主要来源、水中主要污染物和排放情况。

2．学生通过对雁山校区排污口的水质进行取样、检测分析，确定污水中主要污染物为 COD；再将污水运回实验室内，采用塔式生物滤池小型实验装置进行处理。首先完成塔式生物滤池的挂膜启动，然后考察水力负荷对生活污水处理效果的影响，并进行生物膜镜检。

三、实验运行技术报告

1．实验装置及方法

实验反应器由有机玻璃管塔式滤池（尺寸：直径×高度=150 mm×1 500 mm）、滤池交换器、斜板沉淀池和废水箱等几个部分组成，填料采用聚丙烯塑料球，进水由不锈钢增压进水泵、旋转布水器和转子流量计控制，采用自然通风实现供氧。实验装置见图 1-2-1。

COD 采用重铬酸钾法测定，pH 值采用 pH 计测定，浊度采用浊度计测定，SS 采用重量法测定，DO 采用溶氧仪测定。

2．实验结果与讨论

（1）塔式生物滤池的挂膜启动

反应器的接种污泥采用雁山污水处理厂的好氧池污泥，好氧池污泥经 5 次沉淀后倒出上清液，取其沉淀后的污泥作菌种来培养，挂膜启动按以下步骤进行。

取城市污水厂活性污泥 3～5 L，在废水池里与污水按 1∶3 混合；通过水泵用小流量[5～10 m^3/（m^2·d）]将混合液提升使其喷淋于塔式生物滤池，使活性污泥与填料接触起到接种微生物的作用，出水进入沉淀池后回流到废水池进行循环，经过 3～5 天密闭循环后，填料表面逐渐形成浅黄色且透明的生物膜，挂膜启动完成。

（2）水力负荷对滤池充氧效果的影响

在自然通风供氧、循环运行时间为 4 h 的工况下，考察进水量分别为 100 L/h、150 L/h、200 L/h 和 250 L/h，即水力负荷分别为 33.80 m^3/（m^2·d）、50.70 m^3/（m^2·d）、67.60 m^3/（m^2·d）和 84.50 m^3/（m^2·d）时，塔式生物滤池对污水充氧效果的影响。取样时刻为循环运行 1 h、2 h、3 h、4 h，分别测定出水 DO 值，实验结果见图 2-2-1。

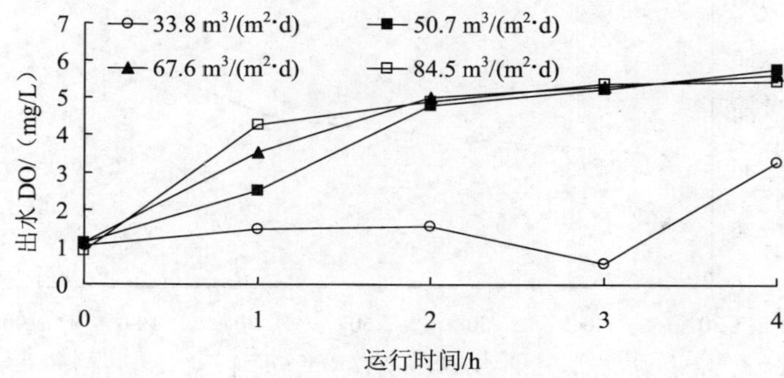

图 2-2-1　水力负荷对反应器出水 DO 值的影响

对混合液中的游离细菌来说，溶解氧浓度保持在 0.3 mg/L，即可满足要求。但是，活性污泥是微生物群体“聚居”的絮凝体，溶解氧必须扩散到活性污泥絮凝体的内部深处。为使微生物保持正常的生理活动，混合液的溶解氧浓度一般宜保持在不低于 2 mg/L 的程度。在局部区域内，有机物相对集中，浓度高，耗氧速率高，溶解氧浓度很难维持在 2 mg/L，会有所降低，但不宜低于 1 mg/L。

从图 2-2-1 可以看出，实验中塔式生物滤池依靠自然通风的充氧效果仅仅在水力负荷为 33.80 m^3/（m^2·d）时，充氧效果较差，循环运行的前 3 h 不能满足 2 mg/L 的正常值，在 4 h 才达到 3.27 mg/L；而当水力负荷大于等于 50.70 m^3/（m^2·d）后，循环运行 1 h 后均能达到 2 mg/L 的正常值，并逐渐稳定在 5～6 mg/L；其中水力负荷为 84.50 m^3/（m^2·d）时滤池的充氧效果最好。由此可见，塔式生物滤池仅依靠自然通风的充氧能力就能完全满足供氧要求，而无须采用人工通风。

（3）水力负荷对污水 COD 去除效果的影响

在自然通风供氧、循环运行时间为 4 h 的工况下，考察进水量分别为 100 L/h、150 L/h、200 L/h 和 250 L/h，即水力负荷分别为 33.80 m^3/（m^2·d）、50.70 m^3/（m^2·d）、67.60 m^3/（m^2·d）和 84.50 m^3/（m^2·d）时，对污水中 COD_{Cr} 去除效果的影响。取样时刻为循环运行 1 h、2h、3h、4 h，分别测定出水 COD_{Cr}，实验结果见图 2-2-2 和图 2-2-3。

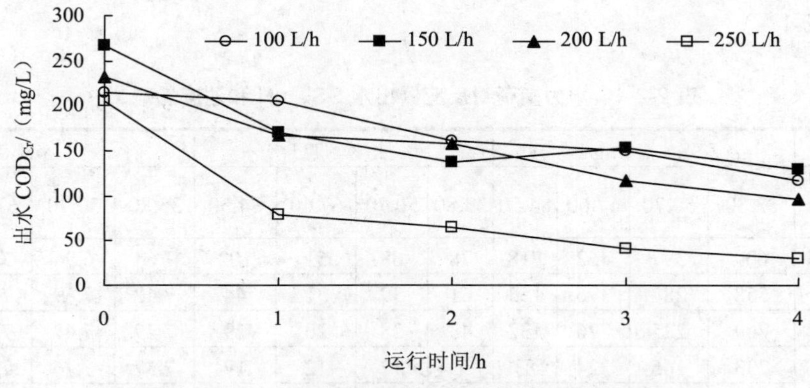

图 2-2-2　水力负荷对反应器出水 COD_{Cr} 的影响

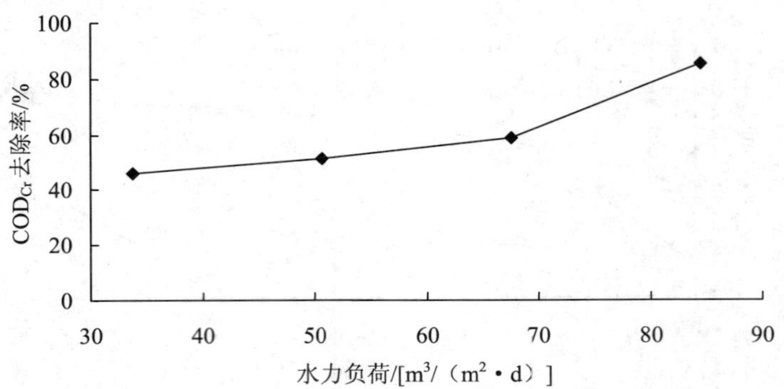

图 2-2-3 塔式生物滤池 COD_{Cr} 去除率与水力负荷的关系

由图 2-2-2 可见，随着循环运行时间延长，不同的水力负荷条件下，出水 COD_{Cr} 均逐渐下降；随着水力负荷增大，在相同运行时间，出水 COD_{Cr} 也呈下降趋势；表明污水中有机物得到了有效降解。如图 2-2-3 所示，塔式生物滤池 COD_{Cr} 去除率与水力负荷的关系为：随水力负荷的增大，COD_{Cr} 去除率呈上升趋势。当水力负荷从 33.80 m^3/（m^2·d）增大到 50.70 m^3/（m^2·d）时，COD_{Cr} 去除率由 46.03%增大到 51.28%；当水力负荷增大到 67.60 m^3/（m^2·d）时，COD_{Cr} 去除率增大到 58.82%；而当水力负荷增大到 84.50 m^3/（m^2·d）时，COD_{Cr} 去除率增大到 85%。由此可见，在污水循环运行模式下，水力负荷增大，污水在系统中的循环次数增加，污水与生物膜的有效接触时间变长；同时在实验中发现，随着水力负荷的增大，滤池的布水更均匀且充氧效果更好更稳定，因而 COD_{Cr} 去除率上升。此外，水力负荷增大，大的水流将清除附着在滤料上的污物和生物膜，从而有利于膜的更新，有利于 COD_{Cr} 去除。当水力负荷为 84.50 m^3/（m^2·d）时，污水 COD_{Cr} 去除效果最好，出水 COD_{Cr} 值仅为 30.75 mg/L，低于国家一级排放标准；因此，在保证出水水质达标情况下，当选择较大的水力负荷时，可适当缩短循环运行时间，从而增加污水处理量。

（4）水力负荷对污水 SS 和浊度去除效果的影响

在自然通风供氧、循环运行时间为 4 h 的工况下，考察水力负荷分别为 33.80 m^3/（m^2·d）、50.70 m^3/（m^2·d）、67.60 m^3/（m^2·d）和 84.50 m^3/（m^2·d）时，对污水中 SS 和浊度去除效果的影响。取样时刻为循环运行 1 h、2 h、3 h、4 h，分别测定出水 SS、pH 和浊度，实验结果见表 2-2-1。

表 2-2-1 水力负荷对反应器出水 SS、pH 和浊度影响

水样	ρ（SS）/（mg/L）				浊度/NTU				pH			
水力负荷/[m^3/（m^2·d）]	33.80	50.70	67.60	84.50	33.80	50.70	67.60	84.50	33.80	50.70	67.60	84.50
进水	609	397	462	718	78	68	51	102	7.64	6.94	7.33	7.10
运行 1 h	558	287	396	153	61	39	31	44	7.42	7.69	7.17	7.10
运行 2 h	249	225	376	132	43	28	20	29	7.29	7.47	7.43	7.53
运行 3 h	233	165	224	83	33	17	12	17	7.37	7.76	7.41	7.62
运行 4 h	114	118	168	76	24	12	9	13	7.30	7.65	7.35	5.47
去除率/%	81.28	70.28	63.64	89.42	69.23	82.27	82.42	87.25	—	—	—	—

从表 2-2-1 可以看出，不同水力负荷条件下，塔式生物滤池对生活污水 SS 和浊度的去除率均可达到 60%以上，对出水 pH 的影响较小，系统对 SS 和浊度处理效果较好；且处理效果随着运行时间的增加而逐渐趋于平稳，水力负荷对其处理效果有一定的影响。当水力负荷为 33.80 m^3/（m^2·d）时，SS 去除率达到 81.28%，但当水力负荷增大到 50.70 m^3/（m^2·d）、67.60 m^3/（m^2·d）时，SS 去除率不增反减，最低达到了 63.64%，而当水力负荷增大到 84.50 m^3/（m^2·d）时，SS 去除率又增到 89.42%；而随着水力负荷增大，其对浊度的去除率呈平稳上升趋势；这说明水力负荷对出水 SS 的影响较大，而对出水浊度影响较平缓，本实验中当水力负荷为 67.60 m^3/（m^2·d）时，对污水 SS 和浊度的去除效果最佳。由此可见，塔式生物滤池具有较好的截留作用，这一方面得益于所装填的滤料适于微生物附着生长，另一方面与生物膜具有的生物絮凝性有关，生物膜呈绒毛状伸展状态，填充了滤料间的空隙，加强了对悬浮物的截留。

3．结论

（1）塔式生物滤池采用浓缩活性污泥与污水按 1∶3 混合，以小流量[5～10 m^3/（m^2·d）]喷淋于滤池，将活性污泥中微生物接种至填料上，经过 3～5 天密闭循环后，填料表面逐渐形成浅黄色且透明的生物膜，挂膜启动完成。

（2）水力负荷对塔式生物滤池依靠自然通风的充氧效果有较明显影响，随着水力负荷增大，污水在滤池中喷淋更加均匀，循环次数更多，与填料有效接触时间更长，与气流剪切力更大，因此充氧效果更好。实验中，除了水力负荷为 33.80 m^3/（m^2·d）时的充氧效果较差，其余水力负荷下，循环运行 1 h 后污水中 DO 均能达到 2 mg/L 以上；其中水力负荷为 84.50 m^3/（m^2·d）时滤池的充氧效果最好，说明塔式生物滤池仅依靠自然通风的充氧能力就能完全满足供氧要求，而无须采用人工通风。

（3）水力负荷对塔式生物滤池 COD_{Cr} 去除率有明显影响，随水力负荷的增大 COD_{Cr} 去除率呈上升趋势。实验中当水力负荷从 33.80 m^3/（m^2·d）增大到 84.50 m^3/（m^2·d）时，COD_{Cr} 去除率由 46.03%增加到 85%。

（4）不同水力负荷条件下，塔式生物滤池对生活污水 SS 和浊度的去除率均可达到 60%以上，对出水 pH 的影响较小，系统对 SS 和浊度处理效果较好；水力负荷对其处理效果有一定的影响。实验中当水力负荷为 84.50 m^3/（m^2·d）时，对污水 SS 和浊度的去除效果最佳。

四、不足及建议

对塔式生物滤池处理生活污水的研究方案还比较合理；但从实验结果看，实验工况的设计范围较窄，处理效果尚未出现最佳值，实验的组数也较少；同时检测指标也不够完整，如 BOD_5、总氮、氨氮和总磷以及微生物镜检等指标均未检测。

在今后实验研究中，建议增加水质指标的检测、扩大水力负荷范围、有机负荷变化对系统影响的研究、考察处理效果沿塔高的变化及生物相检测。

参考文献

[1] 张俊霞. 合成氨造气废水治理技术研究[D]. 南京理工大学硕士学位论文，2006.

[2] 吴骥良，杨腊梅. 塔式生物滤池处理肥皂废水的实验研究[J]. 污染防治技术，1992，5（4）：59-63.

[3] 冯榕芳. 冷却型塔式生物滤池处理煤造气含氰废水[J]. 广州化工，1992，20（3）：29-31，50.

[4] 沈柏年. 塔式生物滤池处理煤造气污水[J]. 工业水处理，1993，13（3）：16-18.

[5] 郑钊. 煤造气污水处理装置存在问题及改进[J]. 山东化工，2005（6）：29-31.

[6] 赵勇. 化肥厂造气污水处理的方法[J]. 贵州化工，2003，28（6）：44-45，51.

[7] 彭松，蒋克彬，等. 腈纶纱染色的废水预处理工程实例[J]. 污染防治技术，2008，21（1）：116-118.

[8] 刘军，郭茜，等. 塔式生物滤池处理城市污水的研究[J]. 给水排水，2001，27（1）：18-21.

报告三　下水道模拟装置处理生活污水实验技术报告

一、概述

近年来，国外对重力式污水管道内生活污水在传输过程中发生的生化反应进行了研究，已经开始考虑将输送过程中的水质和污水处理作为一个整体进行设计。即使是压力式污水管道处理技术走在前列的美国、日本等发达国家，对重力式污水管道污水处理工艺的研究也很重视。

Raunkjaer 和 Nielsen 曾分别在一段 5 km 长的重力污水管道和实验室内研究了不同温度时污水管道污水中糖类、乙酸、蛋白质、SCOD 及 COD 等组分的变化，结果发现这几种物质的含量与组成变化较大，研究结果表明：这几种物质在转化过程中基本上遵循零级反应模式。

1985 年以色列的 M. Green 等人针对 DANREGION 污水收集系统采用 SBR 生物反应器模拟重力污水管道反应器，该污水收集管网覆盖人口超过 100 万，每天的污水流量近 300 000 m^3，污水主干管长 37 km，整体呈 U 型，管径 600～2 100 mm，污水平均流速按 1.0 m/s 计，总停留时间超过 10 h。研究人员计划增加一条 8 km 长的压力管提供活性污泥回流，从而保证下水管道系统内有足够的生物量，在管道系统的适当位置进行曝气，这样，整个环状管网系统就成为了有污泥回流的分段进水推流式好氧反应系统。通过在不同时段间歇加水的 SBR 装置模拟实际污水管道不同管段的进水，实验结果表明 COD_{Cr} 去除率达到 79%～80.8%，BOD_5 去除率达到 85%～93%，最终出水 BOD_5 低于 25 mg/L。

1995 年 Ozer 和 Kasirga 在土耳其进行了利用污水管道微生物处理污水的模拟污水管道处理实验研究。该实验在充足的空气条件下考察了同样水质的生活污水在不同管径的污水管中达到相同去除效果所需的管长；由实验结果知，在好氧条件下利用污水管道空间处理污水，使相同水质的污水达到相同的去除效果，在相同的流速下，小管径的污水管所需的管长明显小于大管径所需的管长，在小管径的污水管中发生的生化降解速率更快。分析其原因是在小管径的污水管中，润周/过水断面积之值较高，也就是在小管径的污水管中，单位体积的污水能够接触更多的微生物。生化反应速率更高，随着管径的加大，在相同的条件下污水取得同样的去除效果所需的停留时间延长。

目前，在国内对利用污水管道处理污水技术的研究主要集中在利用天然排水明渠处理污水方面，陈辅利等人曾通过在排水沟渠内放置特制载体的形式增加微生物量，加快反应速率的方式，并分别在实验室和某天然河渠内，对沟渠处理污水的工艺、效率、抗冲刷能力等进行了实验和理论研究，该实验表明在 1.5h 内 COD_{Cr} 去除效率可以达到 80%以上。

建立了 COD_{Cr} 和溶解氧变化过程数学模式。

王西聘等人利用固定化细胞技术进行了下水管网系统净化污水的模拟实验，通过比较研究了厌氧、好氧、厌氧—缺氧—好氧以及缺氧—好氧 4 种工艺净化生活污水的效果。实验结果表明，在管网系统中设置固定化细胞，施以适当的曝气处理，保证污水在管道内一定的停留时间的工况条件下，可使污水中的 COD 去除率大于 60%，出水 COD_{Cr} 和 SS 均达到国家污水综合排放标准的二级标准。在此基础上，又采用充纯氧及固定化细胞技术在 275.5 m 市政下水管网系统中进行了日处理 1 500 m^3 污水的中试。对单纯充氧、充氧加固定化细胞两种工艺及不同充氧量进行了比较研究。结果表明，在加固定化细胞条件下，充纯氧（V（O_2）：V（H_2O）=0.078：1）可使流过此段管道的污水的污染物去除率达 65% 以上，基本达到国家污水综合排放二级标准。

二、研究内容和实施情况

1．作为选做综合实验项目开设，课时为两周，指导学生利用下水道模拟实验装置，调节不同的强化技术条件对生活污水进行处理。

2．指导学生对进出水进行采样、保存、指标的选定和测试。

3．指导学生撰写科研报告式的实验报告。

三、实验运行技术报告

本实验拟利用污水管网系统的容积和污水在其中输送时间较长等特点，构建污水管网下水道污水处理强化技术模拟实验装置，设备可进行污泥投加、坡度调节、水量调节、曝气改变等可控基本参数调节，强化实验条件对污染物去除效果的影响，可对处理后污水 COD、BOD、TN、TP 等污染指标进行检测，强化污水管网内的生物化学反应过程，实现污水在市政管网必要的自行流动过程中部分污染物的净化处理，承担污水厂氧化沟的部分处理负荷，利于降低后续污水厂氧化沟的运行能耗。同时能避免在经济欠发达的西部地区大量新、扩建污水厂。

1．实验设备（图 2-3-1）

图 2-3-1 正在调试运行的污水管网下水道污水处理模拟实验装置

本污水管网下水道污水处理模拟实验装置最大污水流量为 Q_{max}=50 m³/h，最大坡度 i_{max}=0.022，充满度（h/D）$_{max}$=0.6，最大水位高度 h_{max}=0.6m，最大流速 V_{max}=1.298 m/s，最大水力半径 R_{max}=0.027 8 m；设备主要有不锈钢低位水箱 1 个、不锈钢高位水箱 1 个、直径 110 mm 的排水管 60 m（其中每隔 1 m 设置一个检查口，可用于挂膜检查，模拟市政管网中的检查井）、三角钢固定架构一批、坡度调节胡柱 15 根。污水流动提升由污水泵实现，设置污水回流阀门控制流量；留设曝气口，用于改变曝气量进行实验；污水管道模拟前后段设置小段软管，可对管道铺设坡度进行调节，低位水箱尺寸为长×宽×高＝1 200 mm×1 000 mm×700 mm，设计有效容积 600 L，主要用于收集实验用水，便于水泵提升供水；高位水箱尺寸为长×宽×高＝1 000 mm×1 000 mm×500 mm，设计有效容积 150 L，设置上部固定进水隔板一块（长×宽×高＝1 000 mm×1 000 mm×300 mm）主要功能为缓冲水流，避免水泵上水干扰前部水位标注。选择纤维稀疏网状填充物或其他半软性组合填料作为稀疏挂膜载体，可装填于每个管道连接处设置的挂膜强化井下部，其上端固定于挂膜强化井井盖；设置高度调节系统实现可调坡度管道的坡度调节，改变水流速度。

2．分析仪器与方法

本实验采用国家标准测试方法，各项指标按《水和废水检测分析方法》（第四版）中的测试方法进行。主要实验分析项目见表 2-3-1。

表 2-3-1 主要测试分析项目及分析方法

分析项目	分析方法	分析项目	分析方法
COD_{Cr}	重铬酸钾法	NH_3-N	纳氏试剂分光光度法
pH	精密酸度仪	TN	碱性过硫酸钾消解
MLSS、SS	滤纸重量法	PO_4^{3-}	钼锑抗分光光度法
温度、溶解氧	YSI model52 溶解氧测定仪	总磷	过硫酸钾消解法
MLVSS	焚烧称量法	生物相	BA310 数码生物显微镜

本研究中所采用的主要仪器设备见表 2-3-2。

表 2-3-2 主要仪器设备一览表

序号	设备及仪器名称	型号
1	溶解氧、温度测定仪	YSI model52
2	精密酸度仪	HACH sension2
3	分析天平	FA1004
4	电热鼓风干燥箱	gZX-9240MBE
5	生化恒温培养箱	SPX-250B-Z
6	微波消解 COD 速测仪	WMX
7	紫光可见分光光度计	UV-2100
8	电子显微镜	Motic DMB5
9	离心机	TDL-40B（低速）
10	离心机	TGL-18000-CR（高速）
11	箱式电阻炉	SX-4-10
12	湿式气体流量计	

3．水质水量

实验用水取自桂林市七里店净化厂进水井，进水量 550 L 左右，原水主要水质指标根据实验要求进行设置，具体见表 2-3-3。

表 2-3-3 实验系统进水水质

项目	水温/℃	pH	COD/（mg/L）	TP/（mg/L）	TN/（mg/L）	NH_3-N/（mg/L）
范围	13～30	6～6.5	180～240	5.5～7.5	25～35	25～35
均值	20.5	6.2	216.5	6.1	28.6	29.2

实验所投加活性污泥为七里店污水净化厂二沉池沉淀后用于回流活性污泥，并通过不同的投加量来改变实验系统中的活性污泥浓度。

本实验污水水质特点是水质随季节变化明显，桂林市作为旅游城市，污水的水量和水质随着旅游旺季的到来变化波动较大，本实验所用污水水质水量也随季节变化明显。

四、模拟实验系统的运行方案

实验可以考察溶解氧浓度（DO）（mg/L）、污泥浓度（ g/L）、挂膜密度[个/（10^{-1}d m^3）]、污水流速（m/s）、pH、温度（℃）等对污水管网下水道污水处理模拟实验装置处理城镇污水效能的影响，本报告只选取溶解氧、污泥浓度的影响进行研究。

1．DO 对反应器处理效能的影响研究

本实验的进水温度为 20℃左右，进水流速 0.3 m/s、pH 值为 7.0 左右、悬浮固体浓度 MLSS 为 0.5 g/L、挂膜密度 1 个/（10^{-1} dm^3）。DO 分别控制在 0.5 mg/L、1.0 mg/L、2.0 mg/L、3.0 mg/L 和 4.0 mg/L。1.5h 后取样，分别测试 COD_{Cr}、TN、TP 等指标，确定去除效果最佳时的 DO。

2．污泥浓度对反应器效能的影响研究

本实验的进水温度为20℃左右，进水流速0.3 m/s、pH值为7.0左右、DO控制在0.5 mg/L、挂膜密度为 1 个/（10^{-1} dm^3）。MLSS 分别控制在 0 g/L、0.5 g/L、1.0 g/L、2.0 g/L 和 3.0 g/L。1.5h 后取样，分别测试 COD_{Cr}、TN、TP 等指标，确定去除效果最佳时的 MLSS 值。

五、结果与分析

1．实验设备挂膜的启动

生物膜反应器的挂膜启动方法一般可分为三种：一是先间歇培养，然后再进行负荷逐渐增加的连续流进水，进行培养；二是设计负荷或逐渐增加负荷进行连续培养；三是投加活性污泥接种，然后再进行间歇或连续培养。本实验采用第三种方式挂膜，接种污泥取自桂林市七里店污水净化厂曝气池回流污泥。

本实验先将填料固定在挂膜井盖，装填完毕，然后通入活性污泥进行培养。将该污泥加入到主体反应器中，控制水温 21～25℃，pH=6.5～7.5，DO=4～5 mg/L，在进水 COD=300～400 mg/L，MLSS=40 g/L，N_v=0.5 kgCOD/（m^3·d）条件下进行间歇培养，监测不同培养时间后的水质条件，对挂膜情况进行微生物镜检，实验结果见图 2-3-2。

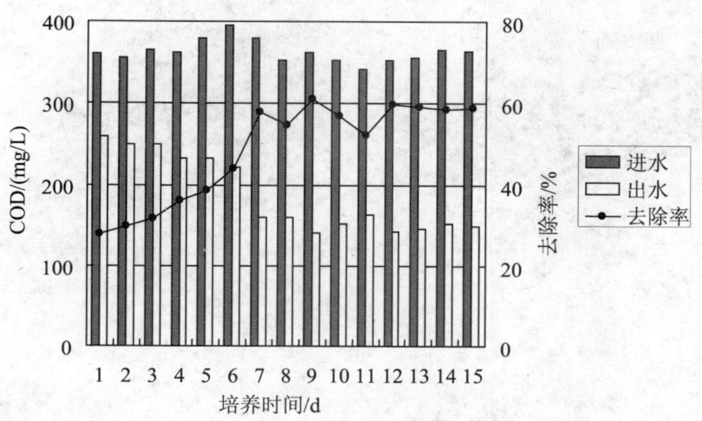

图 2-3-2　挂膜启动期 COD 去除效果

由图 2-3-2 可知，挂膜启动 1～6 天，COD_{Cr} 去除率为 30%～40%，处理效果较差，随着培养时间的延长，大约 12 天后 COD_{Cr} 去除率逐渐增至 60%左右。分析认为，培养初期只有少量污泥截留附着在填料表面，这些固着态微生物摄取污水中的营养物质，进行降解代谢有机物的活动，并在填料表面生长繁殖，逐渐形成一层胶质黏膜，随着微生物不断摄取营养物质而增长，从载体表面向外扩展，并分裂出新的细胞，逐步覆盖先已形成的膜层，进而形成成熟的生物膜。一般认为挂膜启动期 COD_{Cr} 去除率达到 65%可认为生物膜生长成熟，挂膜完成。

总的来看，半软性组合填料比较容易挂膜，启动迅速（10 天左右），由于半软性组合填料有较大的比表面积，有较强的吸附能力，生活污水中的微生物极易吸附于填料表面，同时被填料截留的有机颗粒也增加了填料表面的粗糙程度，进一步强化了对游离细菌的吸附能力。被吸附的微生物开始大量繁殖，同时代谢产生各种不同的胞外聚合物，这些物质的存在促进了生物膜的快速形成。

运行初期，由于受水深、日照、溶解氧及污染物传输等限制因素的影响，管网中的微生物以游离性细菌、藻类和低等游泳性原生动物为主，污染物质的降解主要通过管网中悬浮性微生物来完成。

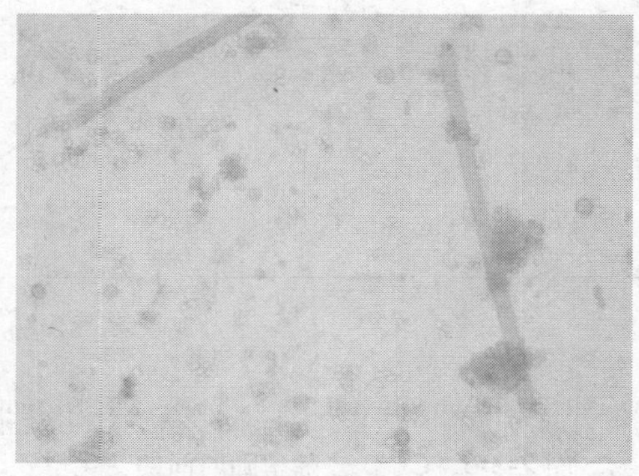

图 2-3-3　启动初期管网微生物镜检（放大倍数 400 倍）

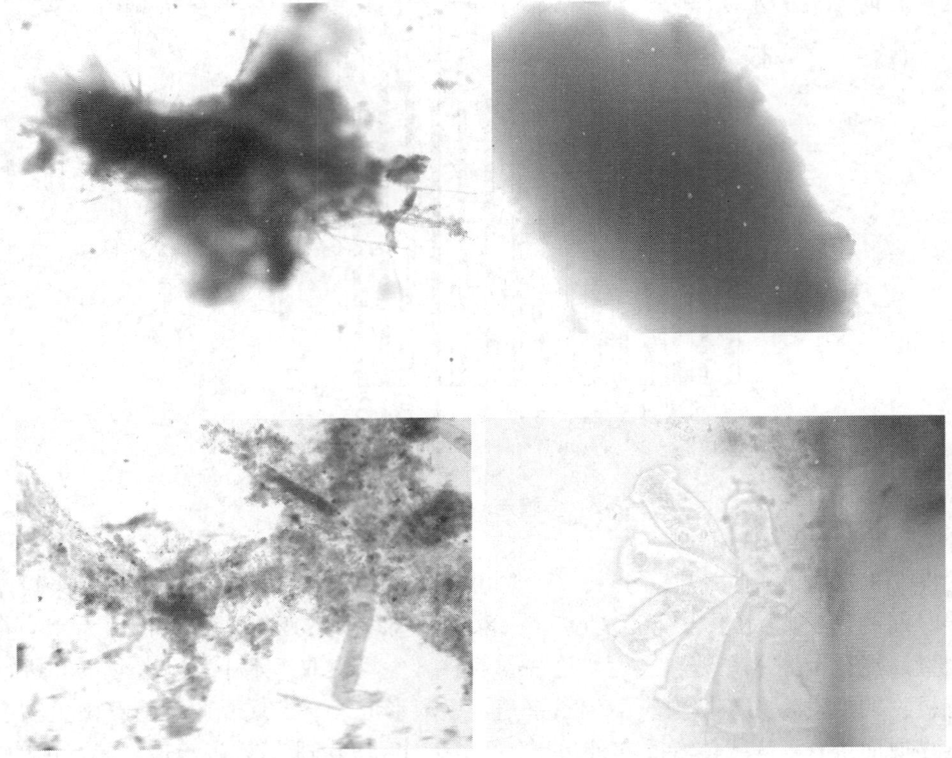

图 2-3-4 启动成功后管网微生物镜检（放大倍数 400 倍）

2．处理周期的确定

为确定处理周期，本实验的进水温度为 20℃左右，流速 0.3 m/s、pH 值为 7.0 左右、DO 控制在为 0.5 mg/L、挂膜密度为 1 个/（10^{-1}d m^3）、MLSS 分别控制在 0 g/L、0.5 g/L、1.0 g/L、2.0 g/L 和 3.0 g/L，每间隔 0.5 h 取样测定其 COD，分析 COD 去除率，实验结果如图 2-3-5 所示。

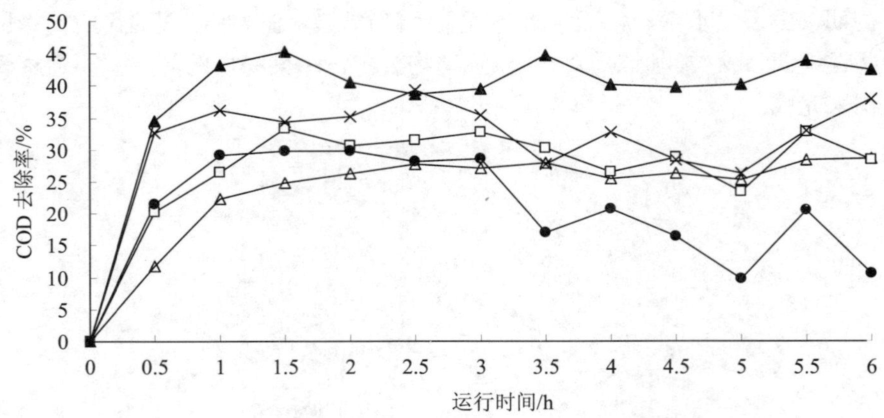

图 2-3-5 COD 去除率随时间的变化

由图 2-3-5 可知，即使在未投加活性污泥即 MLSS 约为 0 g/L 的情况下，污水在管道内随时间流动，其 COD 含量也会有所降低，但不明显。当模拟处理系统中 MLSS 为 0.5 g/L 时，COD 去除效果与 MLSS 为 0 g/L 时大体一致，并无明显优势；而当 MLSS 为 1 g/L 时，COD 处理效果最好，在 1.5h 时降低到最低点，随后基本保持平缓，最后去除率达 40%左右。在 MLSS 分别为 2 g/L 和 3 g/L 时，刚开始也均有一定的处理效果，但是运行 3 h 后 COD 含量出现反弹，最终处理效果无优势。结合上述运行效果，最终确定最佳处理时间为 1.5 h。

3．溶解氧对系统处理效果的影响

在进水温度为 20℃左右，进水流速 0.3 m/s、pH 值为 7.0 左右、悬浮固体浓度 MLSS 为 0.5 g/L、挂膜密度为 1 个/（10^{-1}d m^3）条件下，控制模拟系统中 DO 值分别为 0.5 mg/L、1.0 mg/L、2.0 mg/L、3.0 mg/L 和 4.0 mg/L，研究溶解氧对系统处理效果的影响，实验结果见图 2-3-6。

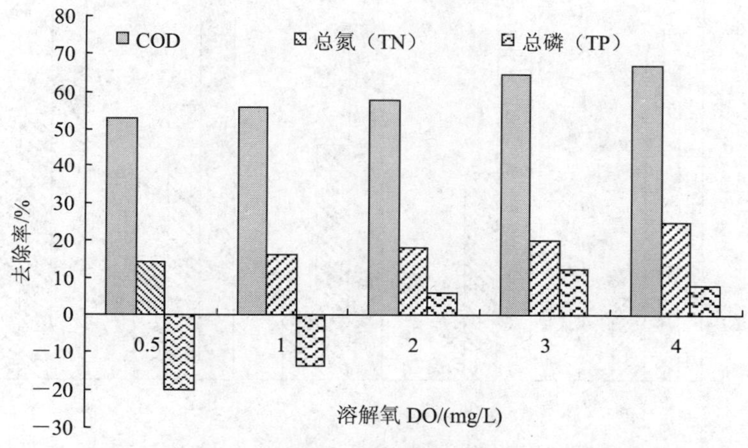

图 2-3-6　溶解氧对污染负荷的削减的影响

由图 2-3-6 可知，污水 COD、TN 和 TP 的去除率随溶解氧 DO 浓度的增加呈上升趋势。在 DO 由 0.5 mg/L 逐渐增加到 4 mg/L 的过程中，COD 的去除率由 51%上升到 67%，TN 的去除率由 14%上升到 25%，TP 的去除率由－20%上升到 17%。分析认为，反应器挂膜密度适中，生物膜比较厚实，低浓度的溶解氧不足以传递到生物膜内部，造成生物膜内部形成缺氧区，为硝化反硝化过程造成了相当理想的缺氧好氧环境，出现聚磷菌厌氧磷释放的现象，因此出现负值。DO 为 4.0 mg/L 时能满足含碳有机物的氧化以及硝化反应的需要，同时 DO 过高，系统不足以保证污泥絮体内缺氧微环境的形成，同时使系统中有机物过高消耗，影响反硝化反应的顺利进行。

另外，虽然反应器本身并没有好氧、厌氧分区，但实验观察到当 DO 为 3.0 mg/L 时，生物膜呈现黑褐相间分布，即使是在同一串膜上也同时存在黑褐相间分布的情况。由此可判断，可能此时反应器内形成了无数个微小的厌氧、好氧分区，导致吸磷放磷不断发生，致使反应器出水磷达到标准。在溶解氧高于或低于 3.0 mg/L 时，磷的去除率明显下降，这可能是溶解氧的变化破坏了反应器内的微环境，失去了厌氧、好氧分区的平衡。

4．悬浮固体浓度（MLSS）对系统处理效果的影响

如图 2-3-7 所示，在进水温度为 20℃左右，进水流速 0.3 m/s、pH 值为 7.0 左右、DO 控制在 0.5 mg/L、挂膜密度在 1 个/（10^{-1}d m^3）条件下，MLSS 分别在 0.5 g/L、1.0 g/L、2.0 g/L、3.0 g/L 和 4.0 g/L 的条件下，COD、TN、TP 的去除率分别由 54%、14%、2%上升到 74%、46%、33%。由此可知，COD、TN 及 TP 的去除效果随着 MLSS 的升高而增强，MLSS 对 COD 去除的影响程度低于对 TN 去除的影响。这可能是反应器 MLSS 浓度过低时，对硝化菌存在抑制作用，进水负荷越高抑制作用越明显。另外，除磷效果不理想的原因可能是污水中溶解氧较高，反应器中难以形成厌氧好氧微环境，同时反应器极少有剩余污泥产生也是 TP 去除率较低的原因。

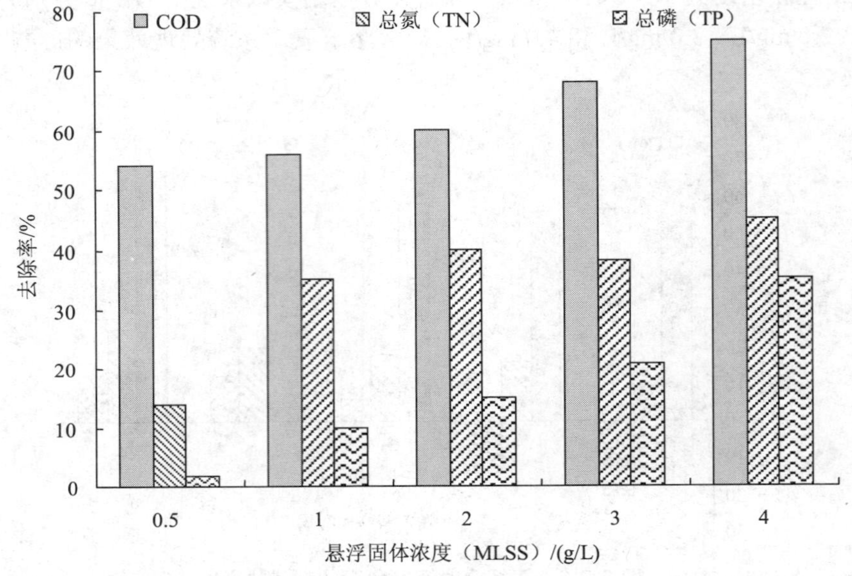

图 2-3-7 MLSS 对反应器处理效能影响

由以上结果可知，MLSS 直接影响了污水管网下水道污水处理模拟实验装置的出水水质；在进水浓度一定时，如果 MLSS 过低则可以通过延长停留时间的方式达到降低负荷、提高出水水质的目的。

六、不足及建议

实验项目的实施只能作为选做项目，且实验仪器的启动需要提前完成，课时耗时 2 周，对学生实验操作技能基础要求较高，且实验报告宜以科研报告形式提交。对学生科技立项课题或者其他课题支持开展较为适宜，有一定的实验开展局限性。

参考文献

[1] 张自杰. 排水工程[M]. 北京：中国建筑工业出版社，2000.

[2] 高廷耀，顾国维，周琪. 水污染控制工程（上册）[M]. 北京：高等教育出版社，2007.

[3] 张春廷. 提高市政排水管网效能的途径[J]. 中国新技术新产品，2009（11）：58-59.

[4] 马念. 基于资源化理念的城市雨水污水系统[J]. 西南给排水，2007（29）：1-4.

[5] 白晓慧，周斌辉，朱斌，等. 上海市供水管网内壁生物膜的微生物特征分析[J]. 中国给水排水，2007，23（11）：105-109.

[6] 郑丹，刘文君，徐洪福. 模拟配水管网中悬浮颗粒物对生物膜形成的影响[J]. 环境科学，2007，28（6）：1236-1241.

[7] 李翊君. 杭州市某污水管网水质在线监测系统设计[J]. 中国给水排水，2009，25（4）：49-52.

[8] 任典君，徐灿华，王荣昌，等. 管网内壁生物膜的形成与控制方法研究进展[J]. 工业水处理，2007，27（12）：5-9.

[9] 黄飞. 城市排水管网系统的污水处理能力分析[J]. 化学工程与装备，2009，（4）：125-129.

[10] 王西僔，李旭东，王廷放，等. 利用下水管网系统净化城市污水的中试研究[J]. 应用与环境生物学报，2000，6（3）：254-258.

[11] 孟明群，白晓慧. 城市供水管网水质的数字化调控途径与应用[J]. 中国给水排水，2009，25（16）：20-22，25.

[12] 姜云超，南忠仁. 水质数学模型的研究进展及存在的问题[J]. 兰州大学学报（自然科学版），2008，179（5）：7-11.

[13] 宋国浩，张云怀. 水质模型研究进展及发展趋势[J]. 装备环境工程，2008，23（2）：32-36，50.

[14] 梁喜珍，李畅游，贾克力，等. 乌梁素海富营养化主控因子——总磷模拟模型研究[J]. 干旱区资源与环境，2010，24（9）：189-191.

[15] 刘彬，潘锐，李丁. 水质模拟在管网水质控制中的应用[J]. 给水排水，2008，44（1）：364-367.

报告四　序批式活性污泥反应器处理校园生活污水实验技术报告

一、概述

随着我国城市化的不断发展，生活污水的排放量越来越大，与之相应，对城市污水处理设施的需求也越来越大，寻求高效、经济、稳定的生活污水处理设施已经成为水处理技术的发展热点。目前，生活污水的处理方法多种多样，多采用好氧生物方法。序批式活性污泥反应器（Sequencing Batch Reactor，SBR），作为一种较成功的革新的活性污泥法工艺，由于其特殊的水力动力学方式，污泥不易产生膨胀，且可以允许较高的进水浓度等优势，受到越来越多的关注。

SBR 技术本身是活性污泥法的一种，去除污染物的机理与传统的活性污泥法完全一致，即微生物以污水中有机基质作为食物源，对其进行吸附、吸收、氧化、分解。但其操作过程又与活性污泥法根本不同。SBR 与传统水处理工艺的最大区别在于其以时间顺序来分割流程各单元，整个过程对于单个操作单元而言是间歇进行的，但是通过多个单元组合调度后又是连续的，因而也可以用于工业化大规模生产。这种技术集曝气、沉淀于一池，而不需设置二沉池及污泥回流设备，也无须初沉池。在该系统中，反应池在一定时间间隔内充满污水，以间歇处理方式运行，处理后混合液沉淀一段时间后，从池中排出上清液，沉淀的生物污泥则留于池内，用于再次与污水混合，处理污水，这样依次反复运行，即构成了序批式处理工艺。

SBR 法系统的运行分为 5 个阶段，即进水阶段、反应阶段、沉淀阶段、排水阶段和闲置阶段。从进水到闲置的整个过程称为一个运行周期，在一个运行周期内，底物浓度、污泥浓度、底物的去除率和污泥的增长速率等都随时间不断变化。进水阶段，不仅是水位上升的过程，更重要的是在反应器内进行着重要的生化反应；反应阶段，当反应器充水至设定水位后，污水不再流入反应器内，曝气和搅拌成为该阶段的主要运行方式。曝气一方面可以降解污水中 BOD，另一方面可以进行硝化反应，作为生物脱氮的前提。有时该阶段也排放一部分剩余污泥；沉淀阶段，反应降解结束后，反应器内不再曝气，系统进入沉淀澄清阶段。静止的条件下进行絮凝和沉淀，有较理想效果；排水阶段，由排水阀排出池外直到设计的最低液位；从排水阶段到进水前的一段空闲时间称为闲置阶段。

SBR 工艺的主要优点：

（1）工艺流程简单、基建与运行费用低

SBR 系统的主体工艺设备是一座间歇曝气池，与传统的连续流系统相比，无须再设二沉池和污泥回流设备，一般也不需调节池，许多情况下，还可省去初沉池，这样 SBR 系统的基建费用往往较低。SBR 法无须污泥回流设备，节省设备费用和常规运行费用。此外，SBR 法反应效率高，达到同样出水水质所需曝气时间较短。反应初期 DO 浓度低，氧转移效率高，节省曝气费用。

（2）生化反应推动力大、速率快、效率高

SBR 法反应器中底物浓度在时间上是理想推流过程，底物浓度梯度大，生化反应推动力大，克服了连续流完全混合式曝气池中底物浓度低、反应推动力小的缺点。

（3）有效防止污泥膨胀

SBR 法底物浓度梯度大，反应初期底物浓度较高，有利于絮体细菌增殖并占优势，可抑制专性好氧丝状菌的过分增殖。此外，SBR 法中好氧、缺氧状态交替出现，也可抑制丝状菌生长。

（4）操作灵活多样

SBR 法不仅工艺流程简单，而且可以根据水质、水量的变化，通过各种控制手段，以各种方式灵活运行，如改变进水方式、调整运行顺序、改变曝气强度以及周期内各阶段分配比等来实现不同的功能。例如在反应阶段采用好氧、缺氧交替状态来脱氮、除磷，而不必像连续流系统一样建造专门的 A/O、A^2/O 工艺。

（5）耐冲击负荷能力强

SBR 法虽然对于时间来说是理想推流过程，但就反应器中的混合状态来说，仍属于典型的完全混合式，也具备完全混合曝气所具有的优点，一个 SBR 反应池在充水时相当于一个均化池，在不降低出水水质的情况下，可以承受高峰流量和有机物浓度上的冲击负荷。此外，由于无须考虑污泥回流费用，可在反应器内保持较高的污泥浓度，这也在一定程度上提高了其耐冲击负荷能力。

（6）沉淀效果好

沉淀过程中没有进出水水流的干扰，可避免短流和异重流的出现，是理想的静止沉淀，固液分离效果好，具有污泥浓度高、沉淀时间短、出水悬浮物浓度低等优点。

SBR 工艺的缺点主要有工艺对自控要求高；间歇周期运行带来曝气、搅拌、排水、排泥等设备利用率不高，增大了设备费用和装机容量；水量较大时会暴露出容积利用率不高的问题。

本实验即以校园生活污水为研究对象，研究了 SBR 工艺最佳进气量、反应时间和耐冲击负荷。

二、研究内容和实施情况

1．学生通过检索和查阅有关 SBR 处理生活污水等的文献资料，设计实验方案，确定反应器运行的相关参数。

2．指导教师审查学生提交的实验设计方案后，根据实验室环境条件等具体情况，与学生讨论并修正设计方案，确定实验计划，提供相关装置设备。

3．学生启动实验方案（包括生活污水的采集、接种污泥的采集、调试运行 SBR 装置、分析溶液的配制等）。

4．SBR 反应器正式运行，定期监测进出水的水质指标和污泥指标，实验出较优的处理参数。

5．整理实验数据，对实验结果进行分析评价，提交正式实验报告，教师对实验报告进行评价，并将评价意见反馈给学生。

三、实验运行技术报告

1．实验装置及实验方法

生活污水的处理采用上海同广科教仪器有限公司同济大学机电厂制造的 TG-275 型 SBR 法间歇式污水处理装置，此 SBR 反应器采用有机玻璃制作，长 66 cm，宽 33 cm，高 50 cm。有效容积为 74 L。实验装置设置了两个排水点和一个排泥点，运行时，好氧采用压缩空气机曝气，转子流量计控制进气量，进水和出水人工控制，反应、沉淀各周期时间自动控制。实验装置见图 2-4-1。

图 2-4-1　SBR 处理装置

实验用水为桂林理工大学雁山校区校园生活污水，其 COD 值为 203.04～778.32 mg/L，pH 值为 6.60～7.20。

表 2-4-1　实验过程中的分析指标和分析方法

项目	方法	参考标准
COD/（mg/L）	重铬酸钾法	国家环境保护标准 HJ/T 399—2007
pH 值	pH 测定仪	国家环境保护标准 HJ/T 96—2003
MLSS/（mg/L）	鼓风干燥箱，103～105℃烘干法	
DO/（mg/L）	便携式溶解氧测定仪	国家环境保护标准 HJ/T 99—2003

2．实验内容

（1）活性污泥的培养

实验污泥取自雁山镇污水厂反应池的活性污泥，采用接种培养，加入生活污水，连续运行两个周期，其混合液 30 min 沉降比达到 20%，污泥颜色渐变为灰褐色，沉淀后泥水能较好地分离时，表明污泥具有良好的凝聚沉降性能，认为污泥的培养基本完成。

（2）SBR 反应器的运行

实验运行方式采用进水—好氧—沉淀—排水—闲置的方式，实验过程中，温度为常温；pH 为 7±0.5；曝气过程中 DO 维持在 2.0 mg/L 以上；MLSS 浓度保持在 5 000 mg/L 左右；排出比按 1∶2（排出比是指每次排水的容积占混合液总容积的比例）计算。

实验初始 COD 值为 220.00 mg/L，令其他条件不变，改变进气量，每个周期结束时取样一次，分别测得 0.15 m^3/h、0.25 m^3/h 和 0.37 m^3/h 时的 COD 去除率。再在最佳进气量的条件下，通过改变曝气时间观察处理效果，实验过程中定期对污水的 MLSS、DO 进行监测，每个周期结束时取样测出水 COD、pH 值，做出去除率随时间变化的曲线。最后，在其他条件不变的情况下，通过改变原水 COD 浓度，分别在处理周期结束时取样 1 次，做出 COD 去除率随原水 COD 的变化曲线，得到改变有机负荷时的 COD 降解规律，判断 SBR 工艺的耐冲击负荷情况。

3．实验结果与分析

（1）最佳进气量的确定

从耗氧与供氧的关系来看，在反应初期 SBR 反应池保持充足的供氧，可以提高有机物的降解速度。随着剩余溶解氧的出现，逐渐减少供氧量，以节约运行费用；同时气量过大时气流剪切力的作用会影响菌胶团的形成。控制反应期时间为 5 h，沉淀为 1 h，排水时间为 1 h。设置进气量分别为 0.15 m^3/h、0.25 m^3/h、0.37 m^3/h，对生活污水进行处理，并对进出水水质进行监测。进气量与进出水情况、COD 的去除率关系曲线如图 2-4-2、图 2-4-3 所示。

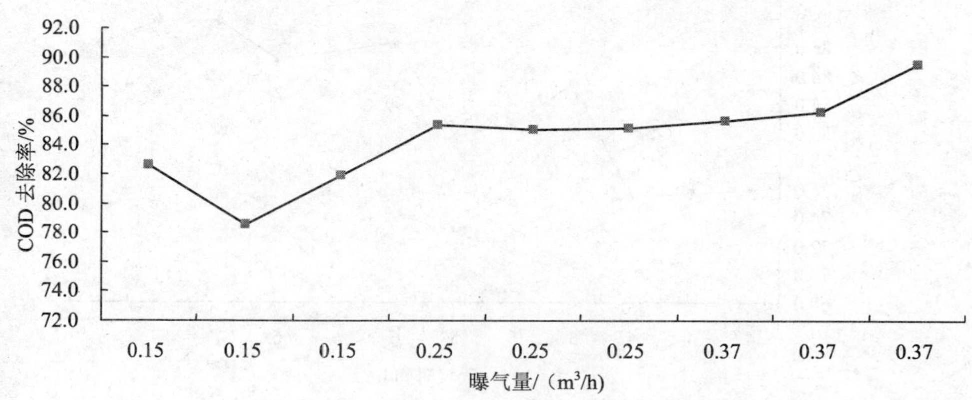

图 2-4-2　SBR 反应器进气量与 COD 的去除率关系

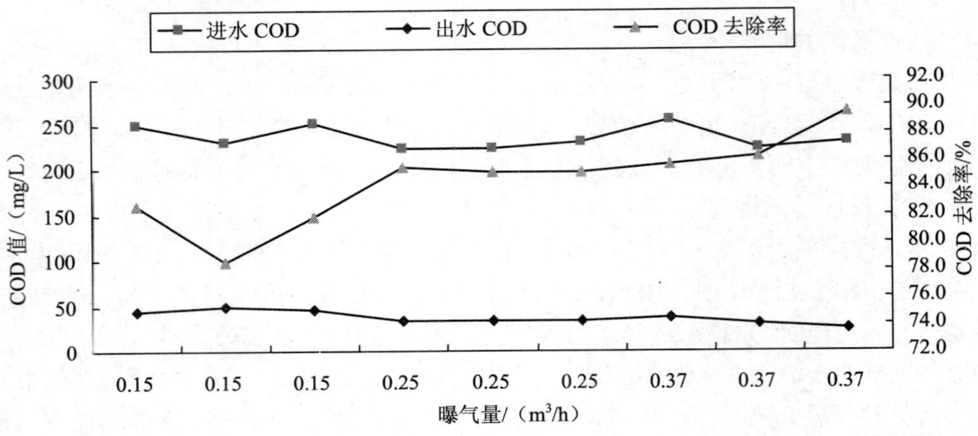

图 2-4-3　SBR 反应器进气量与进出水、COD 去除率的关系

由图 2-4-2、图 2-4-3 可以看出，当进气量由 0.15 m^3/h 增大到 0.37 m^3/h 时，COD 去除率明显增加；当进气量达 0.25 m^3/h 时，COD 去除率在 85%以上再增大进气量时，COD 去除率增加得不明显。而且进气量为 0.25 m^3/h 时，处理后出水水质很好，出水 COD 值在 40 mg/L 以下，能达到排放标准，综合考虑能耗的节约问题，故选择 0.25 m^3/h 为以后实验的最佳进气量。

（2）最佳反应时间的确定

曝气时间的长短关系到处理效果的好坏及运行成本的高低。进气量（0.25 m^3/h）相同的情况下，选择沉淀时间为 1 h，排水时间为 1 h，曝气时间为 4 h、5 h、6 h、7 h，分别测定出水中的 COD，曝气时间与 COD 的去除率关系曲线如图 2-4-4、图 2-4-5 所示。

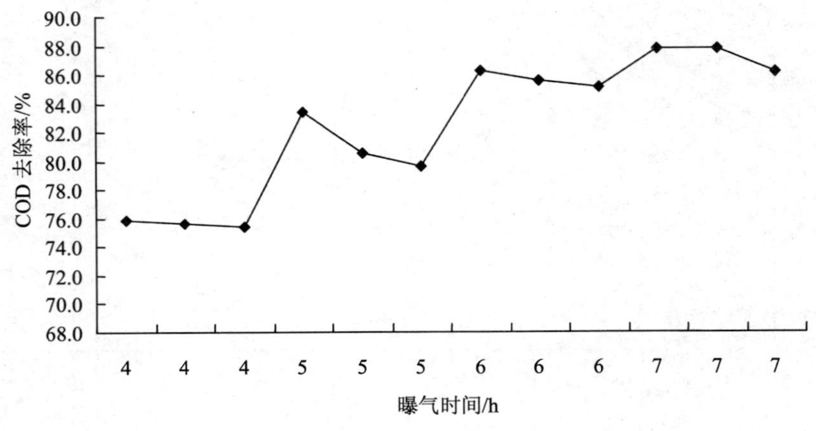

图 2-4-4　SBR 反应器曝气时间与 COD 去除率的关系

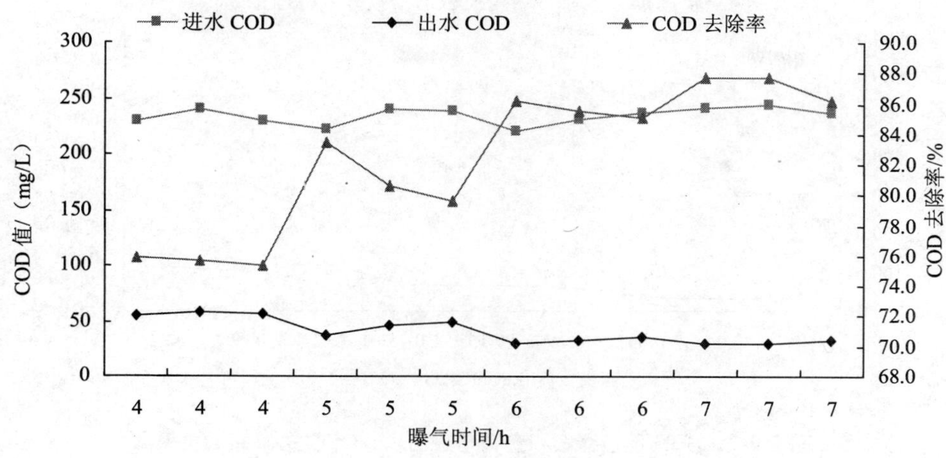

图 2-4-5 SBR 反应器曝气时间与进出水、COD 去除率的关系

由图 2-4-4、图 2-4-5 可以看出，在进气量、沉淀时间、排水时间相同的条件下，曝气时间由 4 h 增加到 7 h，COD 去除率明显增加，由 75%上升到 87%左右；曝气时间由 6 h 增加到 7 h 时，COD 去除率增加不大；在曝气时间为 6 h 时，COD 去除率达到 85.6%。从出水情况来看，COD 在 40 mg/L 以下，考虑到运行成本问题，可以选择最佳曝气时间为 6 h。

（3）SBR 系统耐冲击负荷的研究

从理论上讲，SBR 能够承受较大的水量水质的波动。控制工艺参数为上述 SBR 最佳运行条件，通过改变进水中 COD 的浓度，对 SBR 工艺的耐冲击负荷情况进行研究，测定出水 COD。SBR 反应器的耐冲击负荷情况如图 2-4-6、图 2-4-7 所示。

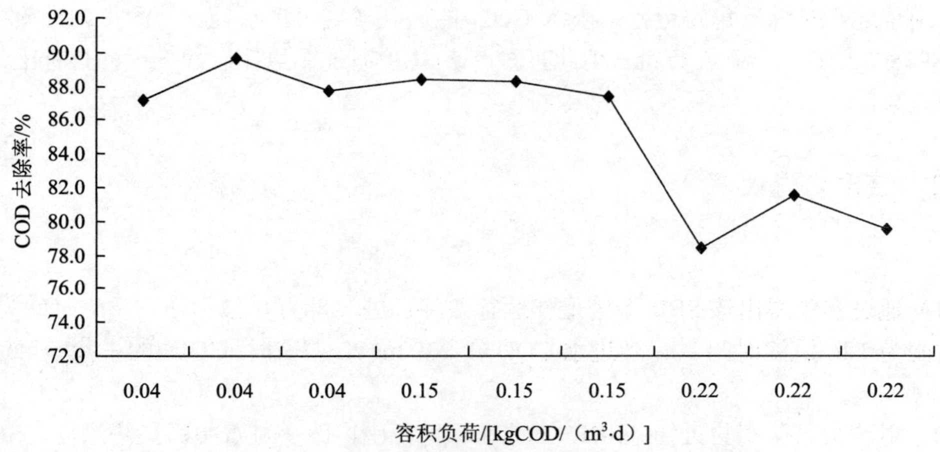

图 2-4-6 SBR 反应器容积负荷与 COD 去除率的关系

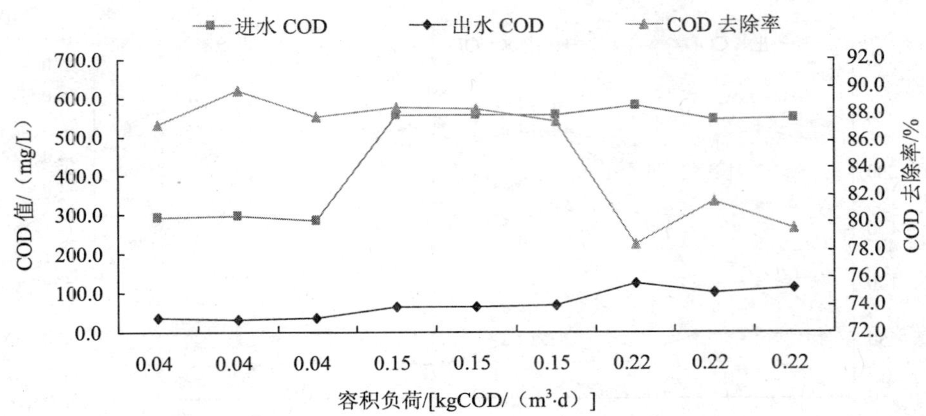

图 2-4-7 SBR 反应器容积负荷与进出水、COD 去除率的关系

由图 2-4-6、图 2-4-7 可知，当进水 COD 的容积负荷增加时，COD 去除率随之有所下降。当容积负荷由 0.04 kg COD/（m^3·d）增加到 0.15 kgCOD/（m^3·d）时，COD 去除率变化不大，且出水污染物浓度不高，说明 SBR 系统具有很好的耐冲击负荷能力。根据实验结果可知，若进一步增大容积负荷时，出水中的 COD 将超出《城镇污水处理厂污染物排放标准》（GB 18918—2002）一级标准。因此在实际工程应用上应该注意进水污染物负荷，以保证出水水质达标。

（4）最佳运行条件下的稳定运行

通过实验结果控制 SBR 工艺最佳运行条件，即进气量为 0.25 m^3/h，反应时间为 6 h，沉淀时间为 1 h，闲置时间为 1 h。在进水 COD 为 230 mg/L 的条件下，对 SBR 反应器进行了两个周期的稳定运行，监测其 COD 的去除率及出水 COD，测得出水 COD 为 15 mg/L，COD 去除率达 93.48%。

在最佳运行条件下稳定运行，出水 COD 能达到《城镇污水处理厂污染物排放标准》（GB 18918—2002）一级 A 标准。由此可知，该 SBR 系统在最佳运行下运行具有比较稳定的处理效果。

四、结论与建议

1．结论

（1）通过实验得出该 SBR 系统最佳运行条件：进气量为 0.25 m^3/h，反应时间为 6 h，置期时间为 1 h，沉淀时间 1 h；当进水 COD 在 230 mg /L 左右时，COD 的去除率可达 90% 以上。

（2）耐冲击负荷实验可知：SBR 工艺在一定范围内改变进水中污染物浓度，SBR 系统对 COD 有较高的去除率，且出水水质变化不是很大，能达到城镇污水处理厂污染物排放标准的一级标准。说明 SBR 系统具有较好的耐冲击负荷能力。

（3）该工艺采用小型废水生物处理模型，运行周期短，处理效率高，出水水质好，以此作为学生实验，无论是对水质监测指标还是感官指标都具有良好的效果。

2．建议

综合实验是一门研究探索的课程，是培养学生学会水处理实验技术方法和工艺流程，掌握整体思考问题的方法和解决问题的能力，为学生今后科研工作打下良好基础的一门课程。由于此次实验时间较为短暂，得到的数据并不是很多，对实验的研究探索只能停留在较浅层面上，无法更深入地去理解。建议应适当延长时间，才能更深入地探讨研究。

参考文献

[1]　陈永祥，程晓如，邵青．SBR 处理城市生活污水的实验研究[J]．环境科学与技术，2001，6：15-17.

[2]　赵海霞，平亚明，付敬. SBR 工艺处理生活污水的实验研究[J]．实验技术与管理，2009，5.

[3]　李奎白，张杰. 水质工程学[M]．北京：中国建筑出版社，2005.

[4]　张学洪，张力，梁延鹏. 水处理工程实验技术[M]. 北京：冶金工业出版社，2008.

报告五　序批式活性污泥法处理米粉工业废水实验技术报告

一、概述

随着我国经济的快速发展，各行各业对于水的需求越来越大，然而水污染日益严重，对生产和生活构成了很大的威胁。尤其是工业废水以其产量大、组成成分复杂，加剧了水资源的短缺。以米粉厂废水为例，其酸度和可生化程度都很高，加上其排放的间歇性和不稳定性，选用 SBR 作为实用工艺。

SBR 作为一种较成功的、革新的活性污泥法工艺，其特点有：工艺简单，运行费用低；对水量、水质变化的适应性强；反应推动力大；能有效防止污泥膨胀；脱氮除磷效果和固液分离效果好。由于其上述优势，受到越来越多的人的关注。本设计即以瓦窑米粉厂废水作为研究对象，研究了 SBR 工艺最佳曝气时间和 COD 负荷最佳范围。

影响 SBR 法处理废水效果的因素有：废水中有机物浓度、溶解氧浓度、温度、pH 值、曝气方式、废水中含有的重金属离子（如 Cu^{2+}）、无机酸根离子、营养物质等。由于实验条件的限制，本实验采用曝气时间和进水量作为变量进行研究。

二、研究内容和实施情况

1. 作为选做综合实验项目开设，课时只设置为 2 周，但允许学生在 10 周内完成所有内容。
2. 学生自主使用现有的 SBR 反应器、pH 计、浊度仪等实验仪器设备。
3. 指导学生自行处理废水，设置影响参数及其水平，开展实验。
4. 指导学生撰写科研报告式的实验报告。

三、实验运行技术报告

本实验拟利用 SBR 反应器对广西桂林特有废水——米粉工业废水进行生物处理，以 COD、SS 等为主要考察指标，对 SBR 法处理米粉工业废水的机理进行初步探讨，对废水处理优化条件进行初步研究，掌握 SBR 反应器的基本参数调控。

1．实验原料、设备与分析方法

（1）实验原料

待处理废水来源于广西桂林市瓦窑米粉厂。由于新鲜米粉的供应基本上都是在清晨，米粉生产一般在夜间进行。因此，夜间产生大量的生产废水，白天只有部分冲洗机器和地面的冲洗废水。废水排放波动较大，水质变化情况较复杂。采样点选择在该厂调节混合池，废水来源主要是米粉生产加工过程中产生的洗米水、团粉冷却水及清洗设备和地面的冲洗水的混合废水，废水水质指标见表 2-5-1。

表 2-5-1　米粉厂废水水质

项目	COD_{Cr}/（mg/L）	BOD_5/（mg/L）	SS/（mg/L）	pH	浊度/NTU
平均值	2 370	1 250	450	3.5	70

实验所用活性污泥取自桂林市雁山污水净化厂 CASS 反应池。将取来的活性污泥，加入适量米粉工业废水，温度保持在 22℃，闷曝驯化 3 d，使活性污泥在一定程度上适应实验所需环境。

（2）实验设备

实验使用 SBR 反应器 1 台套。

实验室精密 pH 计（奥豪斯 Starter 3C）1 台套。

荧光法便携式溶氧仪（美国哈希 HQ30D）1 台套。

浊度仪（上海昕瑞 WgZ-100）1 台套。

其中，实验用 SBR 反应器有效尺寸为 65 cm×34 cm×33 cm，有效体积为 73 L，进水和排水可实现自动化定时操作，由电机搅拌器进行搅拌，1 个滗水器排水点和 1 个放空管排泥点，曝气采用空压机鼓风曝气，转子流量计控制进气量。实验装置结构见图 1-5-2。

2．分析项目及其仪器、方法

（1）浊度测定

使用浊度仪测定，用蒸馏水进行仪器校准，待测水样放入测试皿。读数，记录。

（2）pH 测定

pH 计直接测定。安装好仪器、电极，预热半小时，对 pH 计进行校准，清洁探头，测量，记录。

（3）溶解氧测定

荧光法便携式溶氧仪直接测定。

（4）COD 测定

1）移取 5 mL 水样于 COD 专用消解罐中，准确加入 5 mL 消解液，5 mL 硫酸银溶液，放上内盖安全片，拧紧外盖，使消解罐完全密封、摇匀、对称地放入微波炉内。设定微波时间，选 100%火力，启动微波炉，待消解结束后，戴上棉手套取出消解罐，自然冷却或流水冷却。

2）旋开外盖，小心打开内盖，将试液转入 150 mL 三角瓶中，用少量水冲洗内盖的内侧，合并洗液至三角瓶中，加入至大约 30 mL。

3）待溶液再次冷至室温后，加入 2～3 滴试亚铁灵指示剂，用标定后的硫酸亚铁铵标准液滴定，溶液颜色由黄色经蓝色至红褐色即为终点。

4）做样的同时，取 5 mL 蒸馏水，按同样步骤做空白实验。

对于高 COD 的样品，稀释后测定。稀释时，所取样品不得少于 5 mL。

计算

$$COD（O_2，mg/L）=（V_0-V_1）\times C\times 8\times 1\,000/V$$

式中：C——硫酸亚铁铵标准溶液的浓度，mol/L；

V_0——滴定空白时硫酸亚铁铵标准溶液用量，mL；

V_1——滴定水样时硫酸亚铁铵标准溶液用量，mL；

V——水样的体积，mL。

（5）MLSS 的测定

1）准备好烧杯和滤纸，在 103～105℃烘箱中烘 2 h，在干燥器内冷却半小时后称重。将量筒中的水样倒入烘干后的滤纸中过滤。待完全过滤后将滤纸和烧杯放入 103～105℃的烘箱中烘 2 h，在干燥器内冷却半小时后称重。

2）用滤纸、烧杯和污泥的重量减去滤纸和烧杯的重量再除以水样体积，即为该水样的污泥浓度，单位为 mg/L。

3．结果及讨论

（1）曝气时间与 COD 去除的关系

曝气时间的确定直接关系到处理效果的好坏及运行成本的高低。实验控制参数为进水量 2.5 L，排出比为 1∶2，控制 SBR 设备曝气量为 50 mL/h，使用溶氧仪不定时地监测曝气效果，保证主体反应器内溶液 DO 为 3～5 mg/L，控制待处理混合溶液（加入污泥后）MLSS 为 4 700 mg/L 左右，用配置的弱碱溶液调节反应器溶液 pH 为 7 左右。确定 SBR 反应池闲置时间为 1 h。改变实验曝气时间分别为 2 h、4 h、6 h、8 h，开展 4 组对比实验，测定出水中的 COD 和浊度。结果如图 2-5-1、图 2-5-2 所示。

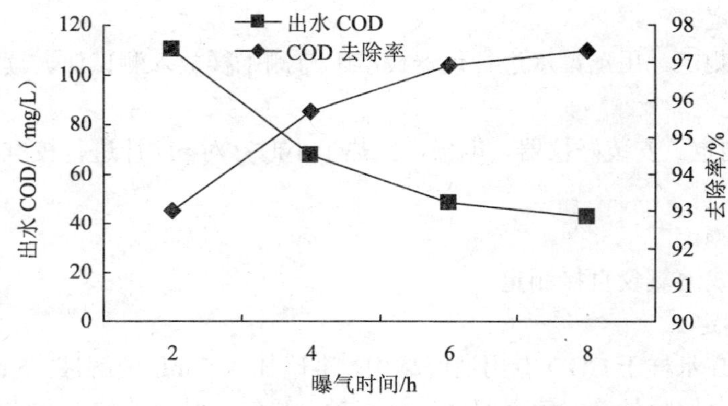

图 2-5-1　不同反应时间 COD 的去除效果

由图 2-5-1 可以看出，在进气量、进水量、排出比、pH、沉淀时间、闲置时间相同条件下，曝气时间由 2 h 增加到 8 h，COD 的去除率呈稳步增加趋势；曝气时间由 2 h 增加到 6 h 时，COD 的去除率增加速度较快，且曝气时间为 6 h 时，COD 去除率达到了 96.9%，浓度极低，再增加 2 h 的曝气时间，耗能增加，而去除率只增加 0.5 个百分点，性价比不佳；从图 2-5-2 来看，各对比实验获得的出水浊度均较低，在曝气时间由 2 h 增加到 6 h 时，浊度逐步降低明显，而在曝气时间达到 8 h 时，由于待处理溶液中 C 源不足，微生物活性降低，出现污泥大量死亡现象，导致浊度上升，出水水质有所下降，故认为在该实验条件下，SBR 处理米粉工业废水的适宜曝气时间为 6 h。

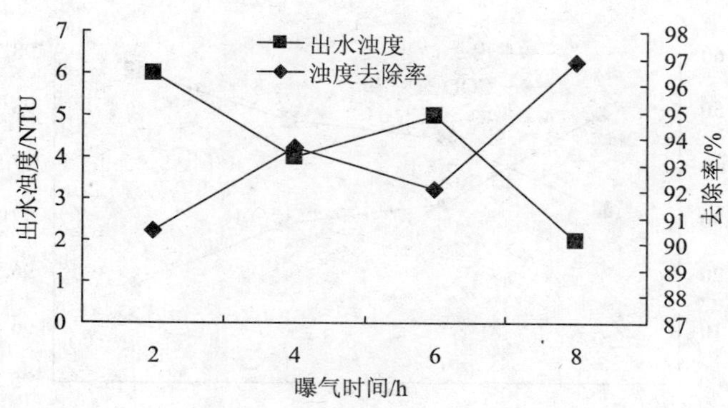

图 2-5-2 不同反应时间浊度的去除效果

（2）进水量与处理效果的关系

保持污泥总量基本不变，改变进水量，SBR 反应池内的污泥负荷也因而改变，影响污水处理效果。根据实验批次选择进水量，测试了反应器内 MLSS、pH 值等现场实验指标如表 2-5-2 所示。

表 2-5-2 改变进水量实验组水质各项指标值

进水量 L	混合液 pH	混合液 MLSS/（mg/L）	混合液容积/L	混合液 COD 污泥负荷/[kg/（kgMLSS・d）]
4.3	7.62	4 532	33.15	0.20
8.6	6.95	4 000	39.78	0.38
10	7.04	3 940	49.78	0.36
12	7.12	4 264	38.95	0.37

控制实验条件为曝气时间 6 h，进气量 50 L/h，闲置时间为 1h，排出比 1∶2，pH=7 左右；变化实验参数取处理水量 4.3 L、8.6 L、10L，监测出水的 COD 和浊度，并绘制不同处理量出水中 COD 去除率和出水水质随处理水量的变化曲线，考察进水量与处理效果的关系，结果如图 2-5-3、图 2-5-4 所示。

由图 2-5-3 可以看出：在进气量、排出比、pH、沉淀时间、闲置时间相同的条件下，进水量由 4.3 L 增加到 12 L，出水 COD 逐步上升，去除率呈下降趋势，且在每批次进水量为 4.5 L 和 10 L 时出现下降剧增趋势，但从去除率来看，所有批次实验的 COD 去除率均可达到 96.3%以上，COD 浓度也降至 30～60 mg/L，说明实验条件下，选用进水量范围内的变化对反应器处理效果影响不大，且能保持良好的去除效果；从图 2-5-4 来看，各对比实验获得的出水浊度均较低，每批次进水量为 4.5 L 至 10 L 时，浊度逐步降低明显，而进水量为 12 L 时，浊度有所上升，但是都在 1 NTU 之内，影响不大。故认为在该实验条件下，从图 2-5-3 和图 2-5-4 来看，在实验范围内进水量对 SBR 处理米粉工业废水的处理效果影响不大，而从理论效果来看，适宜的进水量应取 10 L，即 COD 污泥负荷为 0.2～0.3 kg/(kgMLSS・d)，进水量与反应器溶液体积比为 1/5 时处理效果最佳。

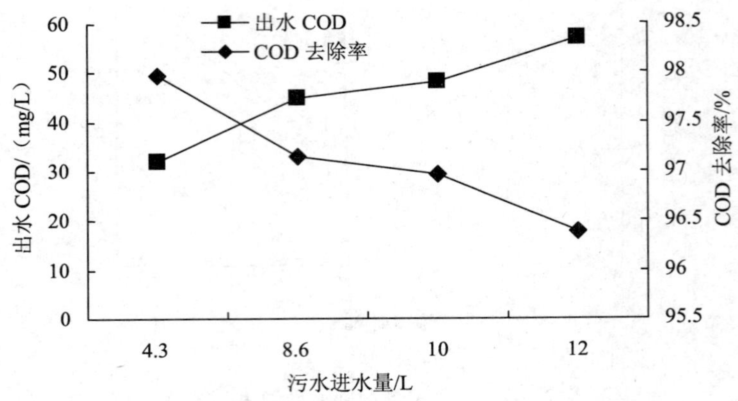

图 2-5-3　进水量与出水 COD 去除效果关系曲线

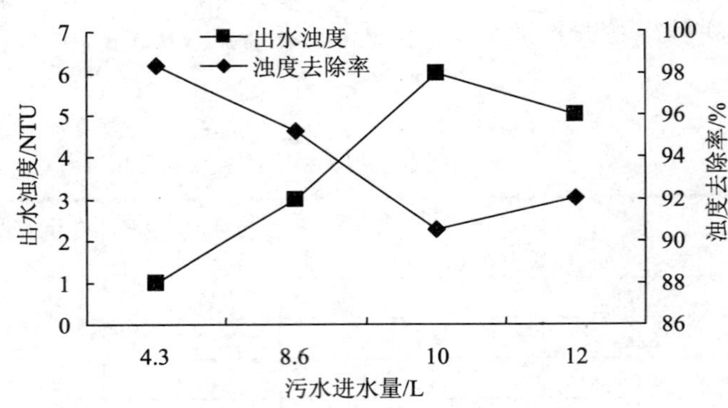

图 2-5-4　进水量与出水浊度关系曲线

四、结论

（1）通过实验得出该 SBR 系统最佳运行条件：进气量为 50 mL/h、反应时间为 6 h、沉淀时间为 1 h、闲置时间为 1 h、pH=7，此条件下 COD 的去除率可达 96%以上，浊度的去除率在 90%以上。采用 SBR 工艺处理米粉工业废水，在本实验所确定的运行周期条件下，当进水 COD 浓度为 900～2 800 mg/L，污泥负荷为 0.20～0.36kg/（kgMLSS·d）时，出水水质可达到《城镇污水处理厂污染物排放标准》（GB 18918—2002）一级标准。

（2）该工艺采用小型废水生物处理模型，运行周期短、处理效率高、出水水质好，以此作为学生实验，无论从水质监测指标还是感官指标都具有良好的效果。SBR 工艺对水质、水量的变化具有较强的耐冲击能力，在实验确定条件下，实验进水量对 COD、浊度去除影响不大，这一特性对处理水质、水量变化较大的工业废水是一种理想的工艺选择。将 SBR 工艺作为成套设备推广具有较强的实用性，可以解决一大批还不能进入大型污水处理厂的污染源，如中、小规模的米粉厂废水和小区生活污水的处理等。

参考文献

[1] 刘晓阳，吕伟娅．SBR 法及其在废水处理中的应用与发展[J]. 南京建筑工程学院学报，2001.

[2] 何耕，刘成．序批式活性污泥法（SBR）的研究综述[J]. 安徽建筑工业学院学报（自然科学版），1998.

[3] 魏瑞霞，孙剑辉，陈金龙．SBR 法处理废水的影响因素[J]. 重庆环境科学，2003.

[4] 严煦世．水和废水技术研究[M]. 北京：中国建筑工业出版社，1982.

[5] 李亚新．活性污泥法理论与技术[M]. 北京：中国建筑工业出版社，2007.

[6] 周正立，张悦．污水生物处理应用技术及工程实例[M]. 北京：化学工业出版社，2006.

[7] 张学洪，张力，梁延鹏．水处理工程实验技术[M]. 北京：冶金工业出版社，2008.

[8] 陆燕勤，张学洪，许立巍，等．两相厌氧——SBR 法处理米粉厂废水工程实践[J]. 广西科学，2002，9（4）.

报告六　曝气生物滤池处理米粉废水技术报告

一、概述

米粉（又称米线、米面、线粉）是我国南方民众喜爱的食品之一，米粉加工历史悠久，种类多样。当以大米为原料生产米粉时，需要对大米进行清洗、浸泡、磨粉、搅拌、蒸粉、压条、干燥等一系列加工前处理。然而，在这些加工工序中，不可避免地产生大量的废水。在这些废水中含有大量的有机物，主要为淀粉和蛋白质。并且废水中的化学需氧量较高，如果将其直接排放必将带来环境污染，引起公害，同时也会造成资源的极大浪费。针对这一情况，米粉厂通常是将这些废水低价承包给附近居民，居民将沉淀得到的废渣直接用作喂养家畜的饲料。这种使用方式原始，营养物质利用率较低，当高温时节如运输不及时则易变质、腐烂发臭，甚至会滋生蚊蝇，所以此使用方式经济效益和社会效益都较差。为此，我们探讨了采用微生物的方法来快速处理米粉加工废水。

曝气生物滤池（biological aerated filter，BAF）是在普通生物滤池的基础上，结合活性污泥法、生物接触氧化法工艺的优点而建立起来的一种新型水处理工艺。BAF 对 COD、NH_3-N 等污染物的去除主要通过两种途径：一是依靠附着在滤料表面上的大量微生物的硝化和反硝化作用对水中溶解性有机物进行降解；二是利用滤料本身所具有的截留过滤功能，对游离性污染物通过物理截留加以去除。本实验采用上向流式 BAF，选用轻质球形聚乙烯颗粒为滤料，对城市米粉加工废水中的 COD 和 SS 等去除效果进行研究，以期为实际工程应用提供参考。

二、研究内容和实施情况

1．指导学生在课余时间采集米粉废水。

2．学生在进水流量为 25.4 L/h、42.0 L/h、60.0 L/h、12.5 L/h 4 种水力负荷条件下，研究 BAF 工艺对米粉废水 COD_{Cr}、pH 值、浊度和 SS 的处理效果。

三、实验运行技术报告

1．实验装置

装置如图 2-6-1 所示，曝气生物滤池型号为 TG-335。曝气生物滤池由进水水箱及 BAF 反应器两大部分组成，另配液体转子流量计 1 台（Q=200～1 000 L/h）和气体鼓风计量计

1 台（Q=0.25～2.5 m^3/h）。BAF 反应器采用透明有机玻璃柱加工而成，柱长和宽皆为 0.4 m，柱总高度 0.8 m，底部是气、水混合室，高度 0.1 m，滤料高 0.3 m。实验选用粒径 4～5 cm 的球形塑料滤料，进水方式为上向流，反冲洗采用气、水联合反冲洗的方式，每次反冲洗时间 20 min，反冲洗周期为一天，反冲洗气的强度为 2.5 m^3/h，反冲洗用水为实验处理后的出水。

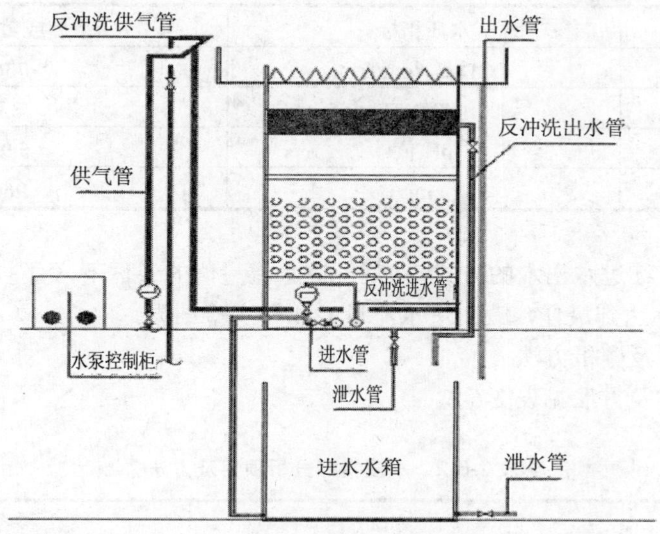

图 2-6-1 曝气生物滤池

2．曝气生物滤池的挂膜与启动

曝气生物滤池（BAF）的挂膜与启动是运行其工艺程序、实现废水处理功效的前提，主要由污泥驯化、挂膜、启动三部分组成。

（1）活性污泥的驯化

为快速实现活性污泥驯化，缩短实验运行周期，本次实验研究的污泥直接取自某生活污水处理厂 SBR 池。将活性污泥和实验水样加入反应器中，调节曝气量为 0.15 m^3/h（具体应根据 DO 进行调整），控制 pH 值为 7～8，温度控制在 25±2℃。向反应器中投加适量营养盐，为微生物的生长提供必要的微量元素。培养 10 h 后，污泥的颜色由黑色逐渐变为棕色，21 h 后，变为黄褐色絮状沉淀，污泥絮体较大，吸附性能较强，为下一步滤料的挂膜提供了很好的条件。

（2）BAF 的挂膜

确定污泥驯化成功后，提高曝气量到 0.5 m^3/h 进行连续曝气，每日向反应器中加入模拟污水 5 L，并加入适量营养盐。运行 4 d，反应器内滤料上附着大量丝状絮状体，滤料表面包裹的生物膜颜色逐渐加深，由灰白色绒状慢慢转变为浅黄色生物膜，经剥离后镜检发现，生物膜中有大量的微生物；同时监测进出水的 COD，最后 COD 的去除率达到 81%以上，出水水质比较稳定，BAF 挂膜成功。

（3）实验水质及实验方法

本实验所用污泥取自桂林市七里店污水处理厂，污泥的浓度为 3 274 mg/L，向容积约为 100 L 的 BAF 反应器内加入 30 L 污泥，此时米粉废水中的污泥浓度为 2 250 mg/L，基本符合要求。整个实验过程中，水温 25～30℃，在进水流量为 12.5 L/h、25.0 L/h、42.0 L/h、60.0 L/h 四种水力负荷条件下，研究 BAF 工艺对米粉废水 COD_{Cr}、pH 值、浊度和 SS 的处理效果。

表 2-6-1 原水主要水质指标

序号	水质指标	浓度或数值范围
1	COD_{Cr}/（mg/L）	736
2	浊度/NTU	33
3	pH 值	5.95
4	SS/（mg/L）	966

本实验采用连续进水出水的方式，在某一进水流量值的条件下，每隔 1～2 h 取样监测，直到 COD_{Cr} 去除率达到最佳，改变进水流量，比较实验结果。

（4）测定项目及分析方法

实验所测项目及方法见表 2-6-2。

表 2-6-2 水质指标分析项目及方法

项目	方法	参考标准
COD_{Cr}/（mg/L）	重铬酸钾加热回流法	国家环境保护标准 HJ/T 399—2007
浊度/NTU	浊度仪	国家环境保护标准 HJ/T 98—2003
pH 值	pH 测定仪	国家环境保护标准 HJ/T 96—2003
DO/（mg/L）	溶解氧测定仪	国家环境保护标准 HJ/T 99—2003

（5）实验结果与讨论

曝气生物滤池处理米粉废水出水水质见表 2-6-3、表 2-6-4、表 2-6-5、表 2-6-6。

表 2-6-3 进水流量为 12.5 L/h 时出水水质

Q=12.5 L/h（第四天）；停留时间：8 h							
时间/h	COD_{Cr}/（mg/L）	pH 值	浊度/NTU	SS/（mg/L）	DO/（mg/L）	COD_{Cr} 去除率/%	SS 去除率/%
0	733	5.95	25	933	0.54	0	0
8	239	6.44	11	330	3.36	67.39	64.63
9	205	6.87	5	321	3.55	72.03	65.59
10	168	7.00	4	312	3.43	77.08	66.56
11	116	6.99	3	266	3.66	84.17	71.49
12	107	7.03	3	240	3.50	85.40	74.28

由表 2-6-3 可以看出，在 Q=12.5 L/h 的条件下，随着水力停留时间的增加，出水 COD_{Cr} 逐渐降低。当水力停留时间达到 11 h 时，出水 COD_{Cr} 及 SS 去除率分别为 84.17%和 71.49%，延长水力停留时间至 12h，COD_{Cr} 及 SS 去除率略有升高，COD_{Cr} 去除率最高达 85.40%。

表 2-6-4 进水流量为 25 L/h 时出水水质

Q=25.0 L/h（第一天）；停留时间：3.9 h							
时间/h	COD_{Cr}/（mg/L）	pH 值	浊度/NTU	SS/（mg/L）	DO/（mg/L）	COD_{Cr} 去除率/%	SS 去除率/%
0	709	5.95	40	987	0.54	0	0
4	354	6.20	5	387	3.77	50.07	60.79
5	206	6.20	4	361	4.20	70.94	63.42
6	166	6.36	4	350	3.90	76.59	64.54
7	142	6.49	4	296	3.99	79.97	70.01
8	140	6.78	4	263	3.33	80.25	73.35

由表 2-6-4 可以看出，在 Q=25 L/h 的条件下，随着水力停留时间的增加，出水 COD_{Cr} 逐渐降低。当水力停留时间达到 6 h 时，出水 COD_{Cr} 及 SS 值去除率分别为 76.59%和 64.54%。

表 2-6-5 进水流量为 42 L/h 时出水水质

Q=42.0 L/h（第二天）；停留时间：2.4 h							
时间/h	COD_{Cr}/（mg/L）	pH 值	浊度/NTU	SS/（mg/L）	DO/（mg/L）	COD_{Cr} 去除率/%	SS 去除率/%
0	764	5.94	37	976	4.44	0	0
2.5	425	6.20	14	385	4.60	44.37	60.55
3.5	311	6.51	13	351	4.20	59.29	64.04
4.5	240	6.42	11	332	4.30	68.59	65.98
5.5	230	6.46	5	307	4.10	69.89	68.55
6.5	233	6.73	4	268	4.40	69.50	72.54

由表 2-6-5 可以看出，在 Q=42.0 L/h 的条件下，随着水力停留时间的增加，出水 COD_{Cr} 逐渐降低。当水力停留时间达到 4.5 h 时，出水 COD_{Cr} 及 SS 去除率分别为 68.59%和 65.98%，延长水力停留时间至 6.5 h，COD_{Cr} 及 SS 去除率基本不再升高。

表 2-6-6 进水流量为 60 L/h 时出水水质

Q=60.0 L/h（第三天）；停留时间：1.7 h							
时间/h	COD_{Cr}/（mg/L）	pH 值	浊度/NTU	SS/（mg/L）	DO/（mg/L）	COD_{Cr} 去除率/%	SS 去除率/%
0	721	5.94	40	1 000	6.84	0	0
2	610	6.42	22	969	6.60	15.39	3.10
4	575	6.98	15	714	6.70	20.25	28.60
6	526	7.33	8	441	6.66	27.05	55.90
8	496	6.80	13	203	6.90	31.21	79.70
10	429	7.03	2	278	6.88	40.50	72.20
12	420	7.12	3	276	6.20	41.75	72.40

由表 2-6-6 可以看出，在 Q=60 L/h 的条件下，随着水力停留时间的增加，出水 COD_{Cr} 逐渐降低。当水力停留时间达到 10 h 时，出水 COD_{Cr} 及 SS 值最低，去除率分别为 41.75% 和 72.40%，但延长水力停留时间至 12 h，COD_{Cr} 及 SS 去除率没有继续升高，反而略有下降。

由上可知，处理微污染源水时，一般采用的进水流量为 12.5～25.0 L/h，水力停留时间为 6～12 h。在此范围内降低进水流量或延长水力停留时间可在一定程度上提高对有机物的去除效率，但提高幅度不大。研究表明，当运行到一定周期时，COD_{Cr} 基本不再降低，达到一个稳定阶段，表明可生物降解有机物接近完全降解，进一步提高停留时间也不能显著增加有机物去除率。

（6）结论

① 采用活性污泥进行 BAF 的挂膜和启动，所需周期较短，挂膜的速度比较快而且对污染物的去除效果较好，挂膜结束后，COD 和 SS 的最大去除率分别达到了 85.4% 和 74.3%。

② 水力停留时间对生物滤池的效能有明显影响，缩短水力停留时间后反应器对 COD、SS 的去除率逐渐下降。

③ 生活污水的 pH 对反应器的处理效果基本没有影响，生活污水的 pH 值为 5.9～7.1 时，曝气生物滤池对 COD、SS 的去除率基本不变。

④ 进水流量的控制是实现曝气生物滤池良性运行的重要因素之一，一般不宜过大，否则工艺去污能力将严重下降。

参考文献

[1] 沈群，谭斌，张敏，等. 粮食加工技术[M]. 北京：中国轻工业出版社，2008.

[2] 夏振先，齐惠阳，高淑杰，等. 利用淀粉废水生产单细胞蛋白（SCP）的研究[J]. 饲料博览，1991（4）：7-9.

[3] 李洁，李春艳，陈青，等. 利用废水进行单细胞蛋白质生产的研究[J]. 承德民族师范专科学校学报，2003，2（23）：77-78.

[4] 李素玉，魏杰，李玉，等. 酵母菌净化并资源化淀粉工业废弃物的研究与探讨[J]. 辽宁大学学报：自然科学版，2005，1（32）：28-30.

[5] 田文华，文湘华，钱爱华，等. 沸石生物滤池处理低浓度生活污水的工艺性能及影响因素[J]. 环境科学，2003，24（5）：97-101.

[6] 王虹. 再生水工艺中曝气生物滤池的特性研究[J]. 环境工程，2009，27（3）：9-11.

[7] 周正立 张悦. 污水生物处理应用技术及工程实例[M]. 北京：化学工业出版社，2006.

[8] 刘景艳 曹国凭. 曝气生物滤池的实践与应用[J]. 河北工业大学学报：自然科学版，2011，33（1）：165-168.

报告七 城市污水处理厂活性污泥反硝化聚磷特性检测实验技术报告

一、概述

近年来，在污水处理实验和实际工程中人们都发现反硝化除磷现象，反硝化除磷技术是用厌氧/缺氧交替环境来代替传统的厌氧或好氧环境，培养驯化出以硝酸根作为最终电子受体的反硝化聚磷菌（denitrifying phosphorus removing bacteria，DPB）优势菌种，通过菌群的代谢作用在缺氧条件下同步实现吸磷和反硝化作用，实现“一碳两用”，达到脱氮除磷的双重目的。与传统生物脱氮除磷技术相比，该技术缓解了传统污水处理系统中反硝化和释磷对碳源的需求矛盾、硝化菌和聚磷菌（PAOs）所需的最佳 SRT 相抵触等矛盾，同时能够起到减少曝气量、节约能耗、降低污泥产量的作用。

1993 年荷兰 Delft 大学的 Kuba 在实验中观察到：在厌氧/缺氧交替运行条件下，易富集一类兼有反硝化作用和除磷作用的兼性厌氧微生物，该微生物能利用 O_2 或 NO_3^- 作为电子受体，其基于胞内 PHB 和糖原质的生物代谢作用与传统 A/O 法中的聚磷菌（PAO）相似。对于这种现象有关研究者认为生物除磷系统中的 PAO 可分为两类菌属，其中一类 PAO 只能以氧气作为电子受体，而另一类则既能以氧气又能以硝酸盐作为电子受体，因此它们在吸磷的同时又能进行反硝化。

目前，国际普遍认可和接受的生物反硝化除磷理论是聚磷菌吸磷和释磷原理：在厌氧/缺氧交替运行条件下培养驯化出聚磷菌的一类微生物，它能够以硝酸盐、亚硝酸盐、氧气作为电子受体；聚磷菌体内的 PHB 和糖原质生物代谢原理与传统 A/O 法中的 PAOs 相似。

在生物除磷系统中，厌氧过程是微生物吸收进水中的有机碳源、为后续除磷脱氮提供电子供体的主要场所。因此，厌氧段 HRT 长短对系统的除磷脱氮效果起着关键作用。研究发现，A2N 工艺中厌氧段 HRT 对厌氧释磷和后续缺氧聚磷产生极大的影响。厌氧段的 HRT 太长，系统将出现没有有机物吸附的无效释磷。无效释磷对于 DPB 胞内 PHA 的合成没有任何贡献，并且缺氧段氮和磷的去除率并没有因为厌氧段释磷量的增加而提高。如果厌氧段的 HRT 较短，DPB 在厌氧段则不能完全吸收进水中的易降解 COD 并转化成 PHA 储存，然而后续的缺氧段和好氧段，DPB 胞就不会有足够的 PHA 作为电子供体过量吸磷。而且由于电子供体的不足，缺氧段对氮的去除也受到影响。因此处理实际生活污水时为达到较好的除磷脱氮效果，需要通过实验以确定研究污泥最佳的厌氧段 HRT。

反硝化除磷菌工艺被誉为 21 世纪适合可持续发展的绿色工艺，能将反硝化脱氮和生物除磷这两个本来认为彼此独立的作用合二为一，同时能够节省碳源和曝气量，减少污泥产量，特别是能够解决我国南方城市市政污水普遍存在 C/N 或 C/P 偏低的问题。因而，反硝化除磷工艺是一种成本低、运行效果好的新的脱氮除磷工艺，对我国市政污水的深度除磷脱氮处理具有相当大的现实意义。

二、研究内容和实施情况

1．活性污泥来源

实验用活性污泥分别取自桂林市七里店污水处理厂、桂林市第四污水处理厂和桂林市北冲污水处理厂氧化沟出口处。三个污水处理厂分别建于不同时期，工艺及运行条件各不相同，但三者均是在一定好氧、缺氧及厌氧条件下交替运行实现污水中污染物的去除，而这为反硝化聚磷菌的生存提供了条件。具体来说，七里店污水处理厂于 1989 年建成投产，设计日处理能力 4 万 t，主体构筑物为八廊道卡罗瑟尔氧化沟，无独立厌氧池，运行过程中对其中 4 个廊道进行曝气充氧，曝气区域与未曝气区域之比为 1∶1，使缺氧、好氧反应同时发生在氧化沟中，即为 A/O 工艺。第四污水处理厂于 1996 年建成投产，日处理能力 10 万 t，主体 Carrousel 氧化沟前设独立厌氧池，厌氧池内设计水力停留时间为 0.6h。缺氧和好氧过程在氧化沟内完成，沟内曝气区域与未曝气区域之比为 2∶1，水力停留时间为 7.4 h，即 A/C 工艺。北冲污水处理厂于 2005 年投产，日处理能力 3 万 t，为 A^2/O 工艺，混合曝气池前设独立厌氧池和独立缺氧池，其中曝气池设计水力停留时间为 7.7 h，厌氧池和缺氧池设计水力停留时间均为 1.4 h。

2．实验步骤

实验在温度为 25℃条件下进行，分为厌氧释磷、好氧聚磷和反硝化聚磷三部分，以比较不同污水处理厂活性污泥反硝化聚磷效果及 DPB 与 PAO 的相对比例。其中，厌氧释磷实验时间为 3 h，将取自三个污水处理厂氧化沟好氧末端的等量活性污泥（泥水混合液）分别置于密闭容器中，加入碳源（NaAc，COD 200 mg/L），初始碳源浓度为加入的碳源量（COD）和原有 COD 浓度之和。厌氧过程共取样 4 次，取样时间分别为 0.5 h，1 h，2 h，3 h。厌氧释磷实验结束后各组活性污泥均释放了大量的磷，随即开展聚磷实验，时间为 4 h。将释磷结束后的每组活性污泥进行震荡，泥水混合均匀后平均分为 2 份，其中一份加入一定量的硝酸盐氮（40 mg/L），另一份进行曝气充氧，溶解氧浓度控制为 2～3 mg/L。取样时间分别为 3.25 h，3.5 h，4 h，5 h，6 h 和 7 h（延续厌氧段实验计时）。

3．分析测试

所取水样经离心后（3 000 r/min，5 min）采用国家规定标准方法测定 COD、TP、硝酸盐氮、氨氮及 MLVSS 指标。

三、实验运行技术报告

1．七里店处理厂活性污泥（A/O 工艺）

从 A/O 工艺活性污泥磷的释放实验结果来看（图 2-7-1），尽管七里店污水厂无独立厌氧池，但当污泥中有足量碳源存在时，经过 3 h 的厌氧过程，总磷的释放量由 2.74 mg/L 增加到 28.80 mg/L，说明该污水处理系统有除磷菌的存在，且在厌氧过程中表现出较好的释磷能力。在此过程中，水样中的 COD 浓度由 218.2 mg/L 降低到 171.36 mg/L。对于氮来说，在 3 h 活性污泥厌氧过程中，水体中 NH_4^+-N 和 NO_3^--N 浓度基本保持稳定，氨氮的平均浓度保持在 1 mg/L 以下，而 NO_3^--N 浓度在 5 mg/L 左右。

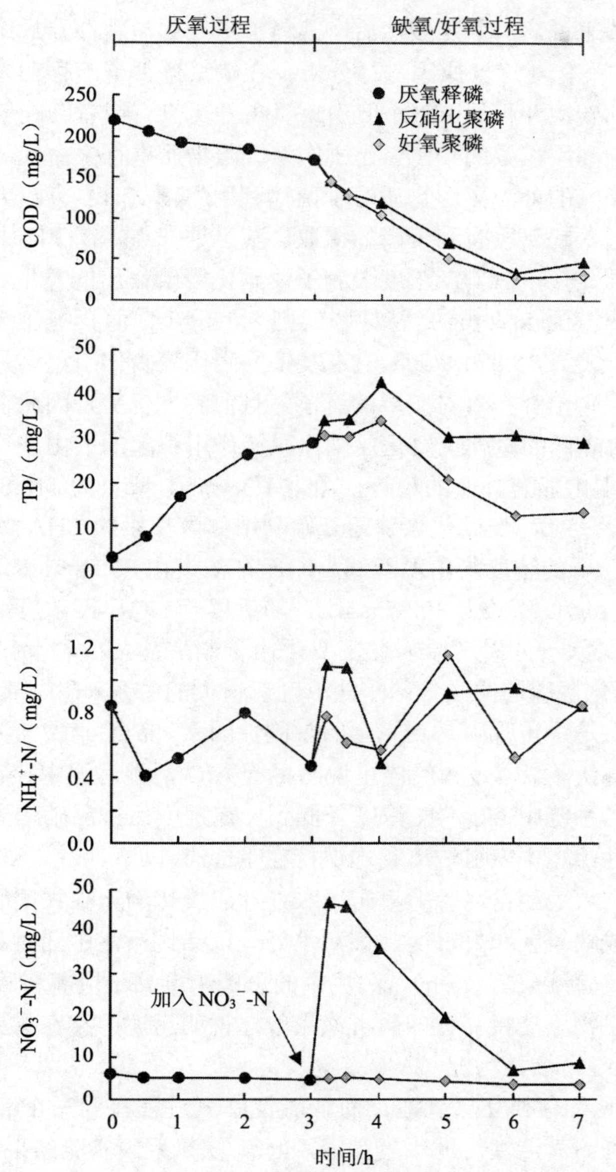

图 2-7-1 七里店污水处理厂活性污泥厌氧释磷及好氧、缺氧聚磷

厌氧释磷结束后随即开展好氧聚磷和缺氧聚磷实验，在聚磷实验开始后的最初一个小时之内（即 3～4 h），无论是加入硝酸盐氮还是进行曝气的活性污泥均未立即出现聚磷现象，而是持续释磷至第 4 h，此时，加入硝酸盐氮的活性污泥总磷浓度由 3 h 时的 28.80 mg/L 增加到 42.88 mg/L，而进行曝气的活性污泥总磷浓度则增加到 33.99 mg/L。由此可见，尽管本组活性污泥所处环境条件已改变为聚磷状态，但微生物由厌氧释磷过程转变为聚磷过

程仍经历了约 1 h 的过渡时间。其中好氧聚磷作用推迟的原因可能是活性污泥中聚磷菌的活性有限，对环境改变的响应能力不灵敏，加之曝气量的限制，使得污泥混合液达到好氧状态并释磷经历了一段时间的滞后；在第 4 h 后活性污泥开始聚磷，在 4～6 h 的好氧聚磷过程中，活性污泥中总磷浓度由 33.99 mg/L 降低为 12.44 mg/L，之后总磷浓度基本稳定。

对于反硝化聚磷来说，加入硝酸盐后，其释磷量经历短暂停滞后继续大幅升高，结合此阶段 COD 浓度的变化对这一原因进行分析。在缺氧条件下若存在外部碳源物质，则聚磷菌倾向于摄取外部碳源并积累 PHB，但当缺氧条件下没有或者存在较少的外部碳源物质时，聚磷菌则倾向于利用积累的 PHA 物质作为碳源物质进行生命代谢活动，并出现摄磷现象。因此进入缺氧区的外源碳源物质对于菌体利用/积累 PHA 有较大的影响，较少或者没有外源碳源物质进入缺氧段有利于磷的摄取。基于这一点，在 3 h 时，活性污泥中 COD 浓度为 171.36 mg/L，较高的 COD 浓度限制了反硝化聚磷作用的发生。此外，硝酸盐自加入至活性污泥后，浓度由 51.2 mg/L 持续降低到 8.5 mg/L，而其中在 3～4 h，尽管硝酸盐浓度由 51.2 mg/L 降低到 35.87 mg/L，但未发生反硝化聚磷作用，这是由于污泥中的反硝化脱氮菌和反硝化聚磷菌存在着对碳源的竞争，且前者占优势，因此在加入硝酸盐后的最初的 1 h 内，硝酸盐降低的原因主要是反硝化脱氮作用引起的。由于反硝化脱氮过程对碳源的需求，COD 表现出显著降低的趋势，由 171.36 mg/L 降低为 118.8 mg/L。随着外部碳源浓度的降低，在 4～5 h，反硝化聚磷菌开始利用体内积累的 PHA 物质作为碳源进行摄磷，此时，硝酸盐和总磷的浓度均出现降低，NO_3^--N 浓度由 35.88 mg/L 降低为 19.47 mg/L，而总磷浓度由 42.88 mg/L 降低为 30.55 mg/L。随后尽管 NO_3^--N 浓度继续降低，但总磷浓度未出现继续降低现象，分析其原因这主要是由于硝酸盐浓度和反硝化聚磷菌活性的影响。一般来说，反硝化聚磷的发生与硝酸盐浓度有很大的关系，在内部碳源充足的前提下，硝酸盐氮浓度的大小是决定吸磷是否完全的限制性因素。初始硝酸盐浓度越高，反硝化速率和缺氧聚磷速率越快。聚磷过程的停止说明尽管 A/O 活性污泥中存在反硝化聚磷菌，但其活性不强，因此当系统中 NO_3^--N 浓度降低到一定程度后，反硝化聚磷过程停止。在整个实验过程中，活性污泥中氨氮浓度基本保持在 1 mg/L 以下。

聚磷过程实验结果表明：尽管七里店污水处理厂氧化沟无独立厌氧池，但通过曝气的控制在氧化沟内形成缺氧区和好氧区，该污水处理厂活性污泥中同时存在 DPB 和 PAO，但好氧及缺氧聚磷实验结束后（7 h），污泥中的总磷浓度高于厌氧释磷前（0 h）的总磷浓度，即污泥中的微生物不能将释放的磷再次摄取，说明污泥中存在的聚磷菌活性不强。

2．第四污水处理厂活性污泥（A/C 工艺）

第四污水处理厂具有独立厌氧池，而缺氧及好氧过程在同一个氧化沟中进行，即为 A/C Carrousel 氧化沟。其活性污泥厌氧释磷，好氧/缺氧聚磷实验结果如图 2-7-2 所示。厌氧初期 1 h 内，随着 COD 浓度的迅速降低（由 208.08 mg/L 降低为 151.2 mg/L），总磷浓度迅速升高，经过 3 h 的厌氧释磷过程，活性污泥中磷浓度由 11.36 mg/L 增加到 49.61 mg/L，表现出较好的释磷效果。与七里店污水处理厂类似，厌氧过程中 NH_4^+-N 和 NO_3^--N 浓度基本稳定。在厌氧释磷转变为好氧聚磷的过程中，未出现如 A/O 活性污泥的过渡阶段，曝气充氧后，活性污泥中磷浓度随即降低，说明该活性污泥中聚磷菌对环境变化有很强的响应能力，活性较好。在 3～5 h，总磷浓度由 49.61 mg/L 持续降低到 3.75 mg/L，随后总磷浓度缓慢降低，到好氧聚磷结束时（7 h），污泥中总磷浓度为 2.20 mg/L，厌氧过程释放的磷被微生物重新摄取，活性污泥聚磷量达到最大值。

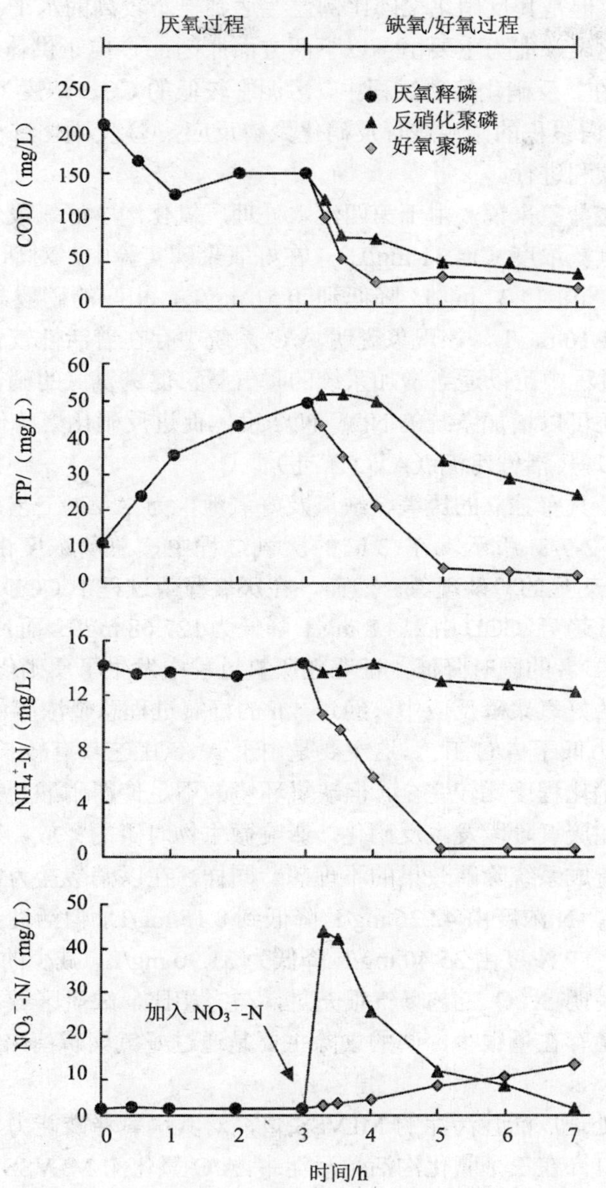

图 2-7-2 第四污水处理厂活性污泥厌氧释磷及好氧、缺氧聚磷

对于反硝化聚磷来说，与七里店污水处理厂污泥反硝化聚磷实验类似，在硝酸盐氮加入后的一段时间（3～3.25 h）内磷浓度未出现降低现象，反而持续升高，由 49.61 mg/L 升高到 50.35 mg/L，在此期间 NO_3^--N 浓度降低，如前所述，其原因主要是由于反硝化脱氮菌与反硝化聚磷菌的竞争造成的。从第 3.25 h 后，磷浓度开始降低，即 A/C 工艺污泥由厌氧释磷到反硝化聚磷过程的转变历时较 A/O 工艺短，除了前述碳源的作用外，说明该系统中反硝化聚磷菌活性较好。在 4～5 h，总磷降低速度最大，由 50.35 mg/L 降低到 34.05 mg/L。

到第 7 h 时，总磷浓度降低到 24.69 mg/L。与好氧聚磷相比，尽管反硝化聚磷发生后仍有较高的剩余磷浓度，但是其反硝化聚磷比例已经达到一个较高的水平。第四污水处理厂活性污泥较强的反硝化聚磷能力主要由于以下两方面原因：① 电子供体（碳源）与电子受体（硝酸盐）未同时存在，反硝化聚磷过程中，污泥中较低的 COD 浓度（60.48～30.96 mg/L）保证了 DPB 利用体内累积的碳源进行反硝化聚磷反应；② 反硝化过程中足够的硝酸盐的存在保证了反应的顺利进行。

对于氨氮和硝酸盐氮来说，由于第四污水处理厂氧化沟中好氧段偏短（约 5 h），导致系统出水中较高的氨氮浓度（14.31 mg/L）。在好氧聚磷实验中，对活性污泥进行曝气后，氨氮浓度迅速降低，由 14.31 mg/L 降低到 0.51 mg/L，相应的硝酸盐浓度逐渐升高，由 1.93 mg/L 升高到 11.16 mg/L，该现象说明 A/C 系统中存在着活性较强的硝化菌。因此，A/C 氧化沟在运行过程中可以适当增加系统的曝气量，促进氨氮的硝化反应，在降低出水氨氮浓度的同时，还可以增加系统的 NO_3^--N 浓度，促进反硝化聚磷作用的发生。

3．北冲污水处理厂活性污泥（A^2/O 工艺）

北冲污水处理厂具有独立的厌氧、缺氧及好氧池，为 A^2/O 工艺，其活性污泥释磷及聚磷实验结果如图 2-7-3 所示。在 3 h 的厌氧过程中，总磷浓度由 3.68 mg/L 升高为 35.40 mg/L，表现出明显的释磷现象。然而，在厌氧释磷过程中 COD 降低的同时 NO_3^--N 浓度也出现明显减低趋势，COD 由 214.8 mg/L 降低为 127.68 mg/L，而 NO_3^--N 由 12.81 mg/L 降低为 1.88 mg/L。二者的同时降低，证明在厌氧过程中发生了反硝化反应。

在厌氧结束后的好氧聚磷反应中，经过 4 h 的好氧过程总磷浓度由 35.40 mg/L 降低为 16.41 mg/L，聚磷能力低于 A/C 工艺。这主要是由于 A^2/C 工艺具有较长的好氧时间（7.7 h），使得系统中氨氮的硝化程度比较完全，但缺氧环境的不足使得硝酸盐氮未得到充分的反硝化去除，硝酸盐氮在厌氧阶段发生反硝化，影响微生物对磷的释放，进而影响到后续的好氧聚磷过程，最终造成系统除磷效果的不理想。同样，在以硝酸盐为电子受体的反硝化聚磷实验中，尽管 NO_3^--N 浓度由 42.26 mg/L 降低到 8.15 mg/L，但活性污泥中总磷浓度未出现明显的降低现象，TP 浓度由 35.40 mg/L 降低为 31.90 mg/L，减少的 NO_3^--N 主要通过反硝化作用去除。这说明 A^2/O 工艺曝气很充足，与之相比，缺氧区域不足，这使得其活性污泥中反硝化聚磷菌存在量很少，磷的去除主要是通过好氧聚磷菌来实现的。

4．结果与讨论

根据三个污水处理厂活性污泥的 MLVSS 值，对其厌氧释磷能力及缺氧、好氧聚磷能力进行比较（表 2-7-1）。在三个氧化沟活性污泥中，A/O 氧化沟 MLVSS 值最低，为 2.18 g/L，而 A/C 氧化沟最高为 3.08 g/L，相应地，A/O 氧化沟活性污泥中碳源较其他两个氧化沟充足，其 COD/VSS 值为 100.07 mg/g，约是 A/C 工艺的 2 倍（67.56mg/g），A^2/O 工艺的 COD/VSS 值为 90.63 mg/g。三个污水处理厂 COD/VSS 顺序为：A/O>A2/O>A/C。由表 2-7-1 可知，磷的释放率随着 COD/VSS 值的增加而增大。尽管没有独立厌氧池，但七里店污水厂 A/O 工艺污泥对磷的释放率最高，为 4.17 mgP/（gVSS·h）；比较而言，A/C 中磷的释放率最低，为 3.78 mgP/（gVSS·h）。可见厌氧释磷过程受有机物含量的影响较大，而受污水处理厂工艺的影响较小。若 A/C 工艺能够提供足够的碳源，则其厌氧释磷能力有望得以进一步提升。

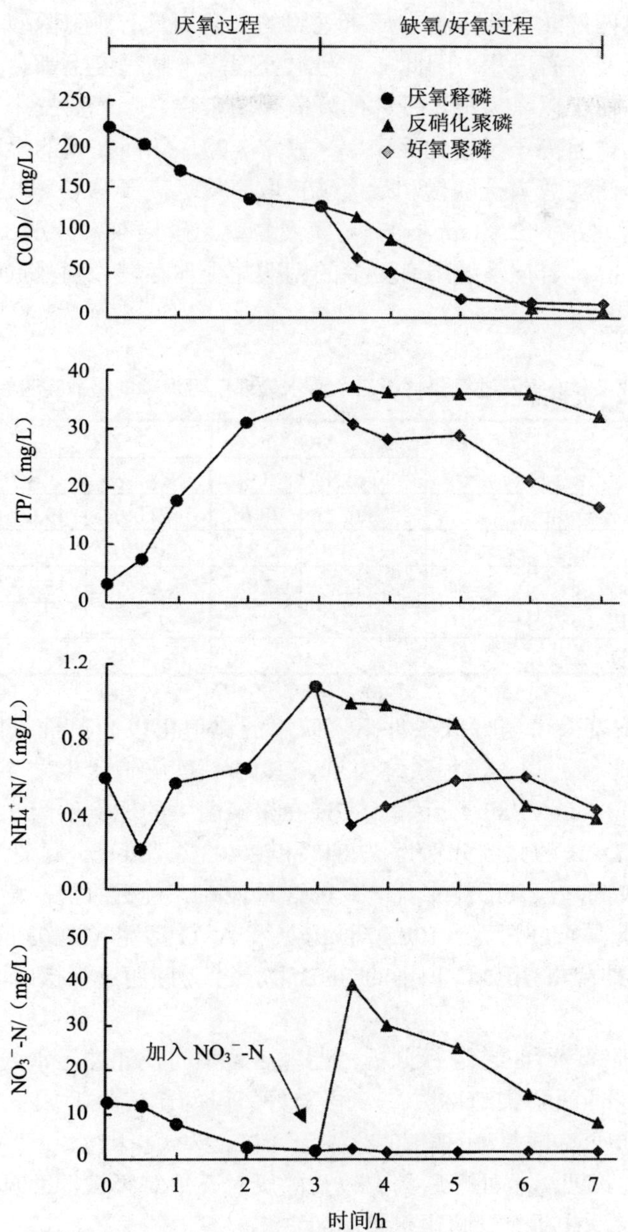

图 2-7-3　北冲污水处理厂活性污泥厌氧释磷—好氧及缺氧聚磷过程

表 2-7-1　三个污水处理厂污泥磷释放实验结果

指标	A/O	A/C	A^2/O
MLVSS/（g/L）	2.18	3.08	2.37
COD/VSS/（mg/g）	100.07	67.56	90.63
总释放磷量/（mgP/gVSS）	14.58	13.23	14.07
最大磷释放率/[mgP/（gVSS·h）]	4.17	3.78	4.02

由于七里店、第四及北冲污水处理厂所采用的工艺均具有脱氮除磷功能，水流在构筑物中经历厌氧、缺氧及好氧过程，因此三个污水处理厂不同程度上都存在一定的好氧聚磷菌和反硝化聚磷菌。对于以氧为电子受体的好氧聚磷来说，曝气后三个系统活性污泥均表现出一定的聚磷能力，且高于反硝化聚磷率（表 2-7-2），然而在磷的摄取量和摄取率上存在一定的差别。A/C 污泥总磷摄取量和最大磷摄取率均远高于 A/O 和 A^2/O 系统，尽管其 NO_3^--N/VSS 比较低，仅为 12.89 mg/g，其好氧及缺氧总磷摄取率分别 3.85 mgP/（gVSS·h）和 2.22 mgP/（gVSS·h），若该系统中有更多的硝酸盐受体存在，则其摄磷能力有望进一步提高。

表 2-7-2 好氧及缺氧条件下三个污水处理厂污泥磷的摄取实验结果

指标	A/O		A/C		A^2/C	
	NO_3^--N	O_2	NO_3^--N	O_2	NO_3^--N	O_2
COD/VSS/（mg/g）	78.61	78.61	49.09	49.09	53.87	53.87
NO_3^--N/VSS/（mg/g）	21.21	2.32	12.89	0.63	16.48	0.79
总摄取磷量/（mgP/gVSS）	2.53	7.88	8.9	15.39	2.17	8.01
最大磷摄取率/[mgP/（gVSS·h）]	0.72	2.25	2.22	3.85	0.54	2
DPB/PAO/%	32.16		57.81		27.03	

根据缺氧条件下聚磷率与好氧条件下聚磷率的比值可以简单推算出污泥中反硝化聚磷菌与总聚磷菌的比例。以 A/O 系统为例，其好氧及反硝化聚磷率分别为 2.25 mgP/（gVSS·h）和 0.72 mgP/（gVSS·h），因此 DPB 在聚磷菌中的比例约为 32.16%。依此类推，A/C 及 A^2/O 污泥中 DPB 的比例分别为 57.81%和 27.03%，可见，尽管 A/C 系统污泥在厌氧过程磷的释放率较低，但其污泥中 DPB 的含量最高。分析原因，A/C 污泥 COD/VSS（67.56 mg/g）显著低于 A/O 污泥（100.07 mg/g）和 A^2/O 污泥（90.63 mg/g），较低的外部碳源浓度使得微生物被迫利用体内积累的 PHB 物质作为碳源进行摄磷，从而有利于 DPB 的富集。

对三个污水处理厂运行工艺进行分析，七里店、第四及北冲污水处理厂的 HRT 分别为 7.5 h、8 h 和 10.5 h。七里店工艺中缺氧段与好氧段的比值为 1∶1；第四污水处理厂及北冲污水处理厂工艺厌氧/缺氧/好氧比值分别为 1∶8.2∶4.1 和 1∶1∶5.5，可见，具有较强反硝化聚磷能力的第四污水处理厂具有较长的厌氧及缺氧区域，说明城市污水处理系统中较长的厌氧及缺氧段有利于反硝化聚磷菌的富集。

对三种形式城市污水处理厂氧化沟（A/O、A/C 和 A^2/O 工艺）活性污泥开展厌氧释磷、好氧及缺氧聚磷实验研究，比较其反硝化聚磷能力，确定污泥中 DPB 的存在性和存在比例。实验结果显示，厌氧释磷与污泥中的碳源浓度有关，污泥中 COD/MLVSS 值与释磷量成正比。活性污泥的聚磷量与系统的运行方式有关，具有厌氧、缺氧及好氧段的三个污水处理厂均有 PAO 和 DPB 的存在，但 A/C 工艺活性污泥中存在较多的 DPB，且反硝化聚磷能力及好氧聚磷能力均优于其他两个工艺，这主要是由于该工艺中具有较长的厌氧及缺氧段，为聚磷菌的存在及富集提供了条件。

四、不足及建议

反硝化聚磷特性会受到外在环境因素的影响，如温度、pH 等，宜进一步开展影响因素的实验工作。

参考文献

[1] J.Y.Hu，S.L.Ong，W.J.Ng，et al. 2003. A new method for characterizing denitrifying phosphorus removal bacterial by using three different types of electron acceptors [J]. Wat. Res.，37（14）：3463-3471.

[2] Kuba T，Van Loosdrecht M C M. 1997. Occurrence of denitrifying phosphorus removal bacteria in modified UCT–type wastewater treatment plants [J]. Wat. Res.，31（4）：777-786.

[3] Bortoneg，Marsili Libelli S，Tilche A，et a1. 1999. Anoxic phosphate uptake in the DEPHANOX process [J]. Wat. Sci. Tech.，40（4-5）：177-185.

[4] Wachtmeister A，Kuba T，Van Loosdrecht M C M，et al. 1997. A sludge characterization for aerobic and denitrifying phosphorus removing sludge [J]. Wat. Res.，31（3）：471-478.

[5] Mino T. Van Loosdrecht M C M，et al. 1998. Microbiology and biochemistry of the enhanced biological phosphate removal process [J]. Wat. Res.，32（11）：3193-3207.

[6] Keren-Jespersen J P，Henze M，Trube R. 1993. Biological phosphorus release and uptake under alteration anaerobic and anoxic conditions in a fixed-film reactor [J]. Water Research，27（4）：617-624.

[7] Kuba T，Van Laodercht M C M，Heijnan J.J. 1990. Phosphorus and nitrogen removal withminimal COD requirement by integration of denitrifying dephosphatation and nitrification in a two–sludge system [J]. Wat. Res.，30（7）：1702-1710.

[8] Kuba T，Smolders G，Van Loosdrecht M C M，et a1. 1993. Biological phosphorus removal from wastewater by anaerobic – anoxic sequencing hatch reactor [J]. Wat. Sci. Tech.，27（6）：241-252.

[9] Merzouki M，Bernet N，Delgenes J P，et al. 2001. Biological denitrifying phosphorus removal in SBR: effect of added nitrate concentration and sludge retention time [J]. Wat. Sci. Tech.，43（3）：191–194.

[10] Kerrn–Jespersen J P，et al. 1993. Biological phosphorus uptake under anoxic and aerobic condition [J]. Wat. Res.，27（4）：617-624.

[11] 王亚宜，王淑莹，彭永臻. 2005. MLSS、pH 及 NO_3^--N 对反硝化除磷的影响[J]. 中国给水排水，21（7）：47-51.

[12] 马放，王春丽，王立立. 2007. 高效反硝化聚磷菌株的筛选及其生物学特性[J]. 哈尔滨工程大学学报，28（6）：631-635.

[13] 张洁，田立江，张雁秋. 2006. 反硝化聚磷菌群的培养驯化[J]. 环境污染治理技术与设备，7（5）：74-77.

[14] 豆俊峰，罗固源，季铁军. 2005. SUFR 脱氮除磷系统中反硝化聚磷菌的性能研究[J]. 水处理技术，31（6）：28-31.

[15] 刘建广，付昆明，杨义飞，等，2007. 不同电子受体对反硝化除磷菌缺氧吸磷的影响[J]. 环境科学，28（7）：1472-1477.

[16] 徐微，吕锡武，蒋彬. 2009. 反硝化聚磷污泥的培养驯化及关键参数研究[J]. 中国给水排水，16（3）：26-30.

报告八　废水生物抑性实时监控实验技术报告

一、概述

突发性环境污染事故或水质突变问题表现在污水处理厂就是由于进水水质变化造成活性污泥系统运行紊乱甚至崩溃等情况，造成出水水质恶化乃至水厂停运。而通过对进水水质生物抑制性进行实时监测，预判水质变化对污水处理厂运行的影响程度，可及时采取有效措施避免由于进水水质突变造成的出水水质恶化。

水环境研究基金会（Water Environmental Research Foundation，WERF，Alexandria，VA）工作小组的一项关于污水处理厂对早期预警装置的需求调查结果显示，70%的被调查污水厂发生过由于有毒有害物质造成的污水处理厂非正常运行，83%回应确认安装早期预警装置是“重要”或“非常重要”的，但调查结果同时显示至少 50%的污水处理厂没有安装任何形式的早期预警装置。

因此，研制能够有效对污水处理厂进水水质突变进行早期预警的装置是保障污水处理厂正常运行及出水水质稳定的切实需要。

二、研究内容和实施情况

1．活性污泥耗氧速率影响因素研究

基于某污水处理厂，用批式实验研究其活性污泥耗氧速率（OUR）受温度、pH、污泥浓度等因素影响下的变化规律，从而得到活性污泥活性的变化规律，已完成。

2．毒性物质对活性污泥耗氧速率抑制作用的规律研究

掌握污水中典型毒性物质（重金属、毒性有机物）对活性污泥耗氧速率的影响规律及其他环境因素的影响，主要包括污泥自身活性、毒性物质的形态、环境条件等，已完成。

3．废水生物抑制性实时监测系统的研制

优化废水生物抑制性实时监测系统的工作原理、各组成部分结构设计、整体外观优化设计、PLC 自控系统设计等，已完成。

三、实验运行技术报告

1．废水生物抑制性实时监控系统的原理

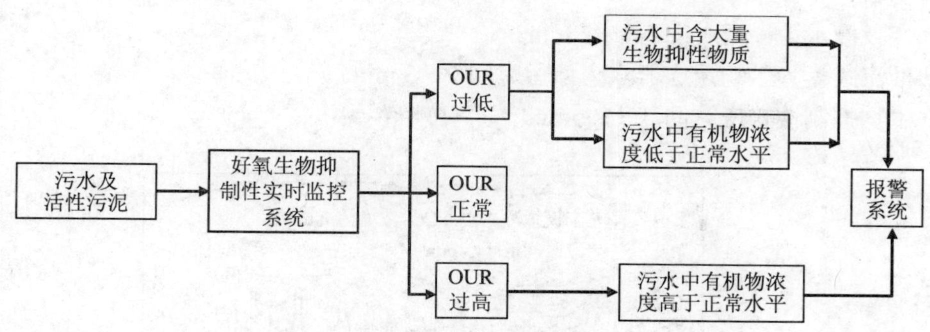

图 2-8-1 废水生物抑制在线监测装置工作原理

2．活性污泥耗氧速率影响因素研究结论

（1）温度对活性污泥 OUR 有显著影响：温度为 0～30℃时，活性污泥的 OUR 随温度的上升而升高；在 30℃达到峰值，30～35℃时 OUR 随温度变化的趋势较缓；当温度高于 35℃后，随温度的升高，OUR 降低。

（2）pH 也对活性污泥 OUR 有显著影响：随着混合液由酸到碱的变化，活性污泥 OUR 先逐渐升高而后急剧下降，在混合液 pH 略大于 8 时达到最大值，后随着混合液 pH 值继续增大而急剧降低。

（3）活性污泥 OUR 随 MLSS 的增大而略有下降。

3．毒性物质对活性污泥耗氧速率抑制作用的规律研究结论

（1）污泥自身活性是影响重金属对活性污泥 OUR 抑制作用的主要内因，主要包括污泥浓度（MLSS）、泥龄等，污泥活性越强，其对重金属耐受能力越强，反之，污泥活性越差，其对重金属毒性作用越敏感。

（2）重金属的形态不同，其毒性作用程度及机理也不同，六价铬的毒性大于三价铬，而离子态铅的毒性大于颗粒态铅。

（3）环境条件包括 pH、进水 COD、温度等，重金属对污泥活性 OUR 的抑制规律随 pH 升高先增强而后减弱，这与污泥活性随 pH 变化规律相反；短时间内（小于 10 min），不同进水 COD 条件下重金属对污泥活性抑制作用差别很小；不同温度条件下重金属对污泥活性抑制规律较为复杂，污泥活性随温度的升高先增强后减弱，在 35℃时达到峰值，但重金属毒性也随温度升高而增强，但在正常气温范围内（10～40℃），污泥活性为主要影响因素，重金属毒性变化影响很小。

（4）有毒有害物质对活性污泥 OUR 有着显著的抑制作用，随着有毒有害物质浓度的升高，活性污泥的 OUR 下降。

（5）MLSS 越高，活性污泥对毒性物质耐受能力越强。MLSS 低于 1 000 mg/L 时，活性污泥对有毒有害物质敏感，随有毒有害物质浓度增大其比耗氧速率显著降低；MLSS 大于 1 000 mg/L 时，活性污泥对有毒有害物质耐受力较强，随有毒有害物质浓度增大其比耗氧速率缓慢降低。

4．废水生物抑制性实时监测系统的研制结论及运行效果

已成功开发废水生物抑制性实时监测装置一套，其优化的工艺参数为：

污泥水量与污水水量之比：1∶3～1∶4。

曝气虹吸槽水力停留时间：1～2 min。

密闭推流式盘管生物反应器水力停留时间 2～3 min。

废水生物抑制性响应时间 5～10 min。

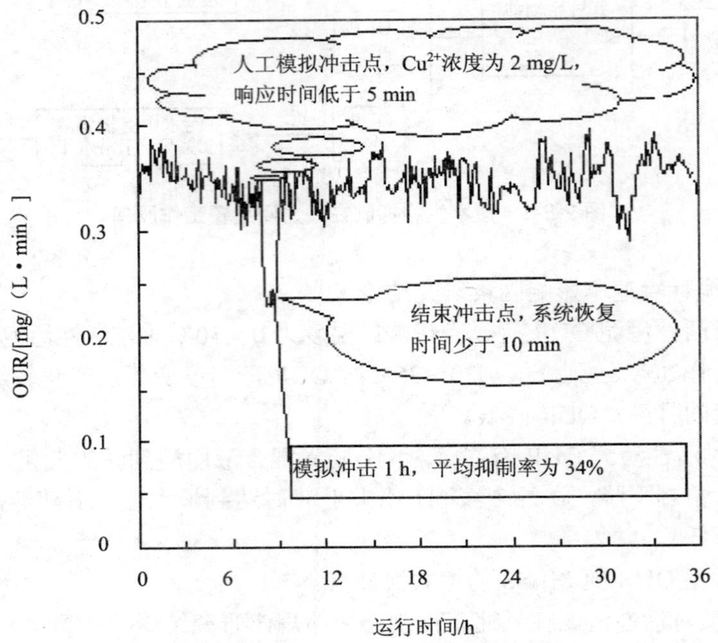

图 2-8-2 废水生物抑制在线监测装置运行

四、不足及建议

需要积累更多有毒有害物质对活性污泥的抑制规律，提高废水生物抑制性预警的准确性。

参考文献

[1] Love Ng，Bott C B．A Review and Needs Survey of Upset Early Warning Devices．Alexandria（VA）：Water Environment Research Foundation 2000.

[2] http：//www.stats.Gov.cn/tjgb/.

[3] http：//www.sdpc.Gov.cn/default.htm.

[4] 朱学峰，李艳，黄道平污水处理过程的控制与优化综述[J]. 自动化与信息工程，2009，3：7-12.

[5] 贺瑞军．城市污水处理的现状及展望政策[J]．科技情报开发与经济，2006，16（24）：181-182.

[6] 王兴润．国内外城镇污水厂污泥处理情况及我国有关经济技术政策[D]．北京：中国环境科学研究院，2009.

[7] D.J.B．Dalzell，S．Alte，E．Aspichueta，et al. A Comparison of Five Rapid Direct Toxicity Assessment Methods to Determine Toxicity of Pollutants to Activated Sludge[J]. Chemosphere，2002，47：535-545.

[8] 彭强辉，陈明强，蔡强，等．水质生物毒性实时监测技术研究进展[J]．环境监测管理与技术，2009，

21（4）：12-15.

[9] 王晓辉，金静，任洪强，等．水质生物毒性检测方法研究进展[J]．河北工业科技，2007，24（1）：58-61.

[10] Peter A.Vanrolleghem，Zaide Kong，Guido Rombouts，et al. An On-line respirographic biosensor for the characterization of load and toxicity of wastewaters[J]. Chem.Tech.，Biotechnol，1994，59：321-333.

[11] D.Deenens and C.Thoeye.The Use of An On-line Respirometer for The Screening of Toxicity in The Antwerp WWTP Catchment Area[J]．Wat．Sci．Tech.，1998，37（12）：213-218.

[12] Deniseger J.，Erickson J.，Austin A.，et al．The effects of Decreasing heavy metal concentrations on the biota of Buttle Lake[J]. Wat．Res.，1990，24：403-416.

报告九　厌氧发酵产沼气影响因素正交实验技术报告

一、概述

随着我国农村经济的迅速发展和新农村建设的不断推进，农村庭院畜禽圈养越来越少，农村传统的沼气发酵畜禽粪便来源不足，利用多种农业有机废弃物混合作为沼气发酵原料将成为趋势。本研究以鲜猪粪、干稻草、青草、南瓜叶和菜叶五种常见农业有机废弃物为研究对象，进行沼气发酵原料测试及其厌氧发酵工艺参数优化研究，以便为沼气发酵实际工程中投料搭配、发酵周期确定、最优工艺参数选择等提供科学指导。

沼气发酵的实质是微生物自身物质代谢和能量代谢的一个生理过程。沼气发酵的过程中，微生物在厌氧环境下，为了取得进行自身生活和繁殖所需要的能量，而将一些高能量的有机物分解，有机物在转变为低能量成分的同时放出能量以供微生物代谢之用。

厌氧产沼气常见的影响因素有厌氧环境、物料的碳氮比、物料的固体浓度、发酵温度、投加的微量元素种类、微量元素的投加量等。

在沼气发酵过程中专性厌氧菌——产甲烷菌起着至关重要的作用，其显著特点是其在严格的厌氧条件下生存和繁殖。在厌氧条件下，产酸阶段的不产甲烷微生物大多数是厌氧菌，其可将复杂有机物分解成简单的有机酸等物质。研究表明，培养中要求氧化还原电位在－330mV 以下。甲烷菌最佳比生长速率和比产甲烷速率是在 Eh 为－370～－500mV 时，而在 Eh 为－315～－350mV 下急剧下降。0.5%的溶解氧（Eh 为+100mV）即可抑制产甲烷菌 Methanosarcina barkeri 对沼气发酵原料进行厌氧发酵生产甲烷。因此，沼气发酵必须创造严格的厌氧环境。

沼气发酵过程中最重要的是微生物的繁殖过程。在厌氧发酵过程中，各种微生物需要不断地分解有机物，从中获得生命活动需要的能量和营养。微生物生长所需要的营养组分有碳、氮、磷以及其他微量元素，并要求这些组分彼此保持一定的比例或平衡，其中碳与氮的平衡（碳氮比）尤为重要。

沼气发酵原料的固体浓度，也称为干物质浓度，是沼气发酵的重要工艺条件之一。沼气发酵原料既是产生沼气的底物，又是厌氧发酵细菌赖以生存的养料来源。厌氧发酵技术适合的原料有各种畜禽粪便、农作物秸秆、青草、菜叶、树叶等，另外养殖场污水、农产品加工污水、生活污水也是良好的沼气发酵原料。但是不同发酵原料的总固体含量（Total Solids，TS）、挥发性固体含量（Volatile Solids，VS）、含碳量以及含氮量等均有所不同，导致不同发酵原料的产气量有所差异，有些比较容易发酵产气，有些则较难分解产气。

发酵温度是影响厌氧生物处理工艺的重要工艺参数。厌氧消化的温度与有机物的厌氧分解过程有密切关系，不同的温度范围内存在不同类型的微生物优势群体。一般认为，厌氧生物反应可以在很宽的温度范围（5～83℃）内进行，产甲烷作用可以在 4～100℃的温度范围内发生。

微量元素 Fe 参与厌氧微生物体内细胞色素、细胞氧化酶的合成，同时还是胞内氧化还原反应的电子载体，Fe 的补充不仅促进了挥发性脂肪酸的产生，而且促进了甲烷菌对乙酸的利用速度。Co 和 Ni 是甲烷菌生长、繁殖的必需元素，它们的加入可使厌氧消化更加顺利，对甲烷菌的生长特别有意义，尤其是镍，镍是产甲烷菌的 F430 和一氧化碳脱氢酶的组分，促进产甲烷菌的生长和甲烷的形成。加入 Fe、Co、Ni 等微量营养元素能使反应器内甲烷菌的优势菌种发生变化，由索氏甲烷八叠球菌占优势转换到巴氏甲烷八叠球菌占优势，从而大大提高了乙酸的利用效率，因此加入微量元素是提高厌氧消化过程效率和稳定性的重要途径。

二、研究内容和实施情况

1．作为选做综合实验项目开设，课时只设置为 2 周，但允许学生在 10 周内完成所有内容。

2．学生自主使用现有的发酵桶、温控仪、温控室、气体测量仪等设备和仪器进行实验装置调试。

3．指导学生根据现有实验条件选用待发酵物料、影响参数及其水平，开展实验。

4．指导学生撰写科研报告式的实验报告。

三、实验运行技术报告

实验依据开设的季节和地域特色之便，选取高浓度有机废水、鲜猪粪、干稻草、青草、南瓜叶、菜叶等农业有机废弃物等为厌氧发酵原料。实验设备由发酵系统、温控系统、沼气计量系统组成；发酵系统为自制的厌氧发酵反应器（图 1-9-1，图 1-9-2）。

1．模拟实验系统的运行方案

（1）实验装置的安装和调试

按照实验设备图对实验装置进行对接调试，保证管道接头紧密、不漏水，发酵罐盖子封闭性好。

（2）确定实验方案

根据实际情况对实验进行具体实施方案设计。

1）实验选材

选取鲜猪粪、干稻草、青草、南瓜叶以及菜叶作为厌氧发酵原料，测试原料的总固体含量、挥发性固体含量、含碳量、含氮量。

2）确定正交实验法

对上述厌氧发酵原料的沼气发酵效果影响因素进行正交安排，以所确定的工艺条件为控制条件，开展厌氧发酵实验。

本实验不考虑因子交互作用，选取 L9（3^4）正交表安排实验，其中因素 A 为投加不同微量元素，因素 B 为碳氮比，因素 C 为反应环境温度，因素 D 为固体浓度；其具体工艺条件安排见表 2-9-1。

表 2-9-1 正交实验安排表

工艺条件	1	2	3	4	A	B	C	D
1	1	1	1	1	Fe	20：1	25℃	6%
2	1	2	2	2	Fe	25：1	30℃	7%
3	1	3	3	3	Fe	30：1	35℃	8%
4	2	1	2	3	Co	20：1	30℃	8%
5	2	2	3	1	Co	25：1	35℃	6%
6	2	3	1	2	Co	30：1	25℃	7%
7	3	1	3	2	Ni	20：1	35℃	7%
8	3	2	1	3	Ni	25：1	25℃	8%
9	3	3	2	1	Ni	30：1	30℃	6%

正交实验以适宜发酵周期内的沼气产量以及甲烷产量为实验指标，通过正交实验极差分析法、方差分析法，结合工艺参数水平变化影响，分析优选出最佳工艺条件组合。

3）应用正交实验分析方法

对所考察的各因素、各水平对实验指标的影响开展科学分析，得出结论，对沼气发酵实际工程中发酵周期选择、最优工艺参数选择等提供指导。

2．结果与分析

（1）厌氧发酵适宜周期的确定

沼气发酵实验按照正交实验安排及其原料配比进行。由于本实验气体收集器放置于恒温箱内，各气体收集器环境温度各不相同，需要进行温度修正。沼气产气量换算基于克拉伯龙方程（Clapyron equation），按常温 25℃计算：

$$\frac{P_1V_1}{273.15+t_1}=\frac{P_2V_2}{273.15+t_2} \tag{2-9-1}$$

式中：P——大气压强，MPa；

V——气体体积，L；

T——摄氏温标，℃。

换算成常温 25℃条件下的沼气日产气量数据见图 2-9-1。

由图 2-9-1 可以看出，由于投加微量元素的影响，工艺条件 1 至工艺条件 9 的反应器反应发酵启动都非常成功，完全没有酸中毒现象，且从发酵实验第一天开始，各反应器均出现了 16 天左右的沼气盛产期，随之经历较短的酸化期后再次出现一次沼气产量提高期，在实验进行到 30 天以后，各反应器的日沼气产量较低，并基本稳定。本研究在反应进行到 60 天时终止了实验。

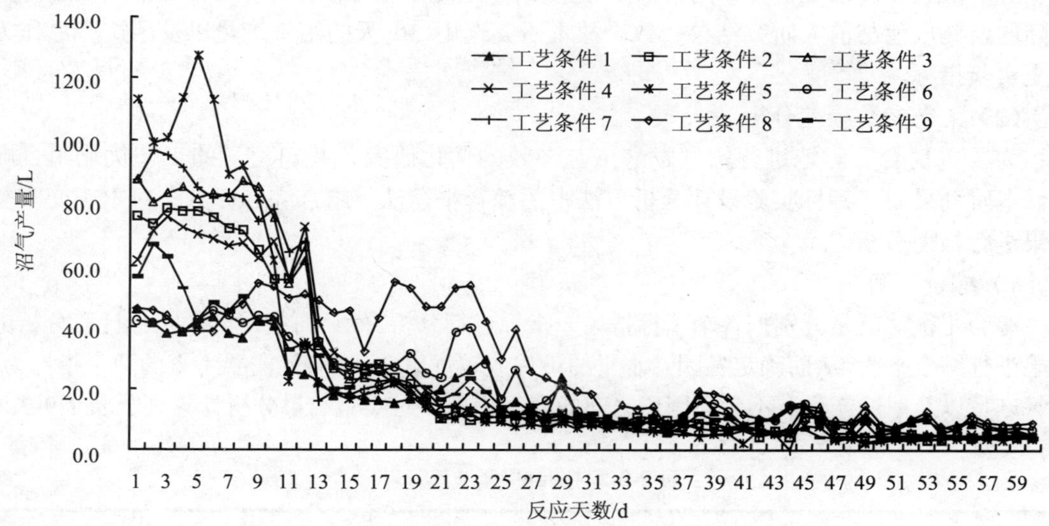

图 2-9-1 沼气产量变化趋势图

由于技术条件限制，本实验不能对各反应器的甲烷产量进行实时监控，而单体反应器的沼气甲烷浓度比较稳定，故本实验每四天测试甲烷浓度一次，沼气产量与甲烷浓度的乘积记录为该反应器的甲烷产量，见图 2-9-2。

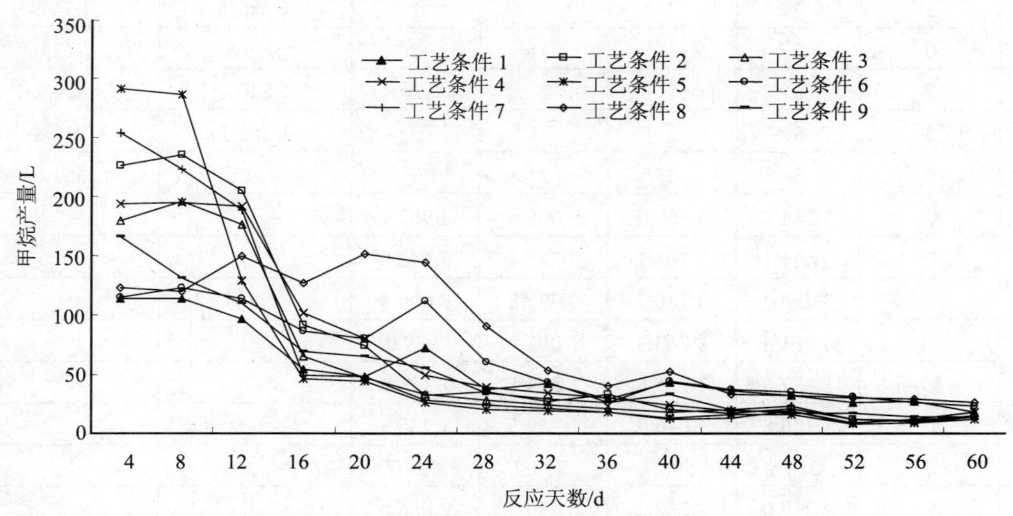

图 2-9-2 甲烷产量变化趋势图

由图 2-9-2 可以看出，前期各反应器甲烷产量呈现快速降低趋势，显示发酵原料中小分子有机物被迅速降解；第 16 天后甲烷产量平稳下降，说明经过水解酸化作用，纤维物质陆续被水解、酸化，成为小分子有机物，并最终被转化成甲烷。在实验进行到 30 天以后，甲烷产量变得较低，并在后期趋于稳定。

结合沼气日产量和甲烷日产量变化趋势，本研究选取 30 天为沼气发酵周期，可使沼气发酵产气具较高的性价比，同时可以较全面地反映沼气发酵情况，是符合沼气发酵工程实际的，此取值与前人研究结果一致。故本研究选用 30 天的沼气产量以及甲烷产量作为正交实验指标。

（2）工艺参数极差分析

为了更切合实际地进行沼气发酵工艺参数的优化研究，找出科学的工艺优化组合顺序，本研究采用多指标实验设计分析方法中的综合平衡法，结合综合评分法对本正交实验结果进行极差分析。

1）综合平衡法

综合平衡法就是分别把各个指标按单一指标进行分析，然后再把对各个指标计算分析的结果进行综合平衡，从而确定各因素水平的最优或较优组合。本研究需要考查的两个指标为：沼气产量以及甲烷产量。不考虑因素之间的交互作用，对实验结果分析计算列于表 2-9-2。

表 2-9-2　综合平衡法计算表

	工艺条件	列号				指标	
		1（A）	2（B）	3（C）	4（D）	沼气产量/L	甲烷产量/L
	1	1	1	1	1	780.4	560.4
	2	1	2	2	2	1 151.3	918.0
	3	1	3	3	3	1 252.6	740.6
	4	2	1	2	3	1 169.5	873.6
	5	2	2	3	1	1 285.1	854.6
	6	2	3	1	2	956.5	723.0
	7	3	1	3	2	1 240.1	828.2
	8	3	2	1	3	1 268.7	946.8
	9	3	3	2	1	901.6	651.6
沼气产量	K_{1j}	3 184.3	3 190.0	3 005.6	2 967.1		
	K_{2j}	3 411.1	3 705.1	3 222.4	3 347.9		
	K_{3j}	3 410.4	3 110.7	3 777.8	3 690.8		
	$\overline{K}_{1j}$	1 061.4	1 063.3	1 001.9	989.0		
	$\overline{K}_{2j}$	1 137.0	1 235.0	1 074.1	1 116.0		
	$\overline{K}_{3j}$	1 136.8	1 036.9	1 259.3	1 230.3		
	R_j	226.8	594.4	772.2	723.7		
甲烷产量	K_{1j}	2 219.0	2 262.2	2 230.2	2 066.6		
	K_{2j}	2 451.2	2 719.4	2 443.2	2 469.2		
	K_{3j}	2 426.6	2 115.2	2 423.4	2 561.0		
	$\overline{K}_{1j}$	739.7	754.1	743.4	688.9		
	$\overline{K}_{2j}$	817.1	906.5	814.4	823.1		
	$\overline{K}_{3j}$	808.9	705.1	807.8	853.7		
	R_j	232.2	604.2	19.8	494.4		

根据表 2-9-2 所列的极差大小排出 A、B、C、D 四个因素分别对沼气产量和甲烷产量两个指标重要性主次顺序如下：

主 ——→ 次

以沼气产量为指标：C D B A

以甲烷产量为指标：B D A C

可以看出，四个因素对两个指标影响的重要性的主次顺序有所不同，可确定因素 B、D 的影响程度较因素 A、C 大，但不能得出一致的主次顺序。结合 K_{1j}，K_{2j}，K_{3j} 确定各因素水平的最佳组合为：

以沼气产量为指标：C_3 D_3 B_2 A_2

以甲烷产量为指标：B_2 D_3 A_2 C_2

下面进行综合平衡以确定最优水平方案。

因素 A：对两个实验指标来说，均以 A_2 为最佳水平，故取 A_2；

因素 B：对两个实验指标来说，均以 B_2 为最佳水平，故取 B_2；

因素 C：对沼气产量来说取 C_3 好，对甲烷产量来说取 C_2 好，由于在主次顺序研究中，因素 C 的排序因不同的实验指标得出的结果差别很大，且现只有两个指标，不存在多数倾向取值，故因素 C 可取 C_3 或 C_2，在此不能确定该因素的最优水平；

因素 D：对两个实验指标来说，均以 D_3 为最佳水平，故取 D_3。

依上述分析，综合平衡法可对每一指标进行单独分析，从实验结果中得到尽可能多的信息，对于认识和解决问题是有帮助的，但对于多指标问题，利用综合平衡法进行真正的综合，是存在一定困难的。在此单纯使用综合平衡法无法得到最优方案。为得到较优的工艺优化组合排序，解决本研究选用的综合平衡法分析出现的问题，本研究引入综合评分法对实验结果进行分析。

2）综合评分法

综合评分法就是给指标打分求和，从而将多指标转化为一个指标（综合评分），用单一指标代表实验结果。需要考查的两个指标为：产气量以及甲烷产量，均为越大越好，然而两个指标在整体效果上的重要性是不尽相同的，沼气发酵产沼气主要的目的产品是沼气中的可燃烧清洁能源——甲烷，故相对而言甲烷产量更为重要。据前人研究，一般来说，沼气中甲烷含量为 50%～70%，为体现一般性，本研究在此取均值 60%，即在相同体积的条件下，燃烧沼气所产生的热量只能达到燃烧甲烷所产生热量的 60%。因此，从效益上分析认为甲烷产量是沼气产量的（1/0.6）倍。也就是说可认为 1 和 0.6 分别是甲烷产量和沼气产量的权数。按照这个权数可据公式（2-9-2）算出各工艺条件下实验的综合评分。

$$\text{综合评分}=1\times\text{甲烷产量}+0.6\times\text{沼气产量} \tag{2-9-2}$$

根据公式计算出结果，根据极差大小排出 A、B、C、D 四个因素对指标重要性的主次顺序，根据 K_{1j}，K_{2j}，K_{3j} 确定各因素水平的最佳组合列于表 2-9-3。

在影响因素主次排序问题上，结合表 2-9-2，表 2-9-3 两种极差分析方法得出的三种可能，在相同影响程度的排序位置上遵循多数倾向取值，得出最终主次排序结果为：

主 ——→ 次

B D C A

在影响因素最佳水平取值上，结合表 2-9-2，表 2-9-3 两种极差分析方法得出的三种可能显示，因素 B、因素 D 和因素 A 的取值一致为 B_2、D_3 和 A_3。而因素 C 的取值三者有所不同，遵循多数倾向取值为 C_3。

因此极差分析得出的工艺优化组合排序为：B_2、D_3、C_3、A_2。

表 2-9-3 综合评分法计算表

工艺条件	列号				指标		
	1（A）	2（B）	3（C）	4（D）	沼气产量/L	甲烷产量/L	综合评分
1	1	1	1	1	780.4	560.4	1 028.6
2	1	2	2	2	1 151.3	918	1 608.8
3	1	3	3	3	1 252.6	740.6	1 492.2
4	2	1	2	3	1 169.5	873.6	1 575.3
5	2	2	3	1	1 285.1	854.6	1 625.7
6	2	3	1	2	956.5	723	1 296.9
7	3	1	3	2	1 240.1	828.2	1 572.3
8	3	2	1	3	1 268.7	946.8	1 708.0
9	3	3	2	1	901.6	651.6	1 192.6
K_{1j}	4 129.6	4 176.2	4 033.6	3 846.9			
K_{2j}	4 497.9	4 942.5	4 376.6	4 477.9			
K_{3j}	4 472.8	3 981.6	4 690.1	4 775.5			
$\overline{K}_{1j}$	1 376.5	1 392.1	1 344.5	1 282.3			
$\overline{K}_{2j}$	1 499.3	1 647.5	1 458.9	1 492.6			
$\overline{K}_{3j}$	1 490.9	1 327.2	1 563.4	1 591.8			
R_j	368.3	960.8	656.5	928.6			
因素主→次	B D C A						
优方案	A_2	B_2	C_3	D_3			

（3）工艺参数方差分析

正交实验结果的极差分析简便易行，比较直观，计算量较少，但是不能估计实验过程中以及实验结果测定中必然存在的误差大小，因而不能真正区分某个水平所对应实验结果的差异究竟是由于水平的改变引起的还是由于实验误差引起的。因此极差分析法不能给出精确的数量估计，也不能提供一个标准来考察、判断因素对实验结果的影响是否显著。故本研究在对实验结果进行极差分析之后，引入了方差分析，分别以沼气产量、甲烷产量以及综合评分为影响指标，对本实验结果进行显著性分析。

本实验选取正交表 $L_9(3^4)$ 安排实验，总的实验次数为 9 次，因此数据的总偏差平方和 S_T 以及由各个因素引起的数据的偏差平方差和 S_j 计算公式可表示为：

$$S_T=\sum_{i=1}^{9}y_i^2-\frac{1}{9}(\sum_{i=1}^{9}y_i)^2 \tag{2-9-3}$$

$$S_j=\frac{1}{3}\sum_{i=1}^{3}K_{ij}^2-\frac{1}{9}(\sum_{i=1}^{9}y_i)^2 \tag{2-9-4}$$

其中 y_i 为正交表上水平号为 i 的实验结果，K_{ij} 为正交表上第 j 列上水平号为 i 的各实验结果之和。各列 S_j 的计算结果见表 2-9-4。

由正交表的平方和分解分式以及本研究所使用的正交表头设计可得，

$$S_T = S_A + S_B + S_C + S_D + S_e \tag{2-9-5}$$

表 2-9-4　各因素对沼气产量影响的方差分析计算表

工艺条件	列号				沼气产量/L
	1（A）	2（B）	3（C）	4（D）	
1	1	1	1	1	y_1= 780.4
2	1	2	2	2	y_2= 1 151.3
3	1	3	3	3	y_3= 1 252.6
4	2	1	2	3	y_4= 1 169.5
5	2	2	3	1	y_5= 1 285.1
6	2	3	1	2	y_6= 956.5
7	3	1	3	2	y_7= 1 240.1
8	3	2	1	3	y_8= 1 268.7
9	3	3	2	1	y_9= 901.6
K_{1j}	3 184.3	3 190.0	3 005.6	2 967.1	
K_{2j}	3 411.1	3 705.1	3 222.4	3 347.9	
K_{3j}	3 410.4	3 110.7	3 777.8	3 690.8	
S_j	11 395.5	69 436.4	105 751.6	87 370.1	S_T =285 349.2

本实验不设置空列，故本研究将 S_A、S_B、S_C、S_D 中选取数值最小者作为误差波动平方和 S_e。在本次以沼气产量作为影响实验指标的方差分析中 $S_e=S_A$，于是有：

$$S_T = S_A + S_B + S_C + S_D + S_A \tag{2-9-6}$$

若交互作用不存在，用模型误差估计实验误差是可行的。因此为了进行方差分析，本研究不考虑因素之间的交互作用。结果见表 2-9-5。

表 2-9-5　各因素对沼气产量影响的方差分析表

方差来源	平方和	自由度	均方和	F 值	显著性
A$^{\Delta}$	11 395.5	2	5 697.8		
B	69 436.4	2	34 718.2	6.1	
C	105 751.6	2	52 875.8	9.3	*
D	87 370.1	2	43 685.1	7.7	
（e）$^{\Delta}$	11 395.5	2	5 697.8		

注：本研究选取α=0.05 为判断差别是否显著的标准，选取α=0.1 为判断差别是否极显著的标准，$F_{0.95}$（2，2）=19.0，$F_{0.90}$（2，2）= 9.00。

由表 2-9-5 可知，就沼气产量而言，因素 C 在水平α=0.05 下是显著的，其他因素在水平α=0.05 下不显著，不存在极显著影响因素。

以相同的方法研究各因素对甲烷产量以及综合评分的方差分析。计算表分别见表

2-9-6、表 2-9-8，方差分析表见表 2-9-7、表 2-9-9。

表 2-9-6 各因素对甲烷产量影响的方差分析计算表

工艺条件	列号				甲烷产量/L
	1（A）	2（B）	3（C）	4（D）	
1	1	1	1	1	$y_1=$ 560.4
2	1	2	2	2	$y_2=$ 918.0
3	1	3	3	3	$y_3=$ 740.6
4	2	1	2	3	$y_4=$ 873.6
5	2	2	3	1	$y_5=$ 854.6
6	2	3	1	2	$y_6=$ 723.0
7	3	1	3	2	$y_7=$ 828.2
8	3	2	1	3	$y_8=$ 946.8
9	3	3	2	1	$y_9=$ 901.6
K_{1j}	2 219.0	2 262.2	2 230.2	2 066.6	
K_{2j}	2 451.2	2 719.4	2 443.2	2 469.2	
K_{3j}	2 426.6	2 115.2	2 423.4	2 561.0	
S_j	10 846.6	66 188.7	9 231.9	46 105.0	$S_T=141\ 604.2$

表 2-9-7 各因素对甲烷产量影响的方差分析表

方差来源	平方和	自由度	均方和	F 值	显著性
A	10 846.6	2	5 423.3	1.2	
B	66 188.7	2	33 094.4	7.2	
C^{Δ}	9 231.9	2	4 616.0		
D	46 105.0	2	23 052.5	5.0	
（e）$^{\Delta}$	10 846.6	2	5 423.3		

注：本研究选取α=0.05 为判断差别是否显著的标准，选取α=0.1 为判断差别是否极显著的标准，$F_{0.95}$（2，2）=19.0，$F_{0.90}$（2，2）= 9.00。

表 2-9-8 各因素对综合评分影响的方差分析计算表

工艺条件	列号				综合评分
	1（A）	2（B）	3（C）	4（D）	
1	1	1	1	1	$y_1=$ 1 028.6
2	1	2	2	2	$y_2=$ 1 608.8
3	1	3	3	3	$y_3=$ 1 492.2
4	2	1	2	3	$y_4=$ 1 575.3
5	2	2	3	1	$y_5=$ 1 625.7
6	2	3	1	2	$y_6=$ 1 296.9
7	3	1	3	2	$y_7=$ 1 572.3

工艺条件	列	号			综合评分
	1（A）	2（B）	3（C）	4（D）	
8	3	2	1	3	$y_8 = 1\,708.0$
9	3	3	2	1	$y_9 = 1\,192.6$
K_{1j}	4 129.6	4 176.2	4 033.6	3 846.9	
K_{2j}	4 497.9	4 942.5	4 376.6	4 477.9	
K_{3j}	4 472.8	3 981.6	4 690.1	4 775.5	
S_j	28 231.5	172 025.5	71 885.2	149 903.0	$S_T = 450\,276.7$

表 2-9-9　各因素对综合评分影响的方差分析表

方差来源	平方和	自由度	均方和	F 值	显著性
A^{Δ}	28 231.5	2	14 115.8		
B	172 025.5	2	86 012.7	6.1	
C	71 885.2	2	35 942.6	2.5	
D	149 903.0	2	74 951.5	5.3	
（e）$^{\Delta}$	28 231.5	2	14 115.8		

注：本研究选取α=0.05 为判断差别是否显著的标准，选取α=0.1 为判断差别是否极显著的标准，$F_{0.95}$（2，2）=19.0，$F_{0.90}$（2，2）= 9.00。

由表 2-9-7 可知，就甲烷产量而言，所有因素在水平α=0.05 下均不显著，不存在极显著影响因素。

由表 2-9-9 可知，就综合评分而言，所有因素在水平α=0.05 下均不显著，不存在极显著影响因素。

方差分析表明，在影响主次排序方面，因素 A 在对沼气产量以及综合评分的方差分析上都为影响最小的误差列；因素 C 虽对沼气产量有显著影响，但是在对甲烷产量的方差分析中是影响最小的误差列；因素 B 和因素 D 都未被取值误差列，故本研究认为因素 B 和因素 D 的影响程度比因素 C 和因素 A 都大。因素 B 在甲烷产量以及综合评分方面的 F 值均比因素 D 大，故因素 B 的影响程度大于因素 D。在最优水平选择方面，在所有方差分析计算表中 $K_{2B}>K_{1B}>K_{3B}$、$K_{3D}>K_{2D}>K_{1D}$、$K_{2A}>K_{3A}>K_{1A}$，本研究的指标越大越好，故因素 B 的 B_2 比 B_1 和 B_3 好，因素 D 的 D_3 比 D_2 和 D_1 好，因素 A 的 A_2 比 A_3 和 A_1 好。方差分析表中因素 C 的 K 值排序有所不同，但是在最优水平位置倾向多数取值可得 C_3 为最好水平。因此方差分析得出的工艺优化组合排序为：B_2、D_3、C_3、A_2。

（4）结论

由上述正交实验影响因素的主次分析可知：反应器内原料碳氮比（因素 B）、反应器内原料固体浓度（因素 D）、反应环境温度（因素 C）以及投加不同微量元素（因素 A）的影响均不显著，主次顺序排序为：反应器内原料碳氮比＞反应器内原料固体浓度＞反应环境温度＞投加不同微量元素。最适宜因素水平的分析认为：因素 B 的 B_2 比 B_1 和 B_3 好，即为（20～30）∶1，反应器碳氮比取值 25∶1 最为恰当；因素 D 的 D_3 比 D_2 和 D_1 好，即为 6%～8%，反应器固体浓度取值 8%最为恰当；因素 C 的 C_3 比 C_1 和 C_2 好，即为 25～35℃，反应环境温度取值 35℃最为恰当；因素 A 的 A_2 比 A_3 和 A_1 好，即投加微量元素

Co 最为恰当。由各因素对指标的影响研究得出的最优水平结果与主次分析中得出最优水平结果一致。

综上所述，本研究认为最优工艺参数组合为：B_2、D_3、C_3、A_2，即反应器内原料碳氮比取 25∶1、反应器内原料固体浓度 8%、反应环境温度 35℃、投加微量元素 Co。

四、不足及建议

实验项目的实施只能作为选做项目，且实验仪器的启动需要提前完成，课时耗时 2 周，对学生实验操作技能基础要求较高，且实验报告宜以科研报告形式提交。对学生科技立项课题或者其他课题支持开展较为适宜，有一定的实验开展局限性，建议使用尽量少的因素和水平开展课程实施。

本技术使用农业有机废弃物为原料，并应用了 3 种正交实验分析方法，因此较为复杂，测试项目较多，在实际运作过程中，建议只要求学生使用高浓度废水为原料开展厌氧发酵产沼气研究，只选用沼气量为正交实验考核目标，在分析中只要求完成一种分析方法，避免因实验研究操作失误引起的分析结果不统一，节省课时。

参考文献

[1] 杨国清．固体废物处理工程[M]．北京：科学出版社，2007.

[2] 胡乐宁．秸秆厌氧发酵产沼气影响因素研究[D]．桂林：桂林工学院，2007.

[3] 朱宗强．农业有机废弃物厌氧发酵产沼气影响因素研究[D]．桂林：桂林工学院，2008.

[4] 张全国．沼气技术及其应用[M]．北京：化学工业出版社，2005.

[5] 任南琪，王爱杰．厌氧生物技术原理与运用[M]．北京：化学工业出版社，2004.

[6] 贺延龄．废水的厌氧生物处理[M]．北京：中国轻工业出版社，1998.

[7] R. E. 斯皮思，李亚新，马志毅．工业废水的厌氧生物技术[M]．北京：中国建筑工业出版社，2000.

[8] 孙进杰，赵丽兰．沼气正常发酵的工艺条件[J]．农村能源，2000，92（4）：20-21.

[9] 李湘，魏秀英，董仁杰．秸秆微生物降解过程中不同预处理方法的比较研究[J]．农业工程学报，2006，22（supp1）：110-114.

[10] 王长辉．微量元素在厌氧生化处理中的应用[J]．福建环境，1996，16（3）：24-25.

[11] 胡家骏，周群英．环境工程微生物学[M]．北京：高等教育出版社，1996.

[12] 董春娟，李亚新，吕炳南．微量金属元素对甲烷菌的激活作用[J]．太原理工大学学报，2002，33（5）：495-504.

[13] 赵杰红，张波，蔡伟民．温度对厨余垃圾两相厌氧消化中水解和酸化过程的影响[J]．环境科学，2006，27（8）：1682-1686.

[14] 刘荣厚，郝元元，武丽娟．温度条件对猪粪厌氧发酵沼气产气特性的影响[J]．研究与实验，2006，129（5）：32-35.

[15] 张庆椿，徐玉玲．鸡粪厌氧消化接种物对沼气产气率的影响[J]．环境导报，1998，2：16-19.

[16] 张记市，张雷，王华．城市有机生活垃圾厌氧发酵处理研究[J]．生态环境，2005，14（3）：321-324.

[17] 吴满昌，孙可伟，李如燕，等．温度对城市生活垃圾厌氧消化的影响[J]．生态环境，2005，14（5）：

683-685.

[18] 刘建敏. 农村家用沼气发酵工艺参数的优选研究[D]. 重庆：西南大学，2006：6-8.

[19] 李想. 农业废弃物干法厌氧发酵关键参数优化研究[D]. 北京：农业环境与可持续发展研究所研究生院，2007：28-32.

[20] 刘振学，黄仁和，田爱民. 实验设计与数据处理[M]. 北京：化学工业出版社，2005：62-132.

[21] 庄楚强，何春雄. 应用数理统计基础（第三版）[M]. 广州：华南理工大学出版社，2006：222-305.

[22] 张涵，李文哲. 微量金属元素添加频率对牛粪厌氧发酵特性的影响[J]. 东北农业大学学报，2006，37（2）：202-205.

[23] 李亚新，杨建刚. 微量金属元素对甲烷菌激活作用的动力学研究[J]. 中国沼气，2000，18（2）：8-12.

[24] 李亚新，杨建刚. 微量金属对 AF 处理模拟焦化废水运行的影响[J]. 中国沼气，2001，19（3）：23-26.

报告十 高盐度工业废水处理优势菌种的筛选分离实验技术报告

一、概述

自然环境中存在着各种各样的微生物及其基因资源。特殊环境下的微生物如嗜盐微生物由于长期生长在特殊环境下，具有特殊的细胞结构、生理机能和遗传基因，其生物活性物质也具有独特的性质，是一类重要的极端微生物资源，同时也是研究生物进化和生物多样性的重要材料。但是，并非所有的耐盐微生物都可以应用于含高盐度的废水处理中，必须经过严格的筛选和驯化才能得到既可耐受高盐度，又可降解废水中高浓度有机物的特种耐盐微生物。利用人工筛选的方法可以从污染环境样品中得到耐盐的优势菌，由于这些微生物源于自然，因此不会对环境造成风险。

猎获高盐度工业废水高效降解菌对于高盐废水生物处理而言，是有效可行的方法，也是其产业化的核心和关键。高效菌种获得的主要途径为从自然界筛选。微生物是地球生态系统最重要的分解者，也是开发潜力最大、人类最宝贵的资源库。对于那些一般的化合物，都能够找到相应的降解菌种，但对于一些外生化合物（Xenbiotics），需要用目标降解物或结构类似物来驯化、诱导产生相应的降解酶系，筛选得到高效菌种。也可以通过模拟实际废水的组成和环境条件并向其中添加目标降解物或结构类似物来筛选。这样不仅可筛选到高效菌，而且可以使高效菌种在实际应用中能够快速适应新的环境，有效去除目标物。

本实验主要的研究工作就是培养、筛选、分离出降解目标高盐度工业废水的优势菌株。

二、研究内容和实施情况

（1）采用平板稀释分离法和平板划线法从几种高盐度环境中的污泥中筛选纯化出能适应高盐度环境和能降解实际高盐度工业废水的优势菌株。

（2）首先对以适应高盐度工业废水为目标进行初步筛选。

（3）其次以高盐度工业废水为碳源进一步筛选，最后以菌株降解实际废水为指标进行复筛。

三、实验运行技术报告

1．实验流程

本实验流程见图 1-10-1，图 1-10-2。

2．实验结果分析

通过平板稀释分离法和选择性固体培养基粗筛后得到耐高盐的微生物 152 株，其中从驯化好的污泥中筛出菌株 98 株，其编号为 A1—A98；从塔里木钻井污泥中得到菌株 28 株，其编号为 TA1—TA28；从河南钻井污泥中分离出菌株 14 株，其编号为 HA1—HA14；从西北钻井污泥中分离出菌株 4 株，其编号为 XA1—XA4。

通过第一次复筛，得到了 COD 去除率大于 2.5%的 10 株菌株，第一次复筛得到的 10 株优势菌结果见图 2-10-1。A41 为 20.24%，A45 为 22.06%，A53 为 22.72%，TA2 为 9.97%，TA12 为 2.65%，TA16 为 28.50%，TA20 为 12.94%，XA1 为 10.33%，XA2 为 10.34%，XA3 为 13.97%。

从图 2-10-1 可以发现，从处理该废水的污泥分离出来的菌株编号为 A 的细菌的降解率比从其他采油的钻井泥分离出的耐盐菌对该废水的 COD 的降解要高。其适应性相对较强，但整体的降解效果不高。

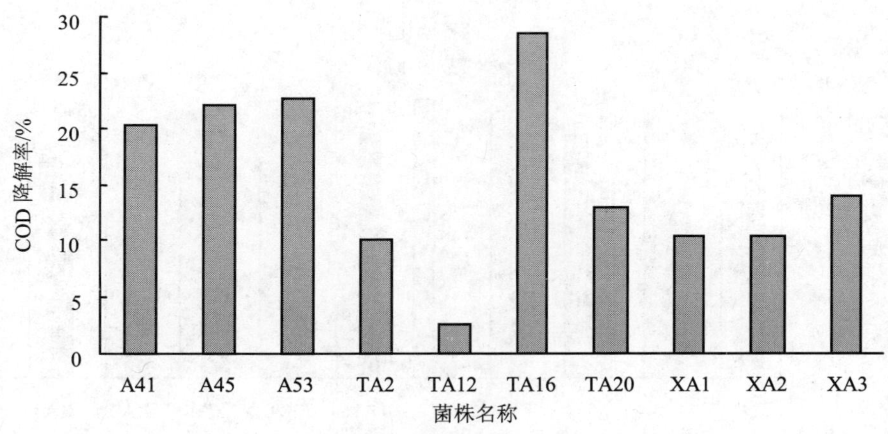

图 2-10-1　COD 降解率为指标的第一次复筛数据

将粗筛得到的 10 株优势菌经过纯菌株的驯化分离，再次以 COD 去除率为指标进行复筛。10 株优势菌第二次复筛结果见图 2-10-2。从图 2-10-2 可看出，A41 的 COD 去除率为 20.42%，A45 为 28.50%，A53 为 28.27%，TA2 为 30.89%，TA12 为 32.54%，TA16 为 8.34%，TA20 为 24.94%，XA1 为 23.05%，XA2 为 18.05%，XA3 为 24.94%。在 24 h 内 TA12 的 COD 去除效果最好，达到了 32.5%，其次 TA2 达到了 30.8%，A45 达到了 28.5%

将第一次以降解 COD 为目标复筛得到的 10 株菌株进行驯化，并将其驯化前后 24 h 的 COD 降解结果进行比较分析，见图 2-10-3。从图 2-10-3 可以看出，经过驯化后除菌株 TA16 的 COD 去除率下降外，其余菌株对废水的 COD 去除率都有提高。从新疆塔里木油田钻井污泥中分离出的菌株，经过驯化后其对该废水的 COD 降解率提高得最明显，其中

TA2、TA12、TA20 的 COD 去除率分别提高了 20.9%、29.8%、12.0%。其次为从西北油田钻井污泥中分离出的菌株 XA1、XA2、XA3，COD 去除率也有明显的提高，其 COD 去除率分别提高了 12.71%、7.72%、10.97%。从驯化好污泥中分离出来的菌株 A41、A45、A53，经过废水的驯化，未表现出特别的优势，COD 降解率提高不明显，其对废水 COD 的去除率分别仅提高了 0.17%、6.44%、5.54%。

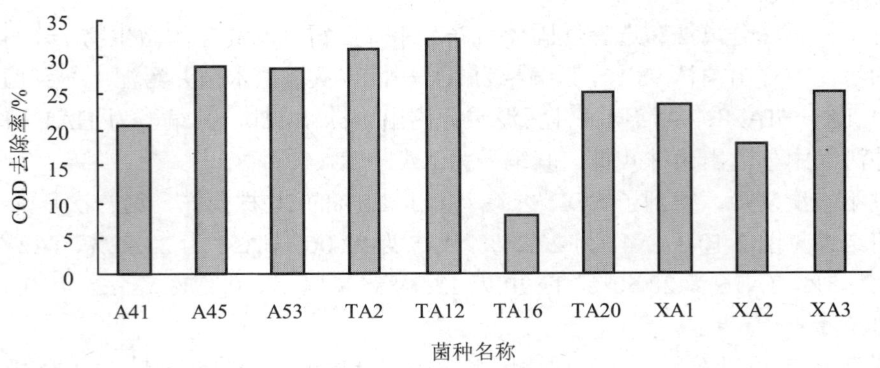

图 2-10-2 COD 降解率为指标的第二次复筛结果

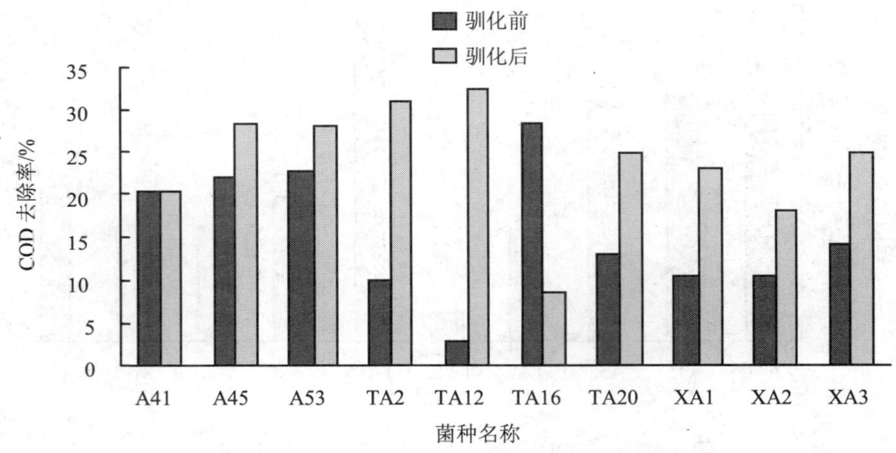

图 2-10-3 10 株菌驯化前后 COD 去除率的比较

从实验结果可以看出，菌株对实际高盐度工业废水的 COD 降解率较低。这可能是由于这些高效菌株数量少，没有形成优势所致。若能将优势降解菌株，经扩大培养后投入废水中，改善微生物区系构成，可提高高盐度工业废水的处理效果。

10 株菌株在不同时间下 COD 去除率结果见图 2-10-4。从图 2-10-4 可以看出，在 48 h 时，除菌株 A53、TA12 外，其余 8 株菌株的 COD 去除率比 24 h 的 COD 去除率有明显的增加，其中菌株 A45 的 COD 去除率最高，达到了 40.8%。大部分菌株在 72 h COD 去除率比 24 h，48 h 的降解率低，但菌株 TA2 的 COD 降解率增加，达到了 32.5%。造成 72 hCOD 降解率下降的原因，可能是水体中的微生物菌体细胞发生自溶，释放出有机物质，而离心只能使活的菌体细胞发生沉降，对已经溶解的细胞没有沉降作用，消耗了部分化学氧化剂，这与参考文献研究的结果相一致。通过比较确定降解高盐度工业废水的优势降解菌株分别为 A45、TA2、A41、XA3，它们对高盐度工业废水的 COD 降解率分别为 40.8%、35.1%、32.8%、30.6%。

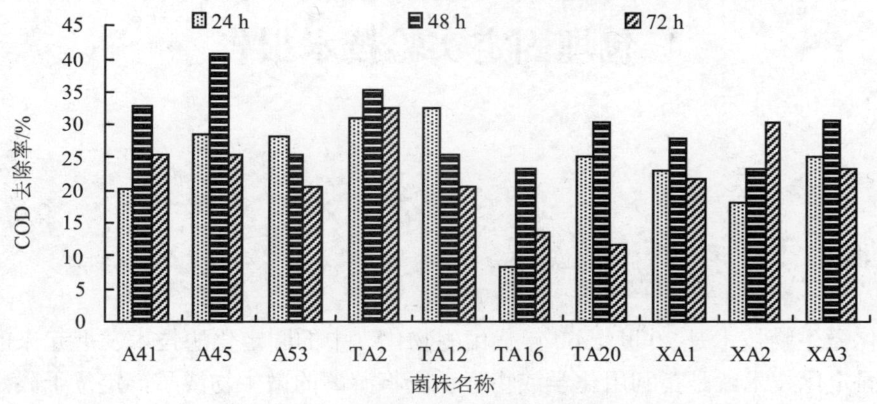

图 2-10-4　处理时间对 COD 去除率的影响

3．小结

（1）从四种种类的污泥筛中选出菌株 152 株，经过第一次以降解高盐度工业废水的 COD 为目标粗筛得到了 COD 去除率较好的 10 株菌株，分别为：A41、A45、A53、TA2、TA12、TA16、TA20、XA1、XA2、XA3。10 株再经过驯化，分离进行以降解高盐度工业废水的 COD 为目标的 4 株优势菌株 A41、A45、TA2 和 XA3。

（2）将 1 mL 4 株优势菌株 A45、TA2、A41 和 XA3 的菌液分别接种到 100 mL 废水中，于 35℃、转速为 110 r/min 摇床中振荡 48 h，4 株菌株的 COD 去除率分别为 40.8%、35.1%、32.8%、30.6%。

四、不足及建议

高盐度工业废水的微生物强化处理是治理工作中的难点和热点，需要我们深入研究和探索，在本实验中虽然筛选出了几株较为高效的能耐高盐度环境的优势菌株，但降解效率还不是太高，有待进一步开展相关研究，提高处理效率。

报告十一　高盐度工业废水处理优势菌种的包埋固定实验技术报告

一、概述

固定化微生物技术是20世纪60年代由生物化工中的固定化酶技术发展起来的生物技术。所谓固定化技术就是指利用化学或物理手段将游离的微生物或酶，定位于限定的空间区域并使其保持活性和可反复使用的一种基本技术。与其他应用游离微生物的过程相比，固定化微生物技术可以使微生物在某一固定区域具有较高的密度，减轻或消除微生物的流失，提高反应速度，同时便于培养优势微生物种群，提高处理过程的稳定性，减少或消除副反应的发生，便于控制处理过程。目前固定化微生物技术已成为国内外生物科学、环境科学及其相关学科的研究重点。

目前，固定化微生物的方法多种多样，国内外没有统一的分类标准，根据对各种方法的分析，可将其分为物理固定法和化学固定法两大类。物理固定法主要有吸附法和包埋法、包络法，化学固定法包括共价结合法和交联法等。各种固定法优缺点比较见表2-11-1。

表2-11-1　各种固定法优缺点比较

固定化方法	制备难易	结合程度	再生	费用	对底物的专一性
物理吸附法	易	弱	高	低	不变
化学吸附法	易	中等	高	低	不变
包埋法	较难	强	高	低	不变
共价键结合法	难	强	低	高	可变
交联法	较难	强	中等	中等	可变

固定化载体通常包括无机载体和有机载体两大类。无机载体有多孔玻璃、硅藻土、活性炭、石英砂等；有机载体有琼脂、聚乙烯醇凝胶（PVA）、角叉菜胶、海藻酸钠、聚丙烯酰胺（ACAM）凝胶等。不同的固定化方法对固定化载体有不同的要求，理想的固定化载体应具备以下条件：对细胞无毒、传质性能好、性质稳定、不易被生物降解、机械强度高、使用寿命长、价格低廉。常见的几种固定化细胞载体的性能见表2-11-2。

海藻酸钙包埋法是一种使用最广、研究最多的包埋固定化方法，具有固化、成型方便、对微生物毒性小、固定化细胞密度高等优点。海藻酸是用于包埋固定化微生物的第一个聚合物，但是当存在高浓度的K^+、mg^{2+}、磷酸盐以及其他单价金属离子时，海藻酸钙凝胶的结构会受到破坏。此外，由于海藻酸钙凝胶网络的孔隙尺寸太大，酶可能会从网络中泄漏出来，因此，不适合大多数酶的固定化。海藻酸盐是棕色藻类的胞内产物，它由两种不同类型的单糖组成，即1，4-β-D-甘露糖醛酸（M）和1，4-α-L-古洛糖醛酸（G）。利用海藻酸钠凝胶固定化微生物法安全、快速、制备简单、反应条件温和、成本低廉，且适用于大多数微生物的固定化。

表 2-11-2 几种固定化细胞载体的性能比较

性能	琼脂	海藻酸钙	交叉莱胶	ACAM	PVA-硼酸
压缩强度/（kg/m^2）	0.5	0.8	0.8	1.4	2.75
耐曝气强度	差	一般	一般	好	好
扩散系数/（cm^2/g）	—	6.8×10^{-6}（30℃）	3.73×10^{-6}（25℃）	5.4×10^{-6}～6.67×10^{-6}（60℃～70℃）	3.42×10^{-6}（25℃）
有效系数	75	68	58	60	—
耐生物分解性	差	较差	较差	好	好
对生物毒性	无	无	无	较强	一般
固定的难易	易	易	易	难	较易
成本	便宜	较便宜	贵	贵	便宜
使用寿命	较长	长	长	很长	很长

（1）海藻酸钙网络的形成原理

藻酸盐也是一种聚合物，不能形成热可逆性凝胶。通常是在其钠盐溶液中加入二价离子，如Ca^{2+}，通过Ca^{2+}取代Na^+来形成凝胶网络。二价阳离子对凝胶的机械强度有较大的影响，钙离子加入海藻酸钠溶液中的方式和浓度对形成海藻酸钙的性质影响很大，如果钙离子加入太快，则会导致局部凝胶化，形成不连续的凝胶结构。

海藻酸钙网络的形成包括两个步骤：一是最初形成二聚体；二是钙离子诱导这些预先形成的二聚体，形成一个聚集体。

（2）海藻酸钠包埋固定化中$CaCl_2$浓度对细胞活性的影响

在海藻酸钠包埋固定化过程中，凝胶化剂$CaCl_2$中的Ca^{2+}与海藻酸跟离子螯合成不溶于水的海藻酸钙凝胶剂，从而将细胞固定。$CaCl_2$浓度对固定化细胞的机械强度影响较大，随着$CaCl_2$浓度机械强度增加，但是研究表明，随着$CaCl_2$浓度的增加，微生物的活性降低，当$CaCl_2$浓度低于5%时，细胞活性可保持在80%以上；当$CaCl_2$浓度达到10%时，细胞的活性会降低到60%左右。这可能是由于盐渗透压作用，引起细胞脱水，致使微生物活性部分丧失。

PVA-H_3BO_3包埋法是一种制备容易且价格低廉的固定化方法，聚乙烯醇在加热后溶于水，在其水溶液中加入添加剂后发生凝胶化，或在低温下（－10℃）冷冻形成凝胶，从而将微生物包埋固定在凝胶网格中。常用的添加剂有硼酸和硼砂，由于化学反应形成凝胶。聚乙烯醇（PVA）与硼酸反应形成的凝胶为单二醇型。该法制得的凝胶颗粒机械强度高，使用寿命长且弹性好。PVA是一种新型的微生物包埋固定化载体，具有强度高、化学稳定性好、抗微生物分解性能强、对微生物无毒、价格低廉等一系列优点。此法应用于微生物固定化需要考虑两个方面的问题，一是用于交联PVA的饱和硼酸溶液酸性较强（pH值约为 4），会使固定化细胞活性降低；二是 PVA 是一种高黏性物质，并且 PVA 与硼酸反应较慢，滴下时间相差不大的两液滴相碰时会黏连在一起，逐步附聚成团，使 PVA 凝胶成球较难。经过研究发现，在固定化过程中引入少量的多糖类物质，则能很好地解决这一问题。

本研究在前人的研究成果上选取 PVA 和海藻酸钠为载体材料，将前述实验得到的三株混合优势菌株，进行包埋固定法研究，了解包埋条件对混合菌株包埋固定法的影响及环境条件对包埋固定化颗粒处理高盐度工业废水的影响。

二、研究内容和实施情况

1．优势菌种固定法颗粒的制备

制备步骤包括：配制凝胶剂，制备菌液，制备混合菌液，配制交联剂，制备固定化小球，于 4℃保存备用。

2．固定化颗粒理化性能的测定

包括：颗粒弹性的测定，颗粒渗透性的测定，颗粒黏连性、硬度、颗粒水溶膨胀性的测定，颗粒密度的测定，颗粒微生物个数测定等。

3．包埋条件对混合菌包埋固定化的影响实验

（1）PVA-海藻酸钠浓度实验。

（2）$CaCl_2$ 浓度对混合菌体包埋细胞活性的影响。

（3）pH 值对固定化混合菌体颗粒的影响实验。

（4）交联时间对固定化混合菌体颗粒的影响实验。

（5）混合菌体接种量对固定化颗粒处理废水的影响实验。

三、实验运行技术报告

1．PVA-海藻酸钠浓度的确定

PVA 浓度对包埋操作和固定化细菌的性质有显著影响。研究认为，对于活体细胞包埋，PVA 的适应浓度为 7.5%～12%，PVA 浓度低于 7.5%时，硬化过程困难，不利于形成稳定的网络结构，小球硬度不够，极易破碎，无法在流化状态下长期运行；PVA 浓度高于 12%时，固定化颗粒形成困难，小球中 PVA 凝胶过分致密，加大基质与产物的传质阻力，处理效果很差，而且小球密度增大，在废水处理、运行过程中所消耗的动力也大大增加。海藻酸钠作为一种多糖类天然高分子化合物，对微生物细胞有一定的保护作用，减轻了硼酸对微生物细胞的毒性作用，因此提高了细胞的相对活性。兼顾传质和强度因素及前人的研究成果，本实验选取 PVA 实验浓度为 10%、12%；海藻酸钠浓度为 0.5%、1%、2.5%进行空白颗粒包埋实验，即不包埋微生物，制成空白颗粒检验硬度、弹性、粘连情况、渗透性、水容膨胀性、密度等理化性质，确定优化配方。实验结果见表 2-11-3。

小球的大小、空隙度和渗透性若合适则可以保证固定化细胞外的底物电子受体和固定化细胞内的产物可以自由扩散，避免固定化菌体的生理活性受到某些产物的抑制。小球的硬度反映出其机械强度，保证在较强的外部操作条件下（如机械搅拌等），不破坏固定化产品。

根据综合因素，在空白实验研究上，确定 PVA 含量为 10%，海藻酸钠为 2.5%。

表 2-11-3　固定化空白颗粒理化性能实验结果

包埋剂-交联剂	硬度	弹性/cm	粘连情况	渗透性	水溶膨胀性	密度/（10^3g/L）
PVA 10%：Na.Al 1%：$CaCl_2$ 2%	+++	14～15	较粘连	一般	极微弱	0.12
PVA 10%：Na.Al 2.5%：$CaCl_2$ 2%	++++	17～19	微粘连	良好	微弱	0.27
PVA 10%：Na.Al 0.5%：$CaCl_2$ 2%	++	21～22	易粘连	一般	微弱	0.22
PVA 12%：Na.Al 1.%：$CaCl_2$ 2%	++	10	较粘连	一般	明显	0.2
PVA 12%：Na.Al 2.5%：$CaCl_2$ l2%	++	12～15	微粘连	一般	明显	0.19
PVA12%：Na.Al 0.5%：$CaCl_2$ 2%	+++	12～13	较粘连	一般	明显	0.2
PVA 10%：Na.Al 1%：$CaCl_2$ 3%	++++	15～20	易粘连	一般	极微弱	0.2
PVA 10%：Na.Al 2.5%：$CaCl_2$ 3%	++++	10～25	不粘连	良好	微弱	0.27
PVA 10%：Na.Al 0.5%：$CaCl_2$ 3%	+++	20～22	微粘连	一般	微弱	0.22
PVA 12%：Na.Al 1%：$CaCl_2$ 3%	+++	10～20	微粘连	一般	明显	0.2
PVA 12%：Na.Al 2.5%：$CaCl_2$ 3%	+++	15～27	微粘连	一般	明显	0.19
PVA 12%：Na.Al 0.5%：$CaCl_2$ 3%	+++	15～27	易粘连	一般	明显	0.2
PVA 10%：Na.Al 1.%：$CaCl_2$ 1%	++	11～12	微粘连	一般	明显	0.19
PVA 10%：Na.Al 2.5%：$CaCl_2$ 1%	+++	13～25	不粘连	一般	微弱	0.27
PVA 10%：Na.Al 0.5%：$CaCl_2$ 1%	++	12～13	易粘连	一般	极微弱	0.19
PVA 12%：Na.Al 1%：$CaCl_2$ 1%	++	10～11	易粘连	一般	微弱	0.21
PVA 12%：Na.Al 2.5%：$CaCl_2$ 1%	++	10	不粘连	一般	明显	0.21
PVA 12%：Na.Al 0.5%：$CaCl_2$ 1%	++	12～13	较粘连	良好	微弱	0.2

2．$CaCl_2$ 浓度对混合菌体包埋细胞活性的影响结果

将前期实验筛选出的三株优势菌，即菌株 A41、TA2、XA3，制成单株菌液，取相同的单株菌液放置于无菌容器中，混合均匀，制成混合菌液，选取不同氯化钙浓度即 1%、2%、3%，进行混合菌体包埋时细胞活性的影响实验。实验结果见表 2-11-4，从表 2-11-4 可以看出当 PVA 10%：Na.Al 2.5%：$CaCl_2$ 1%时固定化颗粒的包埋的微生物个数最多。在此浓度下，固定化细胞活性最好，达到了 1.2×10^8 个/mL。根据实验数据，最终选取 $CaCl_2$ 浓度为 1%，进行进一步的微生物包埋固定化实验研究。

表 2-11-4　不同氯化钙浓度下微生物浓度

包埋剂-交联剂	细菌数/（个/mL）
PVA 10%：Na.Al 2.5%：$CaCl_2$ 1%	1.2×10^8
PVA 10%：Na.Al 2.5%：$CaCl_2$ 2%	2.82×10^7
PVA 10%：Na.Al 2.5%：$CaCl_2$ 3%	1×10^6

3．pH 对固定化混合菌体颗粒的影响结果

（1）pH 对固定化颗粒的理化性能及细胞活性的影响

选取 pH 分别为 4.0、5.0、6.0、6.5、7.5、8.0 作为包埋菌体的影响研究。编号为 1—5

号，凝胶剂 pH 分别为 4.0、5.0、6.0、6.5、7.5、8.0，交联剂 pH 为原液值 4.0，编号为 6—10 号，凝胶剂 pH 分别为 4.0、5.0、6.0、6.5、7.5、8.0，交联剂 pH 相对应地为 4.0、5.0、6.0、6.5、7.5、8.0，实验结果见表 2-11-5。

表 2-11-5　pH 对固定化颗粒理化性能的影响

编号	硬度	弹性/cm	粘连性	渗透性	水溶膨胀性	细菌计数/（个/mL）	备注
1	++	无	较粘连	一般	明现	无	小球透明
2	+++	7～10	粘连	一般	明现	无	小球透明
	+++	7～10	粘连	一般	明现	4.8×10^4	小球透明
3	+++	7～10	较粘连	好	明现	6.48×10^5	小球透明
4	+++	20～28	微粘连	一般	明现	5.2×10^5	
5	+++	23～24	粘连	一般	明现	5.3×10^5	小球透明，表面不光滑
6	+++	无	较粘连	一般	微弱	1.2×10^6	
6	+++	无	较粘连	一般	微弱	5.2×10^6	
7	+++	15～20	微粘连	良好	微弱	1.5×10^8	
8	++++	30～35	不粘连	良好	微弱	6.32×10^8	
9	+++++	27～30	不粘连	良好	微弱	2.7×10^7	
10	不成小球，全部溶化						

从表 2-11-5 可以看出：①当交联剂未调节 pH 时，固定化颗粒的水溶膨胀性明显，当调节 pH 时，固定化颗粒的水溶膨胀性微弱；②当交联剂 pH 调至 4.0 弱酸性时，固定化颗粒粘连情况严重，根本就没有弹性；③当凝胶剂和交联剂同时调节 pH 时，对微生物的细胞活性影响不大，当凝胶剂 pH 调至 4.0、5.0 时，而交联剂为原条件 pH（即 4.0）时，包埋微生物后的颗粒里面无活性微生物；④当凝胶剂和交联剂同时调节 pH 至 6.0～7.5 时，固定化颗粒的理化性能及细胞活性相对都比较好。

（2）pH 对固定化混合菌体颗粒处理实际废水的影响研究

实验选取凝胶剂的 pH 为 6.7，将交联剂的 pH 调为 4.0、5.0、6.0、6.5、6.9、7.5，包埋混合菌液，制备相同的固定化颗粒，处理实际废水，将相同的固定化颗粒接种到相同体积高盐度工业废水中，在 35℃下，于 110 r/min 下振荡培养 24 h，以不包埋菌体的空白颗粒作为空白值，考察包埋时交联剂的 pH 对废水处理效果的影响研究。实验结果见图 2-11-1。

从图 2-11-1 可以看出，交联剂 pH 从 4.0 到 6.9 时，COD 去除率逐步增加，从 24.62% 增加到 49.23%，在 pH 为 6.9 时，COD 去除率最大达到 49.23%。

4．交联时间对固定化混合菌体颗粒的影响研究

交联反应是固定化颗粒制备最核心的步骤，是决定固定化成功与否的关键。交联反应时间过短，颗粒固定化不彻底，影响包埋菌体使用寿命；交联反应时间过长，硼酸对微生物细胞的毒性作用时间越长，影响包埋菌体的活性。交联反应的原理是利用交连剂分子上的官能团与凝胶剂分子上的活性基团发生聚合反应，形成均一稳定的大分子链骨架结构，并在错综复杂的骨架之间形成通畅的微空通道，为微生物生长提供底物和产物的进出通道。

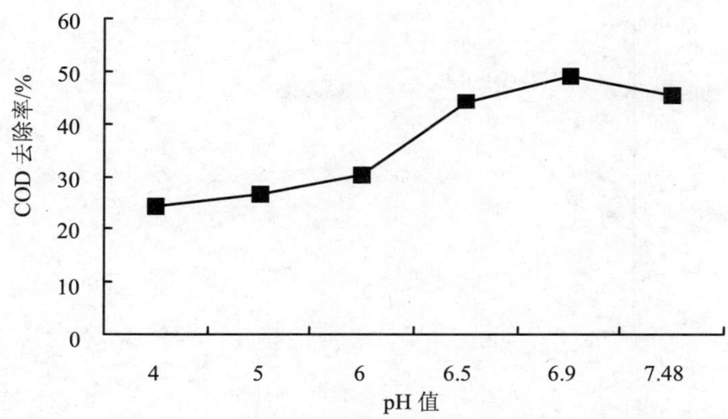

图 2-11-1　不同 pH 条件下颗粒固定化对 COD 去除率的影响

本实验针对凝胶剂为自然 pH、交联剂 pH 为 6.5～7.2 条件下进行包埋时交联时间对固定化颗粒的影响研究，选取交联反应时间分别为 20 h、22 h、24 h、26 h、36 h。

（1）交联时间对固定化混合菌体颗粒的理化性及细胞活性的影响结果

交联时间对固定化颗粒的理化性能及细胞活性的影响结果见表 2-11-6。从表 2-11-6 可以看出，当交联时间为 22 h 时，包埋混合菌的颗粒的活微生物量为 7.2×10^8 个/mL，达到了最大值，但是在交联时间为 20 h、22 h、24 h、26 h 时，活微生物量变化不大，当交联时间为 26 h 时，包埋混合菌的颗粒的活微生物量为 6.48×10^7 个/mL，但交联时间为 36 h 时，包埋混合菌的颗粒的活微生物量降到 5.8×10^5 个/mL。可能是交联时间过长，生成的网链状分子式过密，阻碍了底物和产物等的传质，而硼酸对微生物细胞的毒性作用时间越长，细胞活性越降低。

表 2-11-6　交联时间对固定化颗粒理化性能的影响

时间/h	硬度	弹性/cm	粘连性	渗透性	水溶膨胀性	细菌计数	备注
20	+++	20～28	微粘连	好	微弱	6.0×10^8	小球透明
22	+++	20～28	粘连	好	微弱	7.2×10^8	小球透明
24	+++	20～28	粘连	好	明现	7×10^8	小球透明
26	+++	20～28	粘连	好	明现	6.48×10^7	小球透明
36	+++	20～25	较粘连	一般	微弱	5.8×10^5	透明

（2）交联时间对固定化混合菌体颗粒处理实际废水的影响结果

交联时间分别选取 20 h、22 h、24 h、26 h、36 h，进行混合菌体的包埋，并制备相同的固定化颗粒，处理实际废水。将相同的固定化颗粒接种到相同体积高盐度工业废水中，在 35℃下，于 110 r/min 下振荡培养 48 h，以不包埋菌体的空白颗粒作为空白值，结果见图 2-11-2。从图 2-11-2 可以看出，当交联时间从 20 h 增加到 22 h，包埋颗粒对废水 COD 去除率从 25.76%增加到 50.41%；当交联时间从 22 h 增加到 36 h 时，包埋颗粒对废水 COD 去除效率随时间的增加反而降低。可能是交联时间过长，生成的网链状分子式过密，阻碍了底物和产物等传质，而硼酸对微生物细胞的毒性作用时间越长，细胞活性越低。

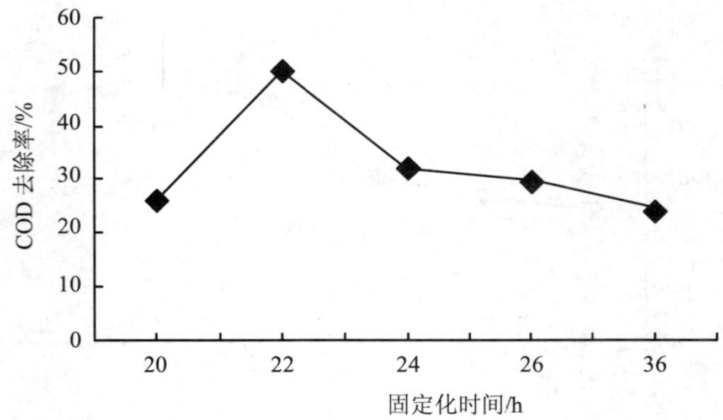

图 2-11-2 不同交联时间对 COD 去除率的影响

5. 不同混合菌体接种量固定化颗粒处理废水

将混合菌液分别以 10%、15%、20%、25%的接种量与凝胶剂混合均匀后，在交联剂pH 为 6.7、交联时间为 22 h，无菌高盐度水浸泡 24 h，进行固定化颗粒制作。将相同的固定化颗粒接种到相同体积高盐度工业废水中，在 35℃下，于 110 r/min 振荡培养 48 h，以不包埋菌体的空白颗粒作为空白值，结果见图 2-11-3。

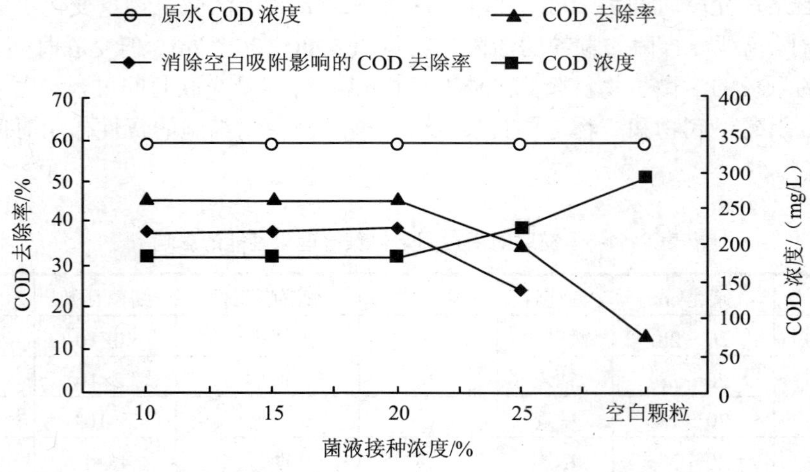

图 2-11-3 不同接种量固定化颗粒对 COD 去除的影响

从图 2-11-3 中可以看出，空白颗粒对废水有一定的吸附能力，48 h 时加空白颗粒的废水 COD 变为 291.5 mg/L，实际废水 COD 为 335.0 mg/L，空白颗粒 COD 去除率达到 12.9%，混合菌液接种量从 10%增加到 20%时，COD 去除率从 45.82%增加到 46.86%，在接种量为 20%时，废水 COD 由 181.5 mg/L 下降到 178.0 mg/L，以空白颗粒为参照物，排除颗粒的吸附影响因数，COD 去除率从 37.73%增加到 38.93%，包埋菌液的固定化颗粒对废水处理效果基本无影响，当接种量继续增加时，COD 的去除率反而下降，在接种量为 25%时，COD 的去除率下降到 24.4%，考虑到实际应用的成本问题，确定后续固定化实验研究的接种量为 10%。

6．固定化颗粒数与废水比例关系研究

在交联剂 pH 为 6.7，交联时间为 22 h，无菌高盐度水浸泡 24 h，混合菌液接种量为10%的条件下，进行固定化颗粒制作。将不同的固定化颗粒接种到相同体积高盐度工业废水中，在 35℃下，于 110 r/min 下振荡培养 48 h，实验结果见表 2-11-7。

从表 2-11-7 可以看出，空白颗粒对废水有一定的吸附能力，48 h 时加空白颗粒的废水COD 从 255.0 mg/L 变为 220.5 mg/L，COD 去除率为 13.5%。当固液比为 40 颗粒：100 mL 废水时，废水的 COD 从 255.0 mg/L 变为 150.58 mg/L，COD 去除率为 40.94%，当固液比为 80 颗粒：100 mL 废水时，废水的 COD 从 255.0 mg/L 变为 123.69 mg/L，COD 去除率为 51.49%，达到了最大值；当固液比为 120 颗粒：100 mL 废水时，随着固液比的增加，COD 去除率下降，COD 去除率为 36.2%；当固液比为 160 颗粒：100 mL 废水时，COD 去除率降到 29.00%。

表 2-11-7　固液比对处理废水的影响

固液比	COD/（mg/L）	COD 去除率/%
40 颗粒：100 mL 废水	150.58	40.94
80 颗粒：100 mL 废水	123.69	51.49
120 颗粒：100 mL 废水	162.69	36.20
160 颗粒：100 mL 废水	181.03	29.00
160 空白颗粒：100 mL 废水	220.50	13.50
原水	255	

7．最佳条件下包埋混合菌颗粒与混合菌液 COD 去除效果的比较

利用最佳组合的三株菌株进行包埋固定制成的颗粒，在最佳条件下处理高盐度采油废水，其去除废水中 COD 的效果与最佳组合的混合菌液处理效果的比较见表 2-11-8。由表 2-11-8 可知，混合菌株包埋固定化后制得的颗粒处理高盐度采油废水比混合菌液直接投加处理废水的优势不太明显，可能是混合菌株在固定化颗粒内的协同效应有所减低，但从长远的处理稳定性来看，具备了比直接投加混合菌液处理更加强化的优势。

表 2-11-8　包埋混合菌颗粒与混合菌液 COD 去除效果的比较

	三株最佳组合的包埋固定化颗粒	三株最佳组合的混合菌液
最佳条件	PVA：10%、海藻酸钠 2.5%，$CaCl_2$1%，交连剂 pH 6.8、交连时间 22 h、菌液接种量 10%、固液比 80 颗：100 mL	反应时间 24 h、pH 为 9、温度 35℃、菌液接种量为 0.7%
处理效果	废水的 COD 从 255.0 mg/L 变为 123.69 mg/L，COD 去除率 51.49%	废水 COD 从 300.0 mg/L 下降到 123.22 mg/L，COD 去除率 59.6%

四、实验小结及建议

利用包埋固定法对 A41、TA2、XA3 组合菌进行了生物强化处理研究，结果表明：

（1）根据空白颗粒理化性质，确定出凝胶剂中 PVA、海藻酸钠最佳浓度分别为 10%和 2.5%，根据包埋颗粒中的混合菌体含量及固定化细胞活性，确定出交连剂中 $CaCl_2$ 最佳浓度为 1%。

（2）交联剂 pH 为 6.8、交联时间为 22 h、菌液接种量为 10%时包埋混合菌液的固定化颗粒物的理化性及 COD 去除率最好。

（3）当固液比即包埋固定化颗粒与高盐度采油废水的比例为 80 颗：100 mL 废水时，废水的 COD 由 255.0 mg/L 变为 123.69 mg/L，COD 去除效果最佳达到了 51.49%。但同直接投加混合菌液处理高盐度采油废水的 COD 去除效果相比，优势不明显。

（4）进行优势菌株固定化处理实验时，混合菌包埋固定化颗粒降解高盐度采油废水 COD 的效果比直接投加混合菌液的优势不明显，建议进一步开展影响包埋混合菌处理效果的机理研究。

参考文献

[1] 吴军见，朱延美. 固定化细胞技术在废水治理中的应用及降解动力学研究进展[J]. 辽宁化工，2002，31（1）：20-25.

[2] 王洪作，刘世勇. 酶和细胞的固定化[J]. 化学通报，1997，2：22-27.

[3] 王广金，褚良银，杨平，等. 固定化微生物技术及其在废水处理中的应用[J]. 重庆环境科学，2003，2（23）：171-176.

[4] 刘宏斌，刘转年，金奇庭. 固定化微生物在废水处理中的应用[J]. 环境污染治理技术与设备，2002，3（5）：61-65.

[5] 宋应民，欧富初. 包埋法固定化微生物处理化工废水[J]. 广东化工，2006，8（33）：68-70.

报告十二　PCR-DGGE 法检测含重金属废水净化过程中微生物群落变化技术报告

一、概述

生物法作为一种传统的污水治理方法在揭示废水人工湿地中复杂微生态系统方面存在很大的局限性。传统的微生物记数方法，如平板培养法，用于环境生物学研究时存在许多不足：环境中只有不超过 1/10 的微生物可以培养，而土壤中生存的主要细菌群落不一定都能用培养的方法分析；不能充分揭示生物反应器的实时的、有意义的信息；当特定微生物系统不具竞争性且相关的结构基因未被诱导出来时，传统方法就不可能检验该系统降解污染物的能力；传统的显微方法难以获得微生物群落结构和空间分布的有关信息，因而不利于根据微生物群落多样性的变化来迅速判断环境的变化。而采用分子生物学方法可有助于解决上述问题。20 世纪 90 年代，分子生物学方法被应用到废水的生物处理过程中，以确定废水处理过程中的菌群组成、动态变化以及主要的功能菌群。以 16S rRNA 序列和相关的结构基因为基础的分子生物学技术，为鉴别和量化环境中特定微生物的系统发育群体提供了强有力的工具。因此，利用分子生物学技术可以进行菌群动态跟踪和功能群种鉴定，揭示菌群结构与功能的关系，从而更好地控制生物处理过程。此外，采用重组 DNA 技术所建立的基因工程微生物在培育优良功能菌群、提高生物处理效率和节省成本等方面均具有重要意义。

二、研究内容

含重金属污水在净化过程中，随着污染物浓度的降低，微生物群落结构和多样性发生相应变化的演替过程。

三、实验运行技术报告

（1）样品采集和前处理

人工湿地出水浓度处于稳定时，在不同阶段随机选取 2 个采样点，采集 0～15 cm 的表层土壤，带回实验室后去掉植物根系和小石块，过 2 mm 筛后混合均匀，置于 4℃冰箱短暂保存后立即进行微生物特性分析。

（2）聚合酶链式反应（PCR）

从图 2-12-1 可以看出，S1、S2 和 S3 阶段均扩增到了产物，长度为 100～300 bp，产物长度正确。

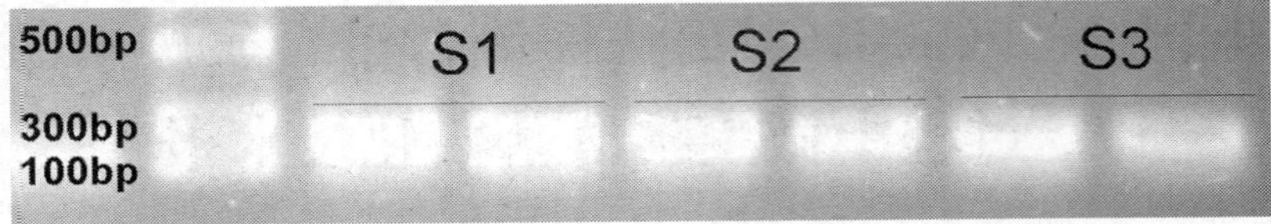

图 2-12-1　16S rRNA 的 PCR 分析

（3）变性梯度凝胶电泳（DGGE）

湿地生态系统功能取决于植物、土壤、水质、微生物与运行状态之间的相互作用，而在人工湿地中，微生物特性的变化主要取决于水力状况和废水特性。在本研究中湿地 3 个阶段的水力状况基本是一致的，重金属特性的变化可能是引起微生物群落结构和功能变化的重要原因。在人工湿地运行的过程中，随着时间的延长，含重金属的废水经过人工湿地处理后，出水中重金属含量基本达到稳定。响应于这种达到稳定的过程，土壤微生物也处于一个相对稳定的状态，是一个能够适应环境的特定群落。

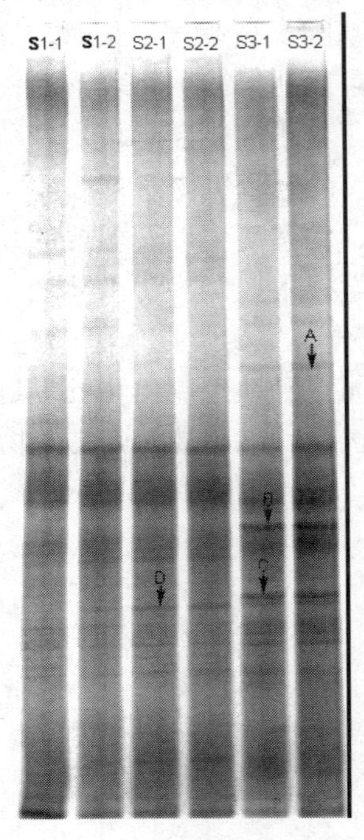

图 2-12-2　16S rRNA DGGE 图谱

注：S1-1 和 S1-1、S2-1 和 S2-2 与 S3-1 和 S3-2 分别表示人工湿地 S1、S2 与 S3 三阶段中样品的 2 个重复。

从图 2-12-1 可以看出，S1、S2 和 S3 阶段均有独特的条带出现，尽管大多数条带比较一致，说明在不同的阶段群落结构已经发生了变化。但把 DGGE 图谱中的条带进行数字化，计算得到的香农多样性指数没有显著差异（表 2-12-1）。

表 2-12-1 人工湿地不同的阶段细菌和真菌香农指数和条带数的变化

不同的阶段	细菌	
	条带数	香浓指数 H'
S1	41.50±0.50 b	3.38±0.02 a
S2	44.00±0.00 a	3.33±0.05 a
S3	45.00±1.00 a	3.29±0.08 a

对图 2-12-2 的细菌 16S rRNA DGGE 图谱进行聚类分析得到图 2-12-3，从图 2-12-3 可以看到，细菌 DGGE 图谱中 S1 和 S2 阶段明显聚为一类，这说明在人工湿地中，细菌群落结构在前两个阶段较为相近。

从图 2-12-2 细菌 16S rRNA 的 DGGE 图谱中可以看出，S2 阶段出现了一个特有条带 D，在第三阶段出现了特有条带 A、B 和 C，序列分析表明，条带 A、B、C 和 D 均为单一的 16S rRNA 部分序列。这些序列与 GenBank 中的部分 16 S rRNA 序列均有较高的相似性（图 2-12-4），这说明人工湿地的三个阶段中微生物菌落结构有了显著变化。

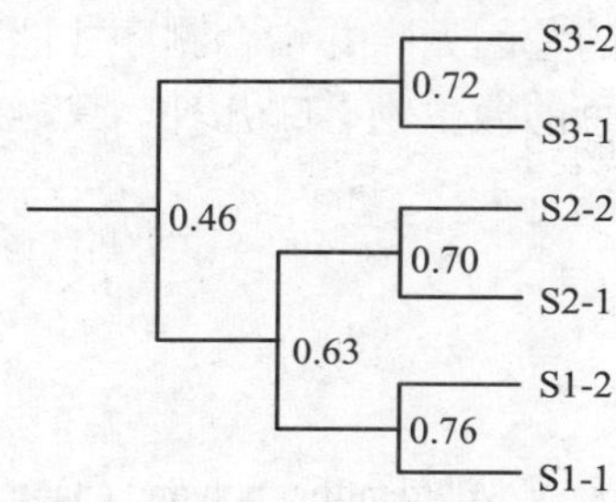

图 2-12-3 细菌 DGGE 图谱的聚类分析

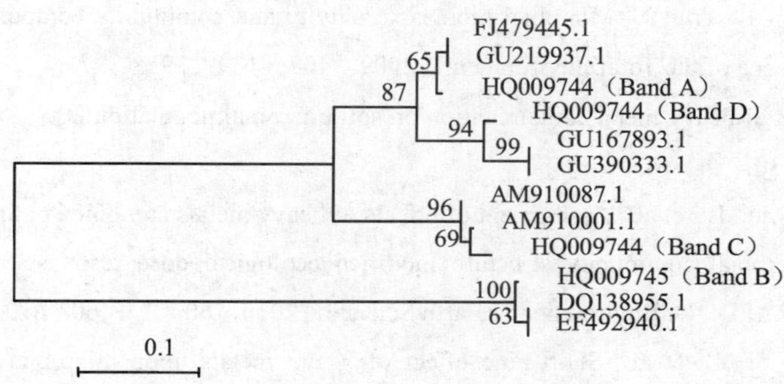

图 2-12-4 回收自 DGGE 凝胶 DNA 序列（粗体部分）的 16 S rRNA 系统发育树

细菌和真菌的 DGGE 图谱和测序结果说明，在人工湿地的不同阶段，土壤微生物群落结构已经发生明显改变。但微生物的香农多样性指数没有明显变化，这可能与废水中重金属浓度较低有关。Gao 等的研究也从侧面证实了这一点，即在重金属复合污染和重金属浓度升高时，土壤微生物消失的 RAPD 带会逐渐增多，所以多样性降低。微生物与重金属之间的关系会因相互作用时间长短的变化而变化。Wan g 等就重金属对微生物的短期效应进行了研究，发现当土壤接触到复合重金属时，细菌和真菌数量随着保温时间的延长而减少，而且细菌数量减少更快，这是因为相对于真菌而言，在进化上细菌更为原始和低等，所以对重金属更为敏感。Nicholas 等对矿区河流沉积物中微生物与重金属的关系进行了长达 12 个月的连续研究，发现微生物的群落组成与铜、砷和锌呈显著正相关，这正好与李永涛等的研究结果一致，即土壤金属浓度长期普遍较高时，微生物群落被少数耐受性较高的种群所主导，并处于相对稳定状态。从最近我们对功能细菌菌群的研究来看，不同阶段的多样性差异是比较大的（结果未发表），这可能提示我们，重金属毒害造成了少数耐受性较低的种群消失或减少，迅速被重金属耐受性较高的微生物替代，但这些微生物的变化在土壤复杂和多变微生物群落结构中依然处于“被淹没状态”，所以，短时间内微生物的群落结构发生了改变，但还不足以发生多样性的变化。

四、不足及建议

（1）从 DGGE 图谱中只能看到有多少条带，得出多样性指数，但是每一条带代表何种微生物，需要进行所有清晰条带的基因克隆并结合测序才能确定。

（2）DGGE 的方法只能确定总的微生物有哪几种，只能定性，如果要定量，还要结合荧光定量 PCR 的方法。

参考文献

[1] Aguilar J R M，Cabriales J J P，Vega M M. Identification and characterization of sulfur-oxidizing bacteria in an artificial wetland that treats wastewater from a tannery [J]. International Journal of Phytoremediation. 2008，10（5）：359-370.

[2] Truu M，Juhanson J，Truu J. Microbial biomass，activity and community composition in constructed wetlands [J]. Science of the Total Environment. 2009，407（13）：3958-3971.

[3] Hiroki M. Effects of heavy metal contamination on soil microbial population [J]. Soil Science and Plant Nutrient，1992，38：141-147.

[4] Gao Y，Zhou P，Mao L，et al. Assessment of effects of heavy metals combined pollution on soil enzyme activities and microbial community structure modified ecological dose–response model and response model and PCR- RAPD[J]. Environmental Earth Science，2010，60（3）：603-610.

[5] Wang F，Yao J，Si Y，et al. Short-time effect of heavy metals upon microbial community activity [J]. Journal of Hazardous Materials，2010，173（1-3）：510-516.

[6] Bouskill N J，Finkel J B，galloway T S，et al. Temporal bacterial diversity associated with metal-contaminated river sediments [J]. Ecotoxicology，2010，19（2）：317-328.

[7] 李永涛，Thierry B，Cécile Q，等. 酸性矿山废水污染的水稻田土壤中重金属的微生物学效应[J]. 生态学报，2004，24（11）：2430-2436.

报告十三　蔗渣吸附剂的制备及其对氨氮的吸附实验技术报告

一、概述

氨氮是高耗氧性物质，每毫克 NH_3-N 氧化成硝酸盐要消耗 4 157 mg 溶解氧，较高的氨氮浓度会直接导致水质的黑臭，作为一种无机营养物质，氨氮还是引起海洋、湖泊、河流及其他水体富营养化的重要原因，导致水生作物体内硝酸态氮含量超标以及温室效应等面源污染，还致使农产品品质下降等一系列环境问题和食品安全问题。近十年来，许多国家对废物含氮排放标准提出了更高的要求，因此，开发经济的、可持续发展的废水除氮技术，降低废水中氮含量，引起了人们的广泛关注。

目前处理含氮废水的方法主要有微生物处理法和吸附法，吸附法由于操作简单易行已得到广泛应用，常用的吸附剂有土壤、沸石、改性活性炭等。另外，国内外在利用除木材之外的生物有机物质制备活性炭吸附剂已经做了一些实验研究工作，例如，用甘蔗渣、花生壳、棕榈壳制备活性炭并用于吸附去除水中 Cd（II）、Pb（II）、Ni（II）、Cu（II）、Zn（II）和 Cr（VI）等重金属离子和空气中的 NO_2 和 NH_3。蔗渣是制糖工业的重要副产品，主要成分是纤维素、半纤维素及木质素，其重量约为甘蔗重量的 25%，每生产 1 t 蔗糖就会产生 2 t 甘蔗渣。近几年我国蔗糖的产量为 1 000 万～1 100 万 t，2007 年达到 1 300 万 t 以上，相应地，蔗渣的产生量也非常可观。蔗渣的处理和利用是蔗糖产业经济的一个非常重要的组成部分，是提升蔗糖产业发展平台，实现蔗糖产业可持续发展的重要因素，合理利用蔗渣将具有很大的经济意义。

目前，改性蔗渣在水处理中应用见报道的有：重金属废水的处理、制成颗粒活性炭应用于石油化工废水的处理、两性蔗渣吸附剂应用于糖蜜废水的处理等，至于用蔗渣吸附剂去除氨氮的研究则未见报道。

二、研究内容和实施情况

1．指导学生在课余时间利用甘蔗渣制备活性炭。

2．学生用自己制备的活性炭作为吸附剂，进行吸附氨氮的实验。包括吸附时间、吸附温度等因素对吸附效果的影响。

三、实验运行技术报告

1．制备蔗渣吸附剂的条件

随着碳化温度的升高，得率逐渐降低。在氨氮初始浓度分别为 C_0=20～60 mg/L、pH=6.93 和吸附温度 30℃条件下，碳化蔗渣对氨氮的吸附以 400℃高温碳化的蔗渣效果最好。因此，碳化蔗渣吸附剂的最佳条件是：碳化时间 40 min，碳化温度 400℃。

2．吸附剂投加量对氨态氮吸附去除的影响

在碳化蔗渣吸附剂投加量为 0.1～0.8 g、初始氨氮质量浓度 C_0=30 mg/L、pH=6.93 和 30℃温度条件下，直接碳化法蔗渣吸附剂投加量越大，单位质量的吸附剂所吸附的氨氮量越低。可见蔗渣吸附剂投加量不同对单位质量的吸附剂所吸附的氨氮量影响很大（图 2-13-1）。

3．吸附平衡时间的确定

在 pH 值为 6.93、吸附剂用量为 0.3 g、氨氮初始浓度为 30 mg/L、温度 30℃的条件下，碳化蔗渣吸附剂对氨氮的吸附包括快速吸附和缓慢吸附两个阶段（图 2-13-2）。实验结果表明，快速吸附主要发生在 0～20 min，此时曲线斜率较大，而在 20 min 之后，则进入缓慢吸附阶段，曲线斜率较小，吸附量相对稳定。不同取样时间段的吸附速率计算表明，在 0～20 min 时间段内的吸附速率最大，达 3 247 mg/（kg·h），其次为 20 min 至吸附平衡阶段，其吸附速率为 37 mg/（kg·h）。根据准二级动力学模型 $t/q_t=1/(K_2q_e^2+t/q_e)$（式中，q_e、q_t分别为吸附平衡时及时间 t 时的吸附量，mg/g；K_2 为准二级动力学速率常数，g/(mg/min)），以 t/q_t 为纵坐标，以时间 t 为横坐标作图（图 2-13-3），通过直线的斜率和截距计算得到动

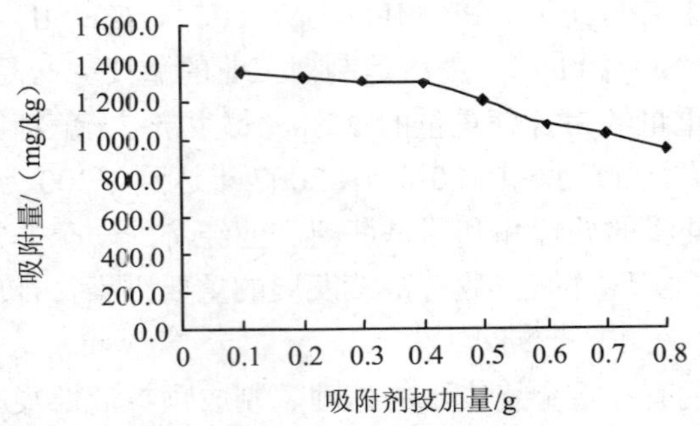

图 2-13-1 吸附剂投加量对氨氮吸附去除的影响

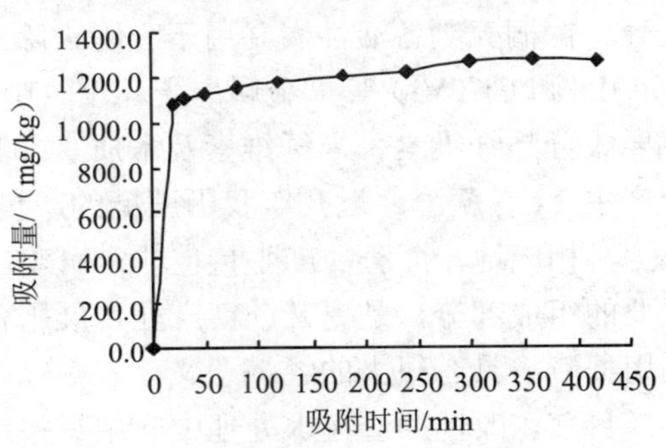

图 2-13-2 吸附时间对氨氮吸附去除的影响期

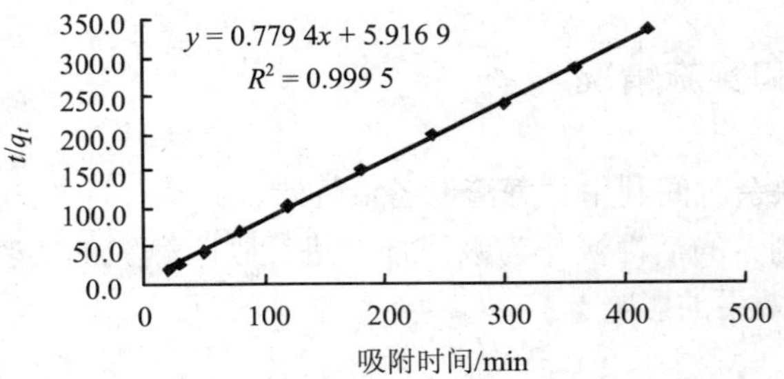

图 2-13-3 动力学模拟曲线

力学模型参数 K_2=3.59 g/（mg/min），相关系数 R^2 达 0.999 5，这说明准二级动力学模型包含在吸附反应的所有过程中，如外部液膜扩散、表面吸附和颗粒内部扩散等，能够更为真实地反映氨氮在碳化蔗渣上的吸附机理。

4．不同 pH 下氨氮的等温吸附模型

相平衡是研究两相之间达到平衡时的状态及各类参数（如温度、pH、溶液浓度）对状态的影响，是热力学研究中非常重要的组成部分。而吸附等温式则是用于描述此平衡状态及在参数影响下变化趋势的数学模型，表征了固定相对分离组分的吸附分离性能，提供了关于热力学性能的最基本信息，其中最常用的吸附等温式有 Langmuir 吸附等温方程式及 Freundlich 等温吸附方程式。

Langmuir 吸附理论是建立在气固理论吸附基础上的，但由于其方程中的参数具有一定的意义，因此，被广泛应用于固-液体系的吸附，对于固液体系 Langmuir 吸附等温方程式为：

$$q_e = \frac{(q_m \cdot K_L \cdot C_e)}{(1 + K_L \cdot C_e)}$$

化简得如下直线方程式：

$$\frac{C_e}{q_e} = \frac{1}{(q_\mathrm{m} \cdot K_L)} + \frac{C_e}{q_\mathrm{m}}$$

Freundlich 等温吸附方程式是建立在实验基础上的，其方程式如下：

$$q_e = K_F \cdot C_e^{1/n}$$

化简得如下直线方程式：

$$\ln q_e = \ln K_F + (\frac{1}{n}) \ln C_e$$

式中，K_F 为吸附系数，n 为常数，q_e 为平衡时的吸附量，C_e 为平衡时的溶液浓度。

根据不同 pH 下蔗渣对氨氮吸附实验数据，绘制不同 pH 下的吸附等温线，并用 Langmuir 吸附等温式的线性形式及 Freundlich 等温式的线性形式对数据点进行拟合（图 2-13-4 和图 2-13-5），结果表明 Langmuir 吸附等温模型线性拟合的相关系数 R^2 为 0.885 0～0.964 6，Freundlich 吸附等温模型线性拟合的相关系数 R^2 为 0.952 0～0.991 2（表 2-13-1）。

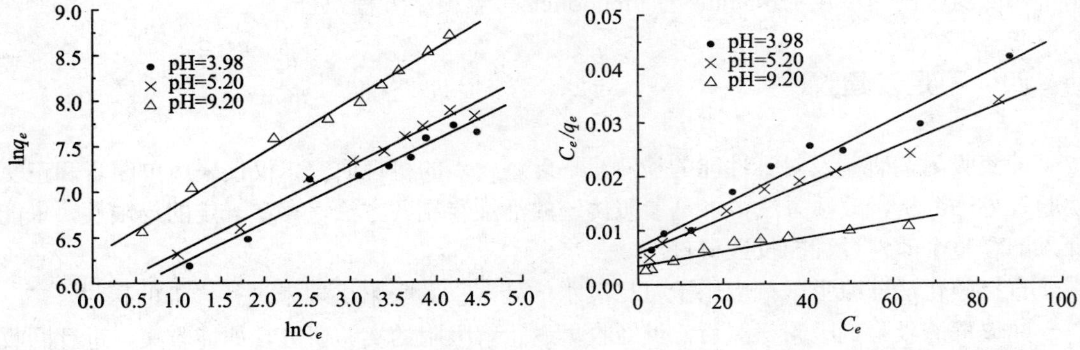

图 2-13-4　Langmuir 吸附等温线　　图 2-13-5　Freundlich 吸附等温线

表 2-13-1 蔗渣吸附剂对氨氮的等温吸附方程参数

Langmuir 等温方程				Freundlich 等温方程			
pH	q_m/（mg/kg）	K_L/（L/kg）	相关系数 R^2	pH	K_F/（L/kg）	1/n	相关系数 R^2
3.98	2 500	0.059	0.964 6	3.98	311.5	0.46	0.952
5.20	3 333	0.056	0.959 1	5.20	351.5	0.47	0.982
9.20	10 000	0.030	0.885 0	9.20	541.5	0.57	0.991

在不同 pH 下，根据所拟合出直线方程的斜率和截距可以计算出直接碳化法蔗渣吸附剂对氨氮的最大吸附量 q_m、常数 K_L 和 R^2（表 2-13-1）。随着 pH 的上升，直接碳化法蔗渣吸附剂对氨氮的最大吸附量也上升。当 pH 从 3.98 上升到 9.20 时，最大吸附量 q_m 由 2 500 mg/kg 上升到 10 000 mg/kg。由此可见，在碱性条件下直接碳化法蔗渣吸附剂对氨氮的吸附是有利的，在酸性条件下不利于吸附。当 pH=9.20 时，直接碳化蔗渣对氨氮的最大吸附量为 10 000 mg/kg，低于文献报道的蛭石对氨氮的最大吸附量 22 000 mg/kg，而接近于沸石对氨氮的最大吸附量 10 008 mg/kg。此外，该方程中的参数 K_L 为吸附结合能，是一种强度因子，K_L 值随 pH 的升高而减小。

经拟合后计算出的 Freundlich 等温吸附参数 $1/n$ 为 0.1～0.6，说明本研究中直接碳化法蔗渣吸附剂对氨氮易于吸附，可以作为氨氮的吸附剂。根据 Freundlich 理论，常数 K_F 可用于表示吸附能力的相对大小。常数 K_F 值随着 pH 的上升而增加，表明酸性条件不利于吸附。

5．结论

（1）随着碳化温度的升高，得率逐渐降低。在氨氮初始浓度分别为 C_0=20～60 mg/L、pH=6.93 和吸附温度 30℃条件下，碳化蔗渣对氨氮的吸附以 400℃高温碳化的蔗渣效果最好。

（2）吸附剂投加量越大，吸附时间越长或氨氮初始浓度越低，直接碳化法蔗渣对氨氮吸附去除率越高。在温度 40℃时，吸附量达到最大，直接碳化法蔗渣对氨氮吸附去除率最高。直接碳化法蔗渣吸附剂吸附氨氮，在中性和酸性条件下 pH 值的变化对吸附的影响不大，在碱性条件下随着 pH 值升高，变化相当明显。pH 值越高，越有利于吸附。

（3）直接碳化法蔗渣吸附剂吸附氨氮的过程很好地遵循了准动力学二级模型；蔗渣吸附剂对氨氮吸附可以用 Langmuir 与 Freundlich 等温模型方程拟合。

四、不足及建议

蔗渣吸附剂研制及对其性能的检测，缺乏进一步的机理研究，仅仅采用单因素和正交实验等方法分析，改性方法很多是参照传统的活性炭制备方法，存在一定的局限性，未能深入解释整个改性过程的反应机理。

直接碳化法蔗渣吸附剂应用于氨氮废水的处理，其吸附机理未进行详细的探讨。

建议蔗渣吸附剂吸附氨氮后，可经收集进行解吸附的实验研究，如能收集，进行回收利用，既能资源重新利用，又能节省能源，同时对蔗渣吸附剂的吸附原理能进一步地深化了解。

参考文献

[1] 岳舜琳．给水中的氨氮问题[J]．净水技术，2001，20（2）：12-14.

[2] 吴伟明，程式华．水稻根系育种的意义与前景[J]．中国水稻科学，2005，19（2）：174-180.

[3] 赵先贵，肖玲．控释肥料的研究进展[J]．中国生态农业学报，2002，3（10）：95-97.

[4] 蔡少炼．污染物对海洋生态环境的影响[J]．中国水产，2005，2：22-24.

[5] Mulder A，graaf Van De，Robertson L A，et al. Anaerobic ammonium oxidation discovered in a denitrifying fluidized bed reactor[J]. FEMS Microbiol．Ecol.，1995，16（3）：177-184.

[6] Sliekers A O，Derwort N，CamposGomez J L，et al．Completely autotrophic nitrogen removal over nitrite in one single reactor[J]. Water Res.，2002，36：2475-2482.

[7] Chitsan Lin．A negative-pressure aeration system for composting food wastes [J]．Bioresource Technology，2008（99）：7651-7656.

[8] 张杨珠，黄顺红，邹应斌．稻田土壤对铵的矿物固定对土壤保氮作用的贡献[J].生态环境，2006，15（4）：807-810.

[9] 温小乐，夏立江，徐亚萍．生活垃圾渗滤液对堆填区周边土壤铵态氮吸附能力的影响[J]．农业环境科学学报，2004，23（3）：503-507.

[10] 张英利，许安民，尚浩博.石灰性土壤对氮肥吸持力实验方法改进的实践[J]．实验科学与技术，2007，5（2）：5-7.

[11] 王利平，冯俊生，陈莉荣.用沸石吸附稀土冶炼氯铵废水中的氨氮[J]．化工环保，2005，25（3）：214-216.

[12] Le L M，Leuch，T J，Bandosz. The role of water and surface acidity on the reactive adsorption of ammonia on modified activated carbons [J]. Carbon，2007，45：568-578.

[13] 袁远平，钱斌，杨连青．用甘蔗渣制备活性炭的研究[J].城市公用事业，2001，15（4）：29-32.

[14] Romero Luis C，Antonio Bonomo，Gonzo Elio E．Peanut Shell Activated Carbon：Adsorption Capacities for Copper（II），Zinc（II），Nickel（II）and Chromium（VI）Ions from Aqueous Solutions [J]．Adsorption Science and Technology，2004，22（3）：237-243.

[15] Kermit Wiison，Hong Yang，Chung W Seo，et al. Select Metal Adsorption by Activated Carbon Made from Peanut Shells [J]. Bioresource Technology，2006，97：2266-2270.

[16] Ting-Kuo Feyg，Lee D C.，Lin Y Y，et al．High-capacity disordered carbons derived from peanut shells as lit hium-in-tercalating anode materials[J]．Synthetic Materials，2003，139：71-80.

[17] Jia Guo，Aik Chong Lua .Textural and chemical properties of adsorbent prepared from palm shell by phosphoric acid activation[J]．Materials Chemistry and Physics，2003，80：114-119.

[18] 2007年四季度国内糖市回顾及展望，http：//www.ynsugar.com/Article/PPKS/FXPL/200801/7497.htmL.

[19] 吕鸣群，陈晓宇，王殿君，等．用辐射甘蔗渣接枝法制备高吸水剂初探[J]．核农学报，2006，20（3）：222-224.

[20] 蒋卉，蒋文举，金燕，等．$ZnCl_2$-微波法制甘蔗渣活性炭工艺条件研究[J]．资源开发与市场，2005，21（2）：93-94.

[21] 罗儒显，朱锦瞻，朱江龙．蔗渣纤维素黄原酸酯的合成及其交换吸附性能研究[J]．环境污染与防治，2001，23（4）：160-162.

[22] 周晓薇．用蔗渣制颗粒活性炭[J]．广西蔗糖，2001，（4）：31-34.

[23] 吴晓芙，胡曰利，聂发辉，等．蛭石氨氮吸附量与起始溶液浓度和介质用量的函数关系[J]．环境科学研究，2005，18（1）：64-68.

[24] 袁俊生，郎宇琪，张林栋，等．沸石法工业污水氨氮治理技术研究[J]．环境污染治理技术与设备，2002，3（12）：60-63.

报告十四 竹炭对亚甲基蓝的吸附实验技术报告

一、概述

我国的水资源环境正面临着十分严重的污染，大部分废水未经处理就向外排放，对人们的生产和生活造成了严重的影响。其中，印染废水日排放300万～400万t，是排污大户之一。且多数染料废水性质稳定，不易生物降解，被公认为处理难度较大的废水之一。而吸附法被认为是一种适宜处理染料废水的好办法。目前，用于吸附染料废水的吸附剂有：活性炭、粘土、硅胶、沸石、壳质等。但这些吸附剂也存在缺点，如普通活性炭因具有丰富的孔结构和较高的比表面积，其对液相有机污染物的吸附性能曾得到广泛的重视，由于其较高的价格和再生费用及可能造成第二次污染等阻碍了其在废水处理中的大规模应用。因此，人们一直在寻找更廉价，吸附性能更优的吸附材料代替活性炭。竹炭是竹材热解得到的主要产品，是一种具有发达的内部孔隙结构，具有较大比表面积和强吸附性的新型吸附材料。我国是世界上竹类资源最丰富的国家之一，竹子具有生长周期短、成材快、易更新等特点，而且砍伐老竹是提高竹林林分质量的一项重要措施，以其为材料生产的竹炭，具有质地坚硬，吸附力强等优点。因此，充分发挥我国竹资源丰富的优势，用于治理日益严重的环境污染，将会获得巨大的经济效益和环境效益。

目前，竹炭应用于染料废水的处理研究很少有报道，本实验以模拟的亚甲基蓝染料废水为研究对象，采用静态吸附法研究了竹炭对亚甲基蓝染料废水的吸附平衡时间，从吸附动力学、吸附等温线等实验，让学生掌握竹炭吸附水溶液中亚甲基蓝的操作方法和基本原理。

二、研究内容和实施情况

学生利用竹炭为吸附剂，进行吸附亚甲基蓝的实验。主要包括竹炭吸附亚甲基蓝平衡时间的确定和吸附等温线的绘制等。

三、实验运行技术报告

1．吸附平衡时间的确定

称取0.1 g竹炭到100 mL塑料离心管中，加入初始浓度为100 mg/L的亚甲基蓝溶液50 mL，旋紧盖子，置于恒温振荡器上分别在30℃、40℃、50℃的条件下以150 r/min的转速振荡，分别在 15 min、30 min、60 min、90 min、120 min、180 min、240 min、300 min、360 min、480 min 取出，然后在 4000 r/min 下离心 10 min，取上清液，用 0.45 μm 滤膜过滤到聚乙烯塑料瓶中（初始的 1～2 mL 滤液弃掉），用分光光度法测定上层清液中亚甲基蓝的吸光度，根据工作曲线，求出溶液中亚甲基蓝浓度。在 pH=5.18 条件下，竹炭在 30℃、40℃、50℃温度条件下对亚甲基蓝染料溶液的吸附动力学曲线如图 2-14-1。

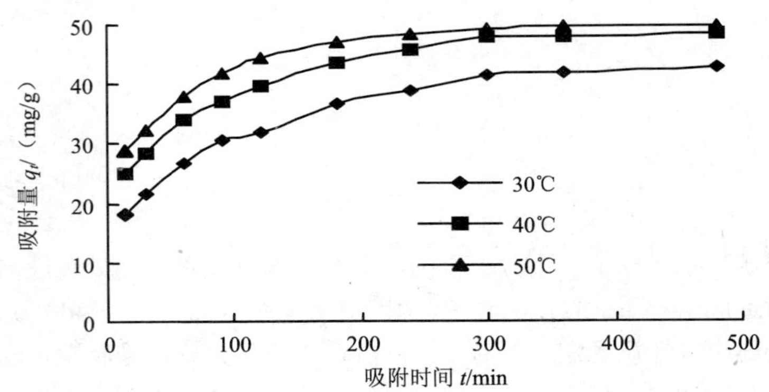

图 2-14-1 亚甲基蓝在竹炭上的吸附量-时间关系曲线（溶液 pH=5.18）

图 2-14-1 表明，不同温度条件下，竹炭对水溶液中亚甲基蓝染料的吸附随时间的变化规律是一致的。亚甲基蓝的平衡吸附量 q_e 随着温度的升高而增大。由此可见，亚甲基蓝在竹炭上的吸附属于吸热过程，升高温度有利于吸附的进行。此外，由图 2-14-1 还可以看出竹炭对亚甲基蓝的吸附可分为三个阶段，开始是一个快速吸附过程，在最初的 1 h 内，竹炭对亚甲基蓝的吸附量上升很快，在 30℃、40℃和 50℃条件下，1 h 的吸附量分别是平衡时吸附总量的 63%、70% 和 77%左右；而 1 h 后，则进入一个缓慢吸附的阶段，曲线变得较为平缓，吸附量变化不大；吸附 5 h 后，吸附基本达到平衡。这 3 个吸附过程可分别归因于吸附剂的表面吸附、吸附剂内扩散吸附和吸附平衡。

为了全面研究竹炭对亚甲基蓝染料的吸附动力学特性，分别用以下 4 种常用的动力学方程对不同时间的吸附量进行拟合，寻求最优方程，以模型线性化的相关系数 R^2 大小判断模型优劣。

准一级动力学方程：$\ln(q_e-q_t)=\ln q_e-k_{1t}$；

准二级动力学方程：$t/q_t=1/k_2q_{e2}+t/q_e$；

修正准一级动力学方程：$q_t/q_e+\ln(q_e-q_t)=\ln q_e-K_{1t}$

颗粒内扩散方程：$q_t=K_{dt}^{1/2}$。

式中，q_e、q_t 分别为吸附平衡和时间 t 时刻竹炭对亚甲基蓝染料的吸附量（mg/g），t 为反应时间，k_1 为准一级动力学吸附速率常数（1/min），k_2 为准二级吸附速率常数（g/(mg·min)），K_1 为修正准一级吸附速率常数（1/min），k_d 为颗粒内扩散速率常数（g/(mg·min$^{1/2}$)）。

基于以上四个方程式，以 $\ln(q_e-q_t)$ 为纵坐标，时间 t 为横坐标作图；以 t/q_t 为纵坐标，时间 t 为横坐标作图；以$[q_t/q_e+\ln(q_e-q_t)]$为纵坐标，时间 t 为横坐标作图；q_t 为纵坐标，时间的开方 $t^{1/2}$ 为横坐标作图，通过曲线的斜率和截距计算得到动力学模拟参数列于表 2-14-1。

表 2-14-1 不同温度条件下竹炭吸附亚甲基蓝的动力学模拟参数

温度/℃	准一级动力学方程		准二级动力学方程		修正准一级动力学方程		颗粒内膜扩散方程	
	k_1/（1/min）	R^2	k_2/（g/（mg·min））	R^2	K_1/（1/min）	R^2	k_d/（g/（mg·min$^{1/2}$））	R^2
30	0.004 5	0.975 5	0.000 6	0.994 3	0.008 8	0.952 5	1.593 4	0.976 5
40	0.005 6	0.969 1	0.000 7	0.997 4	0.011 7	0.950 0	1.565 7	0.962 9
50	0.006 8	0.983 8	0.001 0	0.999 4	0.014 5	0.972 1	1.377 0	0.911 7

动力学方程拟合结果表明，4 种动学方程的拟合程度均比较高；对比四种动力学拟合方程，准二级动力学方程拟合程度最优，在 30℃、40℃ 和 50℃ 条件下，其相关系数 R^2 均大于 0.99，这说明准二级动力学模型包含在吸附的所有过程，如外部液膜扩散、表面吸附和颗粒内部扩散等，能够更为真实地反映亚甲基蓝在竹炭上的吸附机理。而准一级动力学方程、准二级动力学方程、修正准一级动力学方程的吸附速率常数都随着温度的增高而逐渐增大，这说明温度越高吸附速率越快，吸附越容易达到平衡。由此也可以推断出，竹炭吸附亚甲基蓝是吸热反应。

2．吸附等温实验

称取 0.1 g 竹炭到 100 mL 塑料离心管中，溶液中亚甲基蓝浓度分别为 100 mg/L，150 mg/L，200 mg/L，250 mg/L，300 mg/L，350 mg/L，400 mg/L，450 mg/L，500 mg/L，pH 值为 5.2（用 0.1 mol/L HCl 或 NaOH 调节）。离心管密封后在 25℃下恒温振荡 6 h 至吸附平衡。然后在 4 000 r/min 下离心 10 min，用 0.45 μm 滤膜过滤到聚乙烯塑料瓶中（初始的 1～2 mL 滤液弃掉），用分光光度法测定上层清液中亚甲基蓝的吸光度，根据工作曲线，求出溶液中亚甲基蓝浓度。30℃、40℃、50℃下竹炭对亚甲基蓝的吸附等温线见图 2-14-2。为了探讨竹炭对亚甲基蓝的吸附行为，采用经典的 Langmuir 方程对不同温度条件下（30℃、40℃、50℃）吸附等温线的实验数据进行线性拟合处理。Langmuir 等温吸附方程的线性化形式为 $C_e/q_e=1/(q_m \cdot K)+C_e/q_m$。式中：$q_e$ 为平衡时的吸附量（mg/g）；C_e 为吸附平衡时溶液中亚甲基蓝浓度（mg/L）；q_m 为最大吸附量（mg/g）；K 为 Langmuir 吸附常数。利用 Langmuir 等温吸附方程的线性化形式拟合实验数据，根据所拟合的回归方程的斜率和截距可以计算出竹炭对亚甲基蓝染料的最大吸附量 q_m 及吸附平衡常数 K，结果列于表 2-14-2。

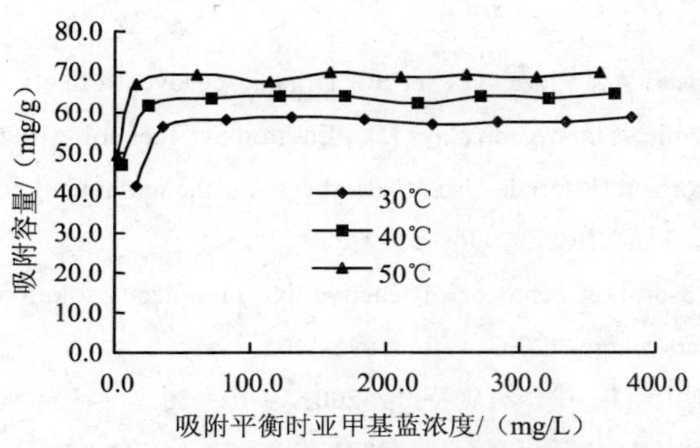

图 2-14-2 不同温度下亚甲基蓝在竹炭上的吸附等温线

表 2-14-2 竹炭吸附亚甲基蓝的 Langmuir 吸附模型参数

温度/℃	q_m/（mol/kg）	K/（m^3/mol）	R^2
30	0.156	135.99	0.999 5
40	0.171	250.66	0.999 6
50	0.187	337.25	0.999 7

表 2-14-2 研究结果表明，在不同温度下，竹炭对亚甲基蓝的最大吸附量的大小顺序为：q_m（50℃）＞q_m（40℃）＞q_m（30℃），而且在 50℃时，饱和吸附量为 69.930 1 mg/g，大于普通活性炭对亚甲基蓝的最大吸附量，也大于碳纳米管对亚甲蓝的吸附量，表明竹炭是一种除亚甲基蓝的良好吸附剂。K 是与吸附剂、吸附质的本性及温度相关的吸附平衡常数，K 值越大，其吸附能力越强。由表 2-14-2 可见，吸附平衡常数 K 随着温度的升高而增大，说明升高温度有利于吸附反应的进行，并证明了温度是影响吸附的主要因素。在三种温度条件下，相关系数 R^2 均达到极显著水平，说明竹炭对亚甲基蓝的吸附特征可用 Langmuir 等温吸附模型进行描述。

3．结论

在实验的不同温度条件下，竹炭吸附亚甲基蓝染料的动力学符合准二级动力学方程，当温度为 50℃时，$R^2 = 0.999\ 4$。吸附活化能 Ea 为 20.68 kJ/mol，吸附作用以物理吸附为主。

等温吸附实验数据符合 Langmuir 吸附模型，在 30℃、40℃和 50℃条件下的吸附容量分别为 58.48 mg/g、64.10 mg/g、69.93 mg/g，大于普通活性炭对亚甲基蓝的最大吸附量；竹炭吸附亚甲基蓝的吸附标准焓变 ΔH_o 值为 36.436 kJ/mol，吸附过程为吸热过程，升温有利于吸附。

四、不足及建议

对竹炭吸附剂性能的检测还缺乏进一步的机理研究。建议竹炭吸附剂吸附亚甲基蓝后，可经收集进行解吸的实验研究，如能收集，进行回收利用，既能资源重新利用，又能节省能源，同时对竹炭吸附剂的吸附原理作进一步的深化了解。

参考文献

[1] Nzengung VA，Voudrias E A，Kizza NP，et al．Organic cosovent effects on sorption equilibrium of hydrophobic organic chemicals by organo clays [J]．Environ Sci Technol，1996，30：89-96.

[2] Allen S J．Types of adsorbent materials-Use of adsorbents for the removal of pollutants from waste waters [M]．USA Boca Raton，FL：CRC，1996：59-97.

[3] Chiou MS，Li HY．Adsorption behavior of reactive dye in aqueous solution on chemical cross-linked chitosan beads [J]. Chemo-sphere，2003，50：1095-1105.

[4] 吴巧玲．竹炭的开发与用途[J]．中国林副特产，2001，（1）：39.

[5] 张文标．竹炭生产和应用[J]．竹子研究汇刊，2001，20（2）：49-54.

[6] 汪奎宏．竹类资源利用现状及深度开发[J]．竹子研究汇刊，2000，19（4）：72-75.

[7] 张启伟，熊春华. 氨基磷酸树脂对汞的吸附性能及其机理[J]. 离子交换与吸附，2003，19(6)：525-531 .

[8] 周洁，阳永荣，王靖岱. 新型介孔活性炭对 Cr（Ⅵ）的吸附动力学研究[J]. 化工进展，2005，24（4）：403-407 .

[9] 靳友彬，等. 羧基稻草阳离子吸附剂的制备及其去除水溶液中亚甲基蓝的研究[J]. 环境科学学报，2006，26（12）：1898-1993.

[10] LazaridisN K，KarapantsiosTD，GeorgantasD. Kinetic analysis for the removal of a reactive dye from aqueous solution onto hydrotalcite by adsorption [J]．Water Research，2003，37：3023-3033.

[11] Ho Y S，McKay G．Pseudo-second order model for sorption processes [J]．Process Biochemistry，1999. 34：451-465.

[12] Özacar Mahmut，Sengil ÌAyhan．A kinetic study of metal complex dye sorption onto pine sawdust [J]．Process Biochemistry，2005，40：565-572.

[13] Yang X Y，Al-Duri Bushra．Kinetic modeling of liquid-phase adsorption of reactive dyes on activated carbon [J]．Journal of Colloid and Interface Science，2005，287：25-34.

[14] Chang M Y，Juang R S．Adsorption of tannic acid，humic acid，and dyes from water using the composite of chitosan and activated clay [J]．Colloid and Interface Sci，2004，278：18-25.

[15] 焦新亭，李晓东，刘国文，陈全虎. 碳纳米管对亚甲基蓝的吸附性能研究[J]. 安全与环境学报，2007，7（3）：44-47.

报告十五 植物模板遗态材料对水中铬（Ⅵ）的吸附实验技术报告

一、概述

铬（Ⅵ）有很强的刺激性和腐蚀性，其化合物可通过吸入或皮肤接触进入人体，是常见的致癌物质。含铬废水主要产生在电镀、制革、采矿、染料等工业产生中，对环境有很大的危害。吸附法和离子交换法都是处理含铬废水常用的方法。

近年来国内外的研究者致力于寻找各种天然、廉价、高效的吸附材料。范娟等以造纸工业的副产物木素磺酸盐与甲醛通过反相悬浮聚合制备的木素磺酸盐树脂为吸附剂，以重铬酸钾为吸附对象，详细研究了木素磺酸盐树脂对六价铬的吸附特性。结果表明，室温下木素磺酸盐树脂对六价铬的吸附等温线与 Langmuir 方程基本相符，升高温度或增加溶液的酸度均可以显著地提高树脂对六价铬的平衡吸附量，树脂对六价铬的去除应是化学吸附与离子交换共同作用的结果。喻德忠等采用溶胶-凝胶法合成了纳米氧化铁，并研究了纳米级氧化铁对 Cr（VI）的吸附。在 pH=3.0，吸附比为 3.5×10^{-6}：1×10^{-2} g/g 时，平均吸附效率为 95.98%，最大吸附量为 398.3 μg Cr（VI）/g。采用 2mol/LNaOH 可完全洗脱纳米氧化铁所吸附的 Cr（VI），测定了回收后的纳米氧化铁对 Cr（VI）的吸附效率，结果表明纳米级氧化铁可循环使用，这将为环境污水中 Cr（VI）的治理及研究纳米材料的吸附行为提供参考。李静等采用阳离子聚合物聚环氧氯丙烷二甲铵（EPI-DMA）和聚二甲基二烯丙基氯化铵（PDMDAAC）分别对钠基膨润土进行了改性，研究了改性膨润土吸附 Cr（Ⅵ）的主要影响因素。结果表明，膨润土经阳离子聚合物改性处理后，吸附 Cr（Ⅵ）的能力提高了 5 倍以上。改性膨润土所使用的阳离子聚合物量、阳离子聚合物/膨润土的投加量、溶液 pH 值、温度、振荡时间影响其对 Cr（Ⅵ）的吸附行为。阳离子聚合物负载量分别为 99.6 mg/g 的 EPI-DMA/Bt 和 55.1 mg/g 的 PDMDAAC/Bt，在 20℃，pH=4.0 的溶液中，投加量为 10 g/L 反应 120 min 时，对 Cr（Ⅵ）的吸附量分别为 0.71 mg/g 和 0.56 mg/g。EPI-DMA/Bt 和 PDMDAAC/Bt 对 Cr（Ⅵ）的吸附符合伪二级动力学方程和 Langmuir 等温吸附模式。

遗态材料是借用自然界生物经过亿万年的进化演变而形成的完美独特结构及优异性能，通过人工方法，改变其结构组分，制备出既保持自然界生物精细结构，又通过有选择性的复合，而人为赋予特性和功能的材料。木质材料通过炭化即可形成具有多孔结构的炭材料，经过特殊表面处理即可形成具有很强吸附活性的活性多孔炭，研究者们发现一些炭化的木材对于电磁波具有强烈的吸收作用。植物多孔炭本身即可在水净化，改善居住环境，电磁波屏蔽等环境保护等领域得到应用。

二、研究内容和实施情况

1．作为选做综合实验项目开设，时间为两课时，指导学生利用已制备好的遗态材料吸附水中 Cr（Ⅵ）。

2．指导学生对吸附前后水样中 Cr（Ⅵ）的含量进行测定。

3．指导学生撰写科研报告式的实验结果。

三、实验运行技术报告

本实验选取桉树为植物模板，硝酸铁为前驱体溶液制备出桉树遗态 Fe_2O_3/Fe_3O_4 复合材料并将其应用于吸附水中 Cr（Ⅵ），是对遗态材料应用的一种新的探索。

1．桉树遗态 Fe_2O_3/Fe_3O_4 材料的制备

（1）将原始木材切割为约 30 mm×10 mm×3 mm 尺寸的块体，首先在 5%稀氨水中 100℃煮 6 h，以进行抽提预处理，随后用超纯水洗净，并于 80℃烘箱内干燥 24 h。

（2）将硝酸铁溶于乙醇-超纯水（1∶1）混合溶剂中，得到 1.2 mol/L 硝酸铁前驱体溶液。木材试样浸没于前驱体溶液中，并在 60℃水浴锅内保温 3 天，期间添加前驱体溶液以保证木材始终处于浸没状态。从溶液中取出试样后，在 60℃下烘干 24 h，重复浸渍 3 次。

（3）将样品在马弗炉中 600℃条件下焙烧 3 h，待炉冷至室温，最终获得桉树遗态 Fe_2O_3/Fe_3O_4 复合材料。

2．分析仪器与方法

水样中的测定方法采用二苯碳酰二肼分光光度法（GB 7467—87），本研究中所采用的主要仪器设备见表 2-15-1 所示。

表 2-15-1 主要仪器设备一览表

序号	设备及仪器名称	型号
1	回旋式水浴恒温振荡器	SHZ-82
2	精密酸度仪	HACH sension2
3	分析天平	FA1004
4	电热鼓风干燥箱	GZX-9240MBE
5	生化恒温培养箱	SPX-250B-Z
6	箱式电阻炉	SX-4-10
7	紫光可见分光光度计	UV-2100
8	超纯水器	UPW-40NE
9	离心机	TDL-48

3．实验用水

本研究所用的含 Cr（Ⅵ）水样为实验室配制的模拟水样。称取于 120℃干燥 2 h 并冷却至室温的重铬酸钾 0.282 9 g，用蒸馏水溶解后，移入 1 000 mL 容量瓶中，用超纯水稀释至标线，摇匀。该溶液 Cr（Ⅵ）含量为 100 mg/L，再将其稀释至 10 mg/L 供实验用。

4. 吸附实验运行方案

实验可以考察影响遗态材料吸附 Cr（Ⅵ）的因素，包括水样 pH 值、温度，遗态材料投加量、粒径等。本报告只选取水样 pH 值、遗态材料投加量的影响进行研究。

（1）水样 pH 值对吸附效果的影响研究

取 5 个 100 mL 碘量瓶加入 0.5 g 过 100 目筛的粉状遗态材料，再加入 pH 值分别为 2、3、4、5、6 的 Cr（Ⅵ）水样 50 mL，放入恒温水域振荡（25℃）箱振荡 30 min。取上清液用定性滤纸过滤然后测定水样中 Cr（Ⅵ）含量并计算 Cr（Ⅵ）去除率和吸附量。

（2）遗态材料投加量对吸附效果的影响研究

取 5 个 100 mL 碘量瓶分别加入 0.3 g、0.4 g、0.5 g、0.6 g、0.7 g 过 100 目筛的粉状遗态材料，再加入 pH 值为 2 的 Cr（Ⅵ）水样 50 mL，放入恒温水域振荡（25℃）箱振荡 30 min。取上清液定性滤纸过滤然后测定水样中 Cr（Ⅵ）含量并计算 Cr（Ⅵ）去除率和吸附量。

5. 结果与分析

（1）遗态材料的表征

桉树木材模板在浸渍前驱体溶液后，在马弗炉中高温烧结，经过脱水、有机成分分解、硝酸铁分解等一系列过程，最终得到含有氧化铁和磁性氧化铁的多孔氧化物。图 2-15-1 为烧制所得具磁性遗态材料 X 射线衍射谱图。

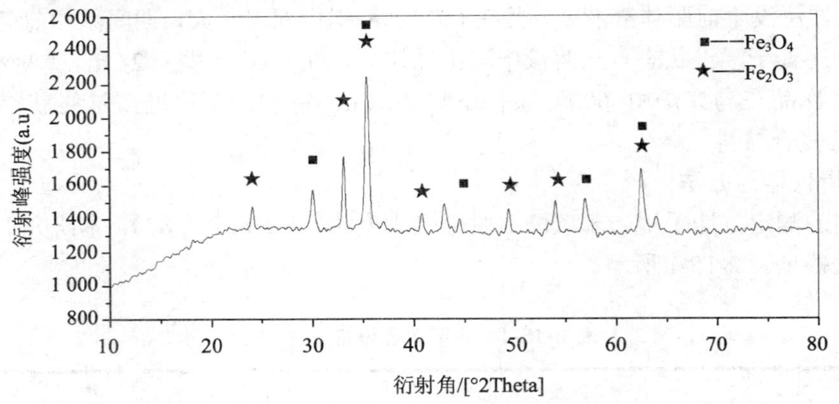

图 2-15-1　XRD 衍射谱图

由图 2-15-1 显示，XRD 曲线在 2θ=24°、33°、35°、41°、50°、55°、62°处出现衍射峰，经分析认为这是 Fe_2O_3 特征峰，XRD 曲线在 2θ=30°、35°、45°、57°、62°处出现衍射峰，经分析认为这是 Fe_3O_4 特征峰，表明桉树植物模板所吸附的硝酸铁前驱液经化学分解为氧化铁，高温含氧环境下，分解所得部分氧化铁在高温作用下被氧化为磁性氧化铁，前驱体中的氮元素也以气体形式排出。利用 Jade5.0 软件中的 RIR 方法计算物相质量分数，结果表明 Fe_3O_4 含量为 67.14%，Fe_2O_3 含量为 32.86%。

遗态材料的红外光谱如图 2-15-2 所示。

谱图中波长为 3 454 cm^{-1} 附近的峰是粉体吸附水的 O-H 伸缩振动，波长为 1 636 cm^{-1} 的峰是 H-O-H 弯曲振动。波长为 1 380 cm^{-1} 的峰是粉体中残存的 NO^{3-} 产生的 O-N-O 伸缩振动。波长为 400～600 cm^{-1} 之间出现的峰为 Fe-O 特征峰。样品的红外光谱图分析的结果与 XRD 分析结果一致。

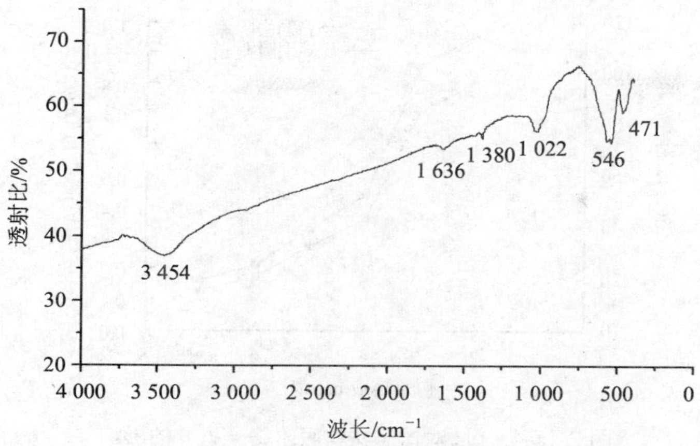

图 2-15-2 遗态材料的红外光谱

遗态材料的 SEM 照片如图 2-15-3 所示。

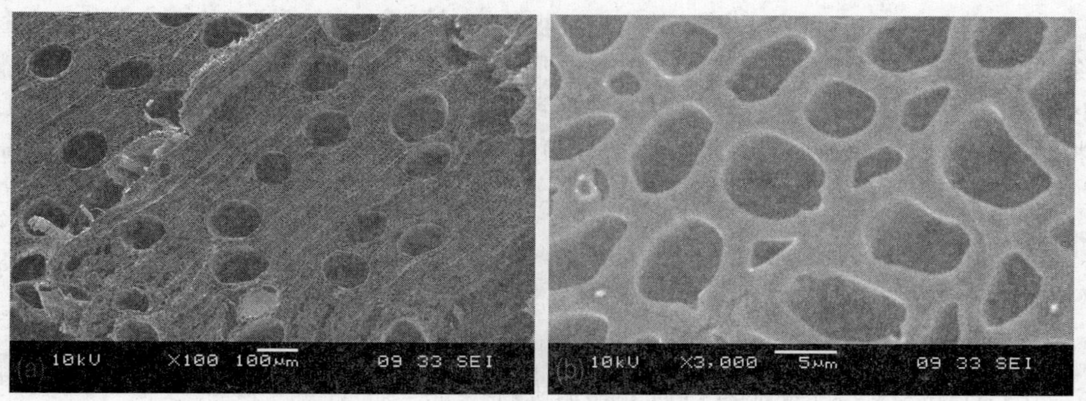

图 2-15-3 （a）、（b）碳化桉树结构 Fe_2O_3/Fe_3O_4 的 SEM 照片

由图 2-15-3（a）、（b）看出，使用桉树木材作为植物模板，经实验选用的浸渍物浸渍，再通过烧制所得遗态材料具有较大的导管孔和较小的纤维孔，呈分级多孔状，很好地保留了桉树天然多孔分级遗态特征，在木材的转换过程中并无出现形态畸变及孔隙堵塞等现象。

（2）pH 对遗态材料吸附铬（Ⅵ）的影响

将 50 mL 初始浓度为 10 mg/L 的 $K_2Cr_2O_7$ 溶液加入到 100 mL 离心管中，pH 值分别调为 2.0、3.0、4.0、5.0、6.0、7.0。每个离心管中各加入 0.5 g 粒径大于 100 目的吸附剂，加塞后 25℃恒温振荡至吸附平衡。实验结果如图 2-15-4 所示。

从图 2-15-4 中可以看出溶液的初始 pH 值对遗态材料吸附铬（Ⅵ）的影响很大，在 pH 2～7 范围内，随着 pH 值的升高，遗态材料对铬（Ⅵ）的吸附量及去除率均明显下降。当 pH 为 2 时，对铬（Ⅵ）的最大吸附量为 0.98mg/g，最大去除率均为 95.74%。

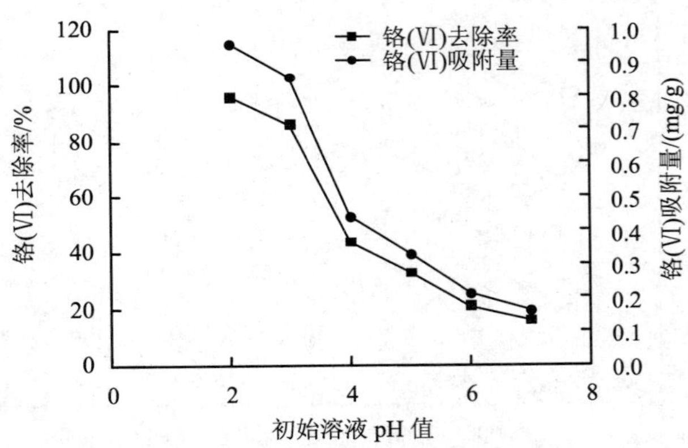

图 2-15-4 pH 对遗态材料吸附铬（VI）的影响

铬（VI）以不同的形式存在于水溶液中，如 $Cr_2O_7^{2-}$、CrO_4^{2-}和 $HCrO_4^-$，在强酸性条件下，主要以 $Cr_2O_7^{2-}$和 $HCrO_4^-$形式存在。遗态材料具有的微孔结构在溶液中有较强的吸附作用，当溶液呈酸性时，一部分铬（VI）被牢固地吸附在遗态材料的孔隙中。在强酸性条件下，铬（VI）主要以 $Cr_2O_7^{2-}$和 $HCrO_4^-$形式存在，氧化铁主要以 $Fe\text{-}OH_2^+$形式存在，因此 $Cr_2O_7^{2-}$和 $HCrO_4^-$由于静电引力被吸附到带正电的氧化铁表面。氧化铁中的铁（II）将剧毒的铬（VI）还原成毒性极微的铬（III），从而降低铬（VI）的浓度。反应如下：

$$Cr_2O_7^{2-}+6Fe^{2+}+14H^+ \longrightarrow 2Cr^{3+}+6Fe^{3+}+7H_2O$$

$$HCrO_4^-+3Fe^{2+}+7H^+ \longrightarrow Cr^{3+}+3Fe^{3+}+4H_2O$$

因此酸性条件更利于遗态材料对铬（VI）的吸附。

（3）遗态材料投加量对铬（VI）的吸附影响

取浓度为 10 mg/L 的 50 mL $K_2Cr_2O_7$ 溶液分别置于 100 mL 离心管中，分别加入 0.1、0.2、0.3、0.4、0.5、0.6、0.7、0.8、0.9、1.0 g 粒径大于 100 目的吸附剂，pH 值取 2，加塞后 25℃恒温振荡至吸附平衡。实验结果如图 2-15-5 所示。

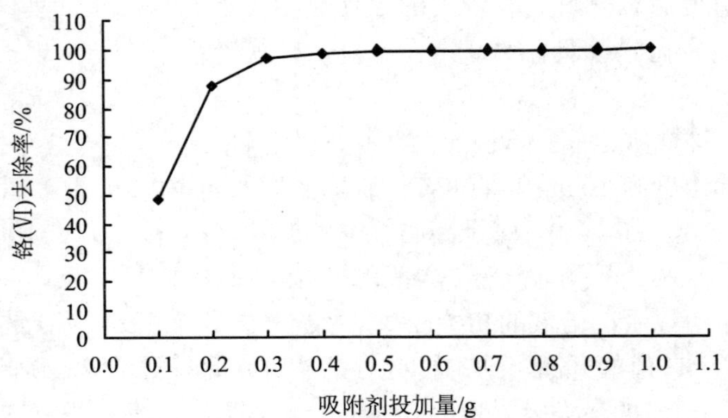

图 2-15-5 投加量对遗态材料吸附铬（VI）的影响

随着遗态材料投加量的增加，水中铬（Ⅵ）的去除率呈迅速上升。当投加量达 0.5 g 时，去除率达到99.80%，之后再增加遗态材料投加量，去除率不会发生明显的变化，此时经过处理的水中铬（Ⅵ）的含量已经达到生活饮用水卫生标准（GB 5749—2006）。

四、不足及建议

实验项目的实施只能作为选作项目，且实验前期材料的准备时间较长，材料理念比较新，对学生的理论知识和实验操作技能基础要求较高，且实验报告宜以科研报告形式提交。对有学生科技立项课题或者其他课题支持开展较为适宜，有一定的实验开展局限性。

参考文献

[1] Baroni P，Vieira R S，Meneghetti E，et al. Evaluation of batch adsorption of chromium ions on natural and crosslinked chitosan membranes[J]. Journal of Hazardous Materials，2008，152（3）：1155-1163.

[2] 孟祥和，胡国飞. 重金属废水处理[M]. 北京：化学工业出版社，2000.

[3] 范娟，詹怀宇. 木素磺酸盐树脂对六价铬的吸附实验研究[J]. 湖南大学学报（自然科学版），2009，36（10）：59-62.

[4] 喻德忠，蔡汝秀，潘祖亭. 纳米级氧化铁的合成及其对六价铬的吸附性能研究[J]. 武汉大学学报（理学版），2002，48（2）：136-138.

[5] 李静，岳钦艳，李倩，等. 阳离子聚合物改性膨润土对六价铬的吸附特性研究[J]. 环境科学，2002，30（6）：1738-1742.

[6] 余梅芳，胡晓斌，姚健萍，等. 稻壳制活性炭及其对污水中铬的吸附能力研究[J]. 西北农业大学学报，2007，16（1）：26-29.

[7] Hui-Ming Cheng，Hiroyuki Endo，Toshihiro Okabe. graphitization behavior of Wood Ceramics and Bamboo Ceramics determined by Xray diffraction[J]. Porous Mater. 1999，6：233.

[8] 张齐生. 重视竹材化学利用，开发竹炭应用技术[J]. 竹子研究汇刊，2001，20（3）：34-35.

[9] 叶喜祥，王益冰. 竹炭的应用推广，中国竹类资源的有效利用展望，竹炭和竹醋液的机能与科学[M]. 北京：中国林业出版社，2001.

[10] 古绪鹅. 自动调节室内湿度的保健型涂料的研制[J]. 应用科技，2000，27（6）：2-3.

[11] Hoffmann M M，Darab Jg，Fulton J L. An infrared and X-ray absorption study of the equilibria and structures of chromate，bichromate，and dichromate in ambient aqueous solutions[J]. J. Phys. Chem. A，2001，105：1772-1782.

[12] Hovey J K，Helper Lg. Apparent and partial molar heat capacities and volumes of CrO_4^{2-}（aq），$HCrO_4^-$（aq），$Cr_2O_7^{2-}$（aq）at 25℃：chemical relaxation and calculation of equilibrium constants for high temperatures[J]. J. Phys. Chem.，1990，94：7821-7830.

[13] Zhao D，Sengupta A K，Stewart L. Selective Removal of Cr（VI）oxyanions with a new anion exchanger[J]. Ind. Eng. Chem. Res.，1998，37：4383-4387.

报告十六 聚硅酸铁铝混凝剂的制备及其混凝除磷实验技术报告

一、概述

聚铝混凝剂具有丰富的多核羟基络合物，具有极强的吸附架桥和卷扫作用，混凝效果较好。从20世纪60年代起聚铝混凝剂开始逐步取代传统铝盐而广泛用于给水处理和污水处理。铁混凝剂相对铝混凝剂而言，具有絮体密实、沉降速度快的优点，尤其是聚合硫酸铁，在应用中仅次于聚合硫酸铝。但是也有人研究发现在应用聚合硫酸铁时，存在着一些缺陷，如腐蚀管道和设备、水解物积淀结垢、处理出水水色偏黄等。因此，如何将聚铝混凝剂和聚铁混凝剂的优点结合起来，制备一种优良的新型混凝剂引起了污水处理研究工作者的广泛关注。

20世纪90年代初，国外首先发表了聚硅酸铝混凝剂（简称PSAA）研制成功的报道，国内近年来也开展了对聚硅酸盐混凝剂的深入研究。传统铝盐和铁盐混凝剂主要是以其水解产物发挥混凝作用，当混凝剂投入水中后，铝离子或铁离子开始水解聚合，在此过程中产生各种聚合度的络合阳离子，各种形态的铝和铁离子在整个混凝过程中可以发挥脱稳凝聚、吸附架桥、吸附卷扫等作用。近年来人们对Al^{3+}和Fe^{3+}的水解—聚合—沉淀的化学行为、Al^{3+}和Fe^{3+}各自的聚合机理、聚合物形态分布特征及转化规律进行了深入研究，有很多文献资料报道了利用聚合硅酸高分子与金属盐类为原料，制备液体聚硅酸铝铁混凝剂。但至今为止，有关用$Na_2SiO_3·9H_2O$、$Fe_2(SO_4)_3$和$Al_2(SO_4)_3·18H_2O$为主要原料，制备聚硅酸铁铝混凝剂的并用于除磷的研究报道较少。因此，本实验的目的是尝试用聚硅酸铝铁混凝剂进行除磷。

二、研究内容和实施情况

1．指导学生在课余时间制备聚硅酸铝铁混凝剂；

2．学生利用自己制备的聚硅酸铝铁混凝剂进行混凝除磷实验。

三、实验运行技术报告

1．采用共聚法制备聚硅酸铝铁混凝剂

（1）配制摩尔浓度为 0.4 mol/L（以 SiO_2 计）的硅酸钠溶液 1 L：即称取 113.64 g

$Na_2SiO_3·9H_2O$（分子量 284.10）置 1 000 mL 的烧杯中，加蒸馏水约 900 mL 使之全部溶解，将其置于温控搅拌器上于 25℃条件下，边搅拌边滴加 3 mol/L 的硫酸溶液，调节其 pH 值到 2.5，获得聚硅酸溶液，并在 25℃条件下沉置老化 30 min。然后转移到 1 000 mL 的容量瓶中，用蒸馏水定容到刻度。

（2）配制硫酸铝/铁混合溶液：配制 Al^{3+}/Fe^{3+}摩尔比为 3∶7 且 Al^{3+}和 Fe^{3+}的摩尔浓度之和为 1.0 mol/L 的硫酸铝/铁混合溶液 500 mL。即称取 50.00 g 的 $Al_2(SO_4)_3·18H_2O$ 和 70.00 g $Fe_2(SO_4)_3$ 置于 500 mL 的烧杯中，用蒸馏水溶解后，转移到 500 mL 的容量瓶中，定容到刻度。

（3）将 1 000 mL 0.4 mol/L（以 SiO_2 计）pH 值已调节到 2.5 的聚硅酸溶液倒入 2000 mL 的烧杯中，于 30℃条件下，边搅拌边加入 Al^{3+}/Fe^{3+}摩尔比为 3∶7 的硫酸铝/铁溶液 300 mL。此硅酸铝铁混凝剂中 Al^{3+}和 Fe^{3+}的摩尔浓度之和为 0.231 mol/L，以 Fe_2O_3 和 Al_2O_3 的计算的质量浓度为 33 mg/mL。

（4）陈化 3 h 后，在功率为 180 W，频率为 40 kHz 的超声波条件下超声搅拌 30 min，即得液体聚硅酸铝铁混凝剂产品。

2．最佳投药量实验

水样 pH 值为 6.07，总磷浓度为 1.28 mg/L，聚硅酸铝铁混凝剂投药量以 Fe_2O_3 和 Al_2O_3 计，进行混凝实验，磷的实验结果如图 2-16-1 所示，浊度的实验结果如图 2-16-2 所示。

由图 2-16-1 可见，残余磷的浓度随投药量的增大而减小，当投药量大于 20 mg/L 后，残余磷的浓度低于 0.5 mg/L，达到了《城镇污水处理污染物排放标准》（GB 18918—2002）一级 A 排放标准（TP≤0.5 mg/L）。总磷的去除率随投药量的增大而增大，当投药量大于 20 mg/L 后，总磷去除率大于 70.0%，但增大的速度较小，当投药量为 35 mg/L 时，总磷去除率最大，为 74.62%，即最佳投药量为 35 mg/L。

由图 2-16-2 可以看出，当投药量为 0.075～0.250 g/L，浊度去除率随固体 PSAF 投加量的变化而变化范围为 30%～60%，变化幅度不大。但当投药量大于 0.125 g/L 之后，随着投药量增加到 0.250 g/L，溶液中剩余浊度稍有增大，浊度去除率略有降低。这可能是因为随着固体混凝剂 PSAF 投加量的增加，水溶液中的铁盐和铝盐水解程度的变化和形态的转化所致。实验结果表明，固体混凝剂 PSAF 在去除磷的同时，对浊度的去除率为 30%～60%。

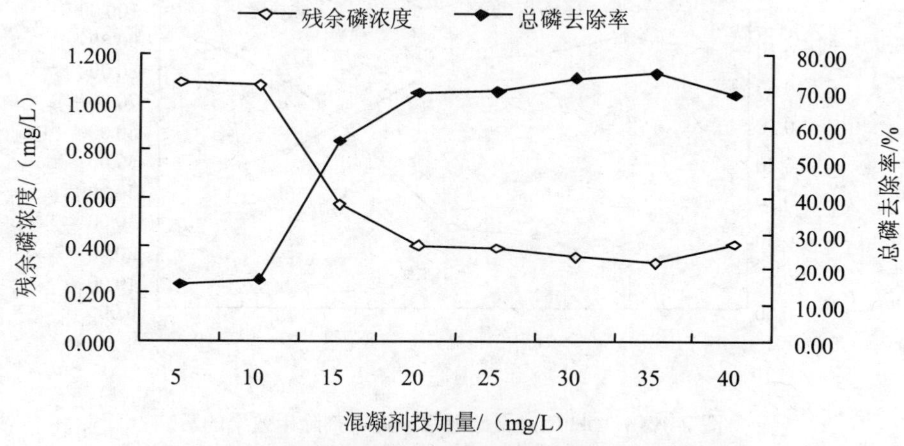

图 2-16-1 聚硅酸铝铁混凝剂投加量对除磷效果的影响

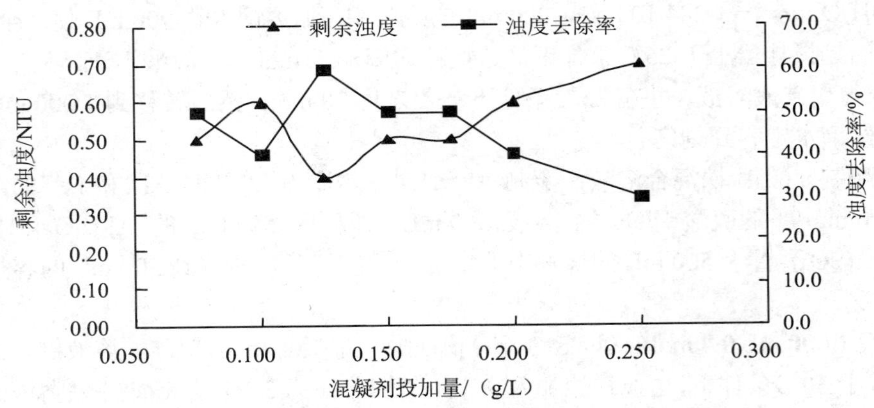

图 2-16-2 固体 PSAF 投加量对浊度去除率的影响

3．最佳 pH 实验

用 0.1mol/L 的 NaOH 或 HNO_3 溶液将水样（pH 值为 6.07，总磷浓度为 1.28 mg/L）的 pH 分别调制 4、5、6、7、8、9、10，用 1 000 mL 量筒量取已调节好 pH 的水样 800 mL 与 1 000 mL 的烧杯中，加入一定量的混凝剂，使加入混凝剂后的水样中混凝剂的质量浓度为 35 mg/L（以 Fe_2O_3，$Al_2O_3^-$计）的聚硅酸铝铁混凝剂，磷的实验结果如图 2-16-3 所示，浊度的实验结果如图 2-16-4 所示。

由图 2-16-3 可以看出，在 pH 为 4～5 范围内总磷的去除率为随 pH 值的增大而增大，在 pH 为 5～10 范围内总磷的去除率为随 pH 值的增大而逐渐降低。除磷较好的 pH 范围为 4～7，除磷最佳的 pH 值约为 5，当 pH=5 时，总磷去除率达到 91.03%，说明当水样处于中性偏酸性条件时，除磷效果较好。当 pH 从 7 增至 10 时，磷去除率从 82.98%降至 44.30%。

从图 2-16-4 可以看出，当 pH 值为 4～8，浊度的去除率随 pH 值的升高而增大，当 pH=8 时，浊度去除率达 70%。之后随着 pH 值的升高，浊度去除率降低，当 pH 值从 8 升高至 10 时，泊度去除率由 70%降至 30%。除浊度最佳的 pH 值范围为 6～8，此时，溶液中剩余浊度的浓度低于 0.5。

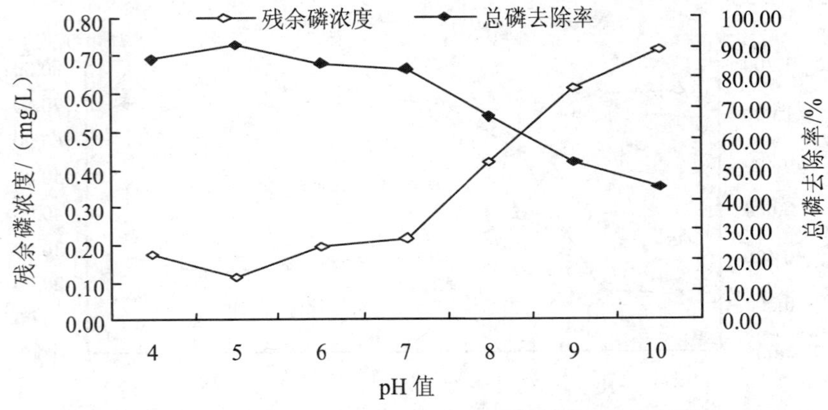

图 2-16-3 pH 值对聚硅酸铝铁混凝剂除磷效果的影响

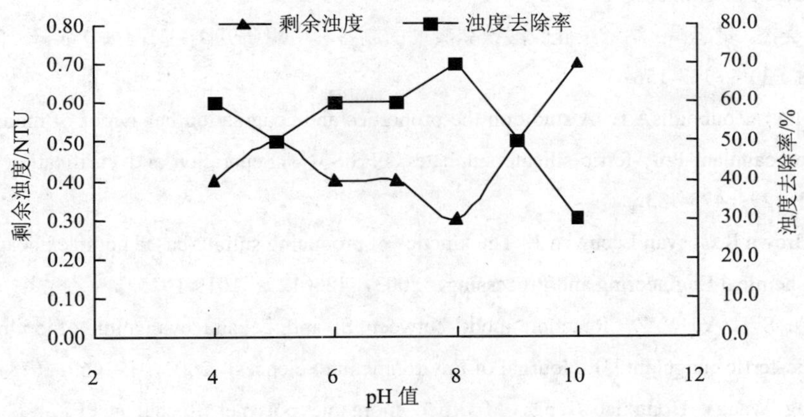

图 2-16-4　溶液 pH 值对浊度去除率的影响

4．结论

（1）当原水总磷浓度为 1.28 mg/L，pH 为 6.07 时，聚硅酸铝铁混凝剂的最佳投药量为 35 mg/L（以 Fe_2O_3 和 Al_2O_3 计），磷的去除率为 74.62%，溶液中残余磷浓度为 0.325 mg/L。

（2）聚硅酸铝铁混凝剂除磷的较好的 pH 范围为 4～7，最佳 pH 为 5 左右。

（3）在最佳投药量和最佳 pH 值下，浊度去除率为 60%，溶液中残余浊度为 0.4 NTU。

四、不足及建议

对所制得的聚硅酸铝铁混凝剂，稳定时间不长，缺乏进一步的机理研究。建议改善制备工艺条件，延长稳定时间。

参考文献

[1] 李润生. 水处理新药剂——碱式氯化铝[M]. 北京：中国建筑工业出版社，1981：1-7.

[2] 许士洪，彭长琪，上官文峰. 聚氯硫酸铝铁的制备及絮凝性能研究[J]. 环境化学，2005，24（2）：158-161.

[3] 吴云生，章北平，陆谢娟，等. 低温生活污水强化混凝实验[J]. 水处理技术，2007，33（1）：54-57.

[4] Oliver Bg，Shindle D B.Trihalomethanes from the chlorination of aquatic algae[J]. Environ Sci. Technol，1983，17（2）：80-83.

[5] 付英，于水利. 除污染型聚硅酸铁混凝剂除磷[J]. 清华大学学报（自然科学版），2007，47（9）：1489-1494.

[6] 周寅，罗春，潘俊宇. 新型除磷混凝剂的研制与应用[J]. 油气田环境保护，2008，9：32-35.

[7] 贺忠翔，狄晓威. 稀土复合混凝剂的制备及其在城市污水处理中的应用[J]. 稀土，2007，28（14）：67-70.

[8] Tang H X，Luan Z K. The differences of behavious and coagulating mechanism between inorganic polymer flocculants and traditional coagulants.In：Hahn H，Hoffman E，Odegaard H ed. Chemical water

and Wastewater Treatment：IV．Springer- Verlag，1996：83-93.

[9] 马司森，吴杰，樊忠昌. 纳米聚硅硫酸铁絮凝剂的制备和应用研究[J]. 河南大学学报（自然科学版），2008，38（3）：153-156.

[10] Moussas PA，ZouboulisA I．A study on the properties and coagulation behaviour of modified inorganic polymeric coagulant-Poly-ferric silicate sulphate（PFSiS）[J].Separation and Purification Technology，2008，63（2）：475-483.

[11] Fan M，Brown R C，Van Leeuwen J．The kinetics of producing sulfate-based complex coagulant from fly ash[J]．Chemical Engineering and Processing，2003，42（12）：1019-1025.

[12] Fu Y，Yu S I，Yu Y Z．Reaction mode between Si and Fe and evaluation of optimal species in poly-silicic-ferric coagulant [J]．Journal of Environmental Sciences，2007，19（6）：678-688.

[13] Dongsheng Wang，Hongxiao Tang．Modified inorganic polymer flocculant-PFS ITS preparation，characterization and coagulation behavior [J].Water Research，2001，35（14）：3418-3428.

[14] 侯红娟，王洪洋，周琪．低碳、高氮磷城市污水的化学辅助除磷研究[J]. 中国给水排水，2007，23（11）：24-27.

报告十七　桂林漓江地表水源腐殖酸对混凝机理的影响技术报告

一、概述

地表水源中的有机物可以分为两类：天然有机物（NOM）和人工合成有机物（SOC），而天然有机物往往是微量人工合成有机物的吸附载体，同时能络合水体中的重金属，因此去除这些有机物意义重大。而水源水中，腐殖酸和富里酸通常占有机物一半以上。因此，对水体腐殖酸的去除极具重要的现实意义。目前在已开发并利用的去除水体有机物的工艺有：物理活性炭吸附及膜滤技术，化学催化氧化，微生物降解。其中，物理活性吸附特别是颗粒活性炭（gAC），由于其安全、有效和易于管理等特点，已在世界范围内广泛应用。非离子型高分子吸附树脂对非极性和弱极性有机化合物具有非常好的吸附作用，且吸附质可以通过简单的方法从树脂上脱附，以使树脂再生并循环使用，所以在分析化学和环境保护领域中已得到广泛使用。进而，自然水体中的腐殖酸对地方水体的常规混凝沉淀处理工艺究竟有多大影响，特别是针对有二氧化硅和高岭土存在的水体，对药剂投加量，pH 值等生活生产中的常规条件的调控有非常重要的现实意义。

二、研究内容和实施情况

地表水源中的腐殖酸在南方地区普遍存在，传统混凝工艺主要据天然水体中的二氧化硅胶体和高岭土颗粒的存在而设计，但腐殖酸类有机物与高岭土等无机成分作用后，其混凝行为已发生了巨大改变，因此实验含腐殖酸的地表水混凝作用有特别意义。本实验拟采用树脂作为吸附剂，富集提取地表水中的腐殖酸，然后洗脱富集，经红外扫描和紫外分光光度计、总有机碳分析后，可知其不同的官能团的结构和含量，其高岭土、二氧化硅混合后，对混凝剂的投加量和絮凝效果有显著的影响，实验建立在饮用水处理的微污染现实基础上，同时又对传统的混凝实验有新的内容。

三、实验运行技术报告

混凝沉淀实验是给水、排水处理的基础实验之一，在科研、教学和生产中应用极其广泛。通过混凝实验，可以选择投加药剂的种类、数量，还可确定其他最佳混凝条件。胶体颗粒之间的静电斥力，胶粒的布朗运动及胶粒表面的水化作用，使得胶粒具有分散稳定性，三者中以静电斥力的影响最大。向水中投加混凝剂能提供大量的正离子，压缩胶团的扩散层，使ξ电位降低，静电斥力减小。此时布朗运动由稳定因素转变成不稳定因素，也有利于胶粒的吸附凝聚。水化膜中的水分子与胶粒有固定联系，具有弹性和较高的黏度，把这些水分子排挤除去需要克服特殊的阻力，阻碍胶粒的直接接触。有些水化膜的存在决定于双电层状态，投加混凝剂降低ξ电位，有可能使水化作用减弱。混凝剂水解后形成的高分子物质或直接加入水中的高分子物质一般具有链状结构，在胶粒与胶粒之间起吸附架桥作用，即使ξ电位没有降低或降低不多，胶粒不能相互接触，通过高分子链状物吸附胶粒，也能形成絮凝体。消除或降低胶体颗粒稳定因素的过程叫做脱稳。脱稳后的胶粒，在一定的水力条件下，形成较大的絮凝体，俗称矾花。直径较大且密实的矾花容易沉淀，通过观察矾花的形成过程及混凝沉淀效果，加深对混凝原理的理解，确定某水样的最佳投药量、最佳 pH 值等最佳混凝条件。

首先对自然水体腐殖酸进行提取，经过滤吸附，动态脱附，烘干保存后，配制成 30.0 mg/L TOC 的腐殖酸溶液 15L 备用。

其次，确定最佳投药量，通过六联实验搅拌器的运行，在混凝沉淀后实验记录如下表格：

表 2-17-1 不同投药量实验数据记录表

混凝剂名称		原水 TOC/（mg/L）		原水温度		原水 pH	
PAC 溶液		30.0		18.0℃		7.3	
水样编号		1	2	3	4	5	6
投药量	mL	0	5	10	15	20	25
	g/L	1.0	1.0	1.0	1.0	1.0	1.0
剩余 TOC/（mg/L）		30.0	27.6	24.3	23.2	25.5	28.1
TOC 去除率/%		0	8.0	19.0	22.7	15.0	6.3
沉淀后 pH 值		7.3	7.0	6.5	6.0	5.7	5.3

不同投加量对混凝效果的影响如下图：

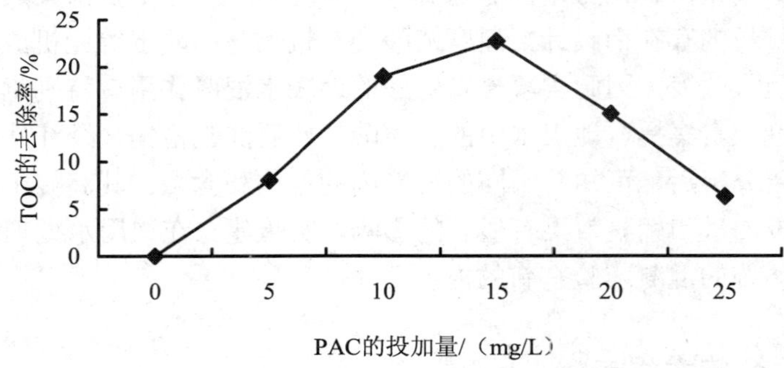

图 2-17-1 TOC 的去除率随 PAC 投加量的增加的变化规律

说明从水体中提取经浓缩处理的腐殖酸，配制成溶度为 30.0 mg/LTOC，加入到自然水体中进行混凝沉淀实验，加入预先配好 1.0 g/L 的混凝剂聚合氯化铝（PAC）溶液，混凝实验数据表明混凝效果并没有随药剂量的增加而变得更好，而是在15 mg/L PAC投加量时达到一个最佳混凝效果，而常规混凝沉淀实验的药剂投加量约为 12 mg/L，相比而言，本实验 PAC 投加量要比常规实验投加量高出 25%左右。在最佳投加量 PAC15 mg/L 的条件下，变化 pH 值，进行混凝沉淀实验，得出数据见表 2-17-2。

表 2-17-2　不同 pH 值数据记录表

混凝剂名称	混凝剂用量		原水 TOC	原水温度		原水 pH
PAC 溶液	10 mL		30.0 mg/L	18.0℃		7.3
水样编号	1	2	3	4	5	6
混凝前 pH 值	5	6	7	8	9	10
剩余 TOC/（mg/L）	28.1	26.2	24.4	22.3	23.2	25.5
TOC 去除率/%	6.3	12.7	18.7	25.7	22.7	15
沉淀后 pH 值	4.7	5.5	6.4	7.3	8.1	9.0

不同 pH 值对混凝效果的影响如图 2-17-2 所示。

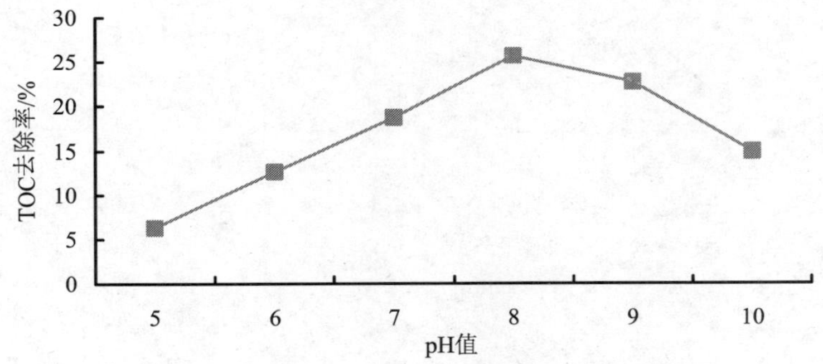

图 2-17-2　TOC 去除率随 pH 值变化规律

说明混凝效果也没有随 pH 值的增加而变得更好，而是在 pH=8 时达到最佳混凝效果，常规混凝沉淀实验的最佳 pH 值约为 pH=8，说明，本实验对混凝时 pH 条件并没有太大影响。在最佳混凝剂投加量，最佳 pH 值条件时，TOC 的去除达到最好水平，剩余的 TOC 为 22.3 mg/L，则最佳去除率为 25.7%。

结论：在加入从水体中提取经浓缩处理的腐殖酸，与天然水体中的二氧化硅胶体和高岭土颗粒相互作用后进行混凝沉淀实验，与常规混凝沉淀实验相比，存在腐殖酸与二氧化硅胶体和高岭土颗粒相互作用的自然水体在混凝沉淀时，最佳药剂投加量会高出 25%左右，对最佳 pH 值没有太大影响。

四、不足及建议

1. 在腐殖酸的各种含量测定过程中，称重时烘干一定要完全，否则其内含的水分将影响测定结果。

2. 滴定时要求准确把握溶液的颜色变化，以免造成认为影响误差结果。

3．取水样时，所取水样要搅拌均匀，要一次量取以尽量减少所取水样浓度上的差别。

4．移取烧杯中沉淀液的上清液时，要在相同条件下取上清液，并注意不要把沉下去的矾花搅起来。

参考文献

[1] 马军，石颖，刘伟，等. 高铁酸盐复合药剂预氧化除藻效能研究[J]. 中国给水排水，1998，14（5）：9-11.

[2] 孙治容，范延臻，王宝贞. 改性 GAC 及 ACF 去除水中有机污染物的静态研究[J]. 哈尔滨建筑大学学报，2000，33（4）：46-49.

[3] 岳舜琳. 活性炭在饮用水处理中的应用（一）[J]. 净水技术，2000，18（1）：37-39.

报告十八 混凝沉淀处理糖蜜酒精废水实验技术报告

一、概述

自改革开放以来，我国糖业迅速发展，2001—2002 年榨季产糖量达 849.7 万 t，其中广西 443 万 t，创广西历史最高水平，居全国首位。目前糖业已成为广西的支柱产业，并带动了食品、医药、化工和交通运输等诸行业的发展，糖业生产给广西带来了显著的经济和社会效益。

与此同时，糖业生产中也存在着一些问题，环境污染就是其中之一。在当前技术水平条件下，每生产 1 t 蔗糖或酒精，需排放 10 t 以上的废水。而糖业废水具有机物含量高、污染负荷大的特点，COD 甚至可高达 87 935～115 150 mg/L。若不进行适当处理就排放，必然造成地表水体的严重污染。当前，糖业废水已成为广西区乃至全国的主要工业污染源，如这种现象继续下去，势必将影响和制约社会经济的可持续发展。

糖蜜酒精废水 COD、SO_4^{2-}均高，难以直接生物处理。寻找适合我国国情的处理效果好、投资少的糖蜜酒精废水处理方法对我国环境保护具有重要意义。混凝是降低废水 COD、色度的有效方法之一。因此，本研究从减少设备投资及缩短处理时间的经济角度出发，针对常用的混凝剂，对其处理效果和条件进行分析。寻找适宜的混凝剂，通过混凝沉淀对糖蜜酒精废水进行处理，降低部分 COD 和色度，减小后续生物处理反应器的负荷，改善处理效果，提高处理水质。

二、研究内容和实施情况

1. 测定原水 COD、SO_4^{2-}、色度。
2. 用石灰乳调节水样的 pH 值。
3. 按如下实验条件（表 2-18-1）进行混凝。

表 2-18-1 混凝实验基本条件

	转速/（r/min）	反应时间
混合	300	30s
絮凝	100	10 min
混凝	60	10 min

4．水样静沉、过滤并检测其相关指标。

5．实验结果比较与分析。

三、实验运行技术报告

1．实验试剂

实验直接采用广西覃塘糖厂酒精分厂的废水混凝，其水质如表 2-18-2。

表 2-18-2 广西覃塘糖厂糖蜜酒精废水特征

水质指标	COD/（mg/L）	BOD/（mg/L）	NH_3-N/（mg/L）	SO_4^{2-}/（mg/L）	SS/（mg/L）	色度/倍	pH
数值	90 000～100 000	50 000～60 000	800	7 000～8 000	200	5 000 以上	4 左右

实验选用的混凝剂有：聚合氯化铝（PAC），三氯化铁（$FeCl_3$），精制硫酸铝（$Al_2(SO_4)_3$）。其中 PAC 为南宁南化集团生产的工业产品，三氯化铁和精制硫酸铝为分析纯试剂。在进行经济可行性分析的时候，均采用工业产品的价格。

2．分析测试方法

测试方法如表 2-18-3。

表 2-18-3 测试项目和方法

主要测试项目	测试方法	方法来源
COD_{Cr}	重铬酸钾快速测定法	微波消解快速测定仪
SO_4^{2-}	重量法	GB 11899—89
pH	玻璃电极法	GB 6920—86
色度	稀释倍数法	GB 11903—89

3．实验结果和讨论

实验分为两个阶段：初选实验阶段和深入实验阶段。

（1）初选实验阶段

1）硫酸铝混凝实验

据前人资料，硫酸铝去除有机胶体颗粒最佳 pH 一般在中性偏碱性，故在实验中将原水按 1∶4 稀释后（COD 为 16 860.40 mg/L，SO_4^{2-}为 1 267.37 mg/L，色度为 1 024 倍），调节 pH 值至 9，投加 10%硫酸铝溶液做混凝实验（图 2-18-1）。

结果表明，用硫酸铝作混凝剂处理糖蜜废水，当硫酸铝投加量增加时，COD 去除率逐步增加。但是废水中的 SO_4^{2-}浓度增加，由原水的 1 276 mg/L 增加到 4 621 mg/L。当硫酸铝投加量从 5.5 g/L 增加到 8.5 g/L 时，COD 去除率由 7%增加到 13%。

2）氯化铁混凝实验

配制氯化铁为 10%溶液，将废水按 1∶4 稀释（COD 为 16 332.00 mg/L，SO_4^{2-}为 1 278.97 mg/L，色度为 1 024 倍），在 pH 值依次为 11、9、7 条件下，分别投加氯化铁溶液

7 g/L，8.5 g/L，并投加 2‰聚丙烯酰胺（PAM）作助凝剂的对比实验。实验结果如表 2-18-4。

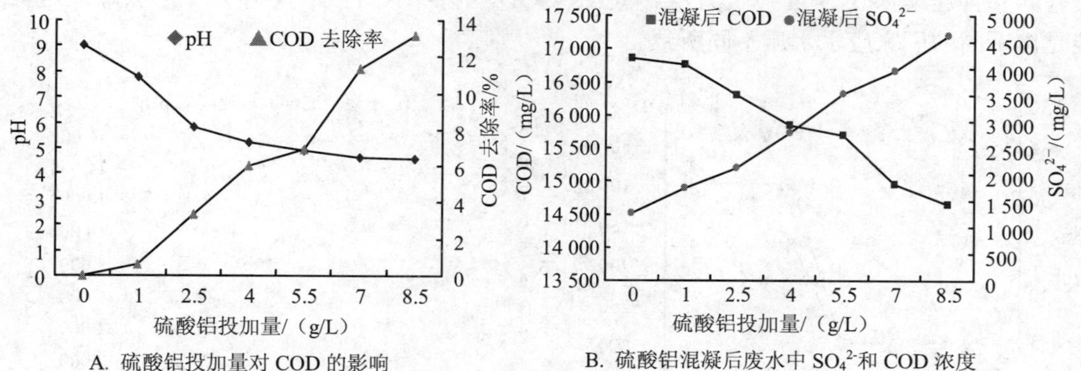

图 2-18-1 硫酸铝混凝效果

表 2-18-4 不同 pH 值氯化铁的混凝

水样编号	1	2	3	4	5	6
氯化铁投加量/（g/L）	7	7	7	8.5	8.5	8.5
pH	11	9	7	11	9	7
COD 去除率/%	7.58	19.63	12.82	20.33	24.21	19.96
投加 2‰ PAM 助凝剂的 COD 去除率/%	7.94	17.47	16.61	15.34	24.58	22.73

在不加入 PAM 条件下，pH 值分别为 11、9、7 时，投加氯化铁 7 g/L，COD 去除率分别为 7.58%、19.63%、12.82%；投加 8.5 g/L 氯化铁，COD 去除率分别为 20.33%、24.21%、19.96%。在相同投加量下，pH 值为 9 时，混凝效果稍微优于 pH 值为 11 和 7 时。在其他条件相同情况下，投加 2‰PAM 作助凝剂，没有明显效果（表 2-18-4）。

调节最佳 pH 值至 9 进行最佳投加量的实验，结果见图 2-18-2。可以看出，用氯化铁作混凝剂处理糖蜜酒精废水，当氯化铁投加量逐步增加时，COD 去除率不断提高，当氯化铁投加量为 8.5 g/L 时 COD 最大去除率为 24.21%。混凝后废水色度增加，pH 值随投加量的增加逐渐下降。

3）聚合氯化铝（PAC）混凝实验

将聚合氯化铝（PAC）制成 10%溶液，废水按 1∶4 稀释后（COD 为 15 874.40 mg/L，SO_4^{2-}为 1 496.78 mg/L，色度为 1 024 倍），用石灰乳调节 pH 值至 9，加入一定量的 PAC 溶液并略为搅拌，经滤纸过滤后，测定其 COD、色度、pH 值及 SO_4^{2-}。

pH 值为 9 时的废水的混凝实验结果如图 2-18-3。由图可知，随着聚合氯化铝投加量的增加，废水的 COD、SO_4^{2-}去除率都增加，混凝后废水 pH 值逐渐下降。投加量为 8.5 g/L 时，COD 去除率为 24%，SO_4^{2-}去除率为 16%。

陈文纳等[2]曾做过几种常用混凝剂处理糖蜜废水的实验研究，结果表明聚合氯化铝效果优于其他无机混凝剂。根据其实验结果，在原水 COD 为 58 900～76 800 mg/L，经 24 h 曝气（暴露于阳光下不时搅拌）后，用 PAC 混凝，混凝后 pH 值为 8，当投加量为 3.75 g/L

（以 Al_2O_3 计）时，COD 和色度去除率分别达 91%和 88%。实验中笔者也用原水做了重复实验（并且连续曝气 24 h 以上），结果显示 COD 去除率仅 11%，色度基本不去除。这可能是由不同的厂家废水水质不同所致。

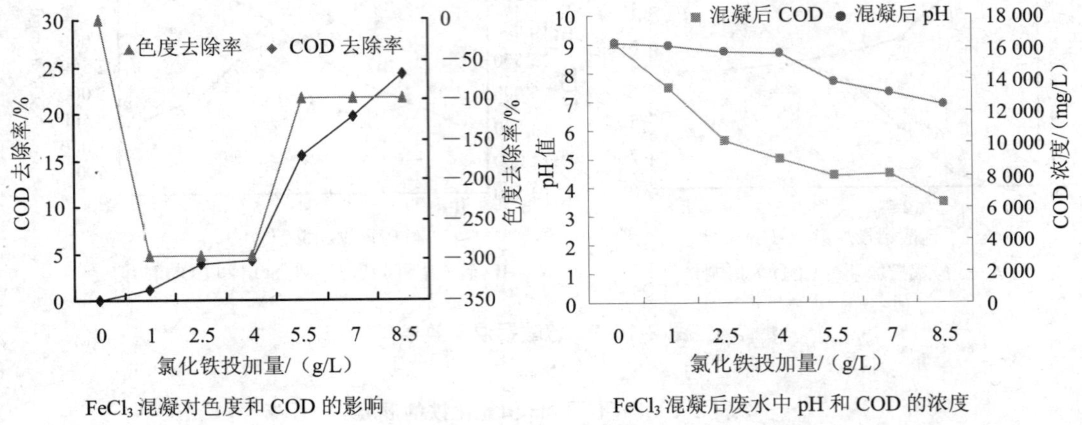

$FeCl_3$ 混凝对色度和 COD 的影响　　$FeCl_3$ 混凝后废水中 pH 和 COD 的浓度

图 2-18-2　氯化铁混凝效果

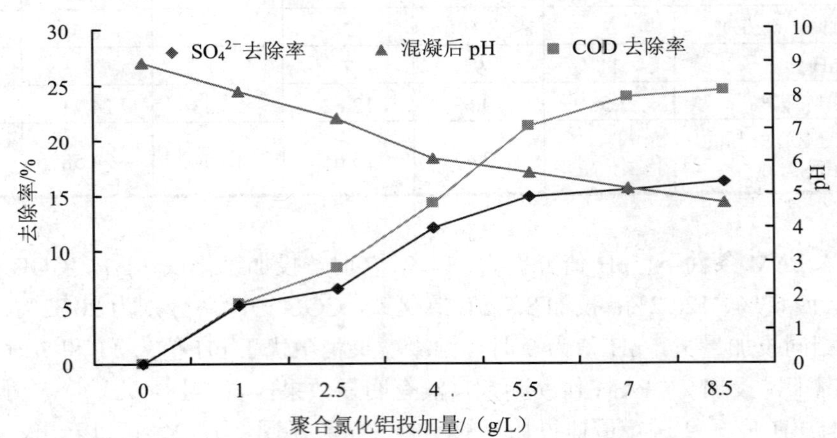

图 2-18-3　聚合氯化铝不同投加量的混凝

各种混凝剂的最好混凝效果及条件归纳成表 2-18-5，同时做了经济可行性分析。

表 2-18-5　混凝实验结果

混凝剂	最大去除率/%			混凝条件	处理费用/（元/t）	备注
	COD	SO_4^{2-}	色度			
硫酸铝	13	增加	—	pH=9，硫酸铝投加量为 8.5 g/L	42.50	硫酸铝市场价 1 000 元/t
氯化铁	24	—	增加	pH=9，氯化铁投加量为 8.5 g/L	148.75	氯化铁市场价 3 500 元/t
聚合氯化铝	24	16	—	pH=9，聚合氯化铝投加量为 8.5 g/L	13.60	聚合氯化铝市场价 1 600 元/t

注：表中处理费用仅为混凝剂的费用。

由以上实验结果（表 2-18-5）可知：

1）硫酸铝作为混凝剂处理糖蜜酒精废水，稀释 5 倍后，pH 值为 9，投加量为 8.5 g/L 时，COD 最大去除率为 13%，处理费用为 42.5 元/t，费用较高，不经济。同时废水中加入硫酸铝后使废水中的 SO_4^{2-} 浓度大量增加，从而提高了后续生物处理工艺的难度。

2）用氯化铁作混凝剂处理糖蜜酒精废水，当 pH 值为 9，氯化铁投加量为 8.5 g/L 时，COD 最大去除率为 24.21%，处理费用高，为 148.75 元/t。加入氯化铁混凝剂后废水色度增加，比混凝前要高 100%～300%。而且随着投加量的增加，pH 值逐渐下降，这对后续生物处理是不利的。投加 PAM 不能提高混凝效果。

3）聚合氯化铝处理糖蜜废水随着聚合氯化铝投加量的增加，废水的 COD、SO_4^{2-} 去除率都增加，混凝后废水 pH 值逐渐下降。投加量为 8.5 g/L 时，COD 去除率为 24%，SO_4^{2-} 去除率为 16%。处理费用为 13.6 元/t，较其他混凝剂经济。并且有继续增加投加量，混凝效果增大的趋势。

4）自制的有机-无机混凝剂处理糖蜜酒精废水，三种混凝剂配合使用，碱性条件下效果好，pH 值为 13 时 COD 去除率最大，为 26%。

（2）深入实验阶段研究

综合第一阶段的实验结果，聚合氯化铝混凝处理糖蜜废水效果较好，也较为经济。同时有增加投药量，去除效果有随之提高的趋势。因此，我们采用聚合氯化铝对原废水做了进一步的混凝实验。实验中分别对原废水进行了聚合氯化铝混凝的最佳 pH 值和最佳投药量的实验，并做了经济可行性分析。

1）pH 值的影响

在 5 个盛有 50 mL 废水的烧杯中加石灰水调节 pH 至中性，原废水 COD 为 76 108.03 mg/L，SO_4^{2-} 为 5 669.27 mg/L，色度为 4 096 倍，然后各加入 20 mL10%的聚合氯化铝溶液（以 Al_2O_3 计为 11.2 g/L），用石灰乳调节 pH 值分别为 8、9、10、11、12，混凝沉淀后形成大量絮体，上清液经滤纸过滤后测定 COD、SO_4^{2-} 及色度。

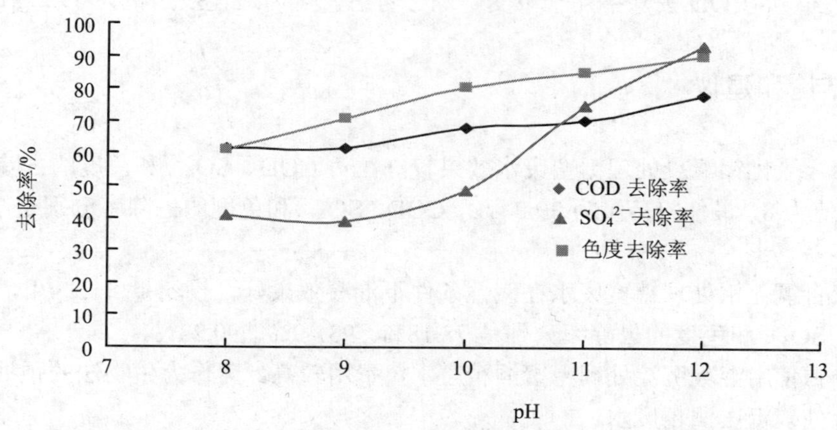

图 2-18-4　不同 pH 值 PAC 的混凝效果

实验结果（图 2-18-4）表明，随着 pH 值的升高，COD，SO_4^{2-} 和色度的去除率均不断提高，在 pH 值为 12 时 COD，SO_4^{2-}和色度的去除率分别为 78.18%、93.49%、90.23%。

2）投药量的影响

考虑到排水接近中性略偏碱性时便于后续生物处理，因此选取混凝后 pH 为 8 对原废水（COD 为 98 234.21 mg/L，SO_4^{2-}为 7 300.00 mg/L，色度为 4 096 倍）做最佳投药量的实验，结果见图 2-18-5。

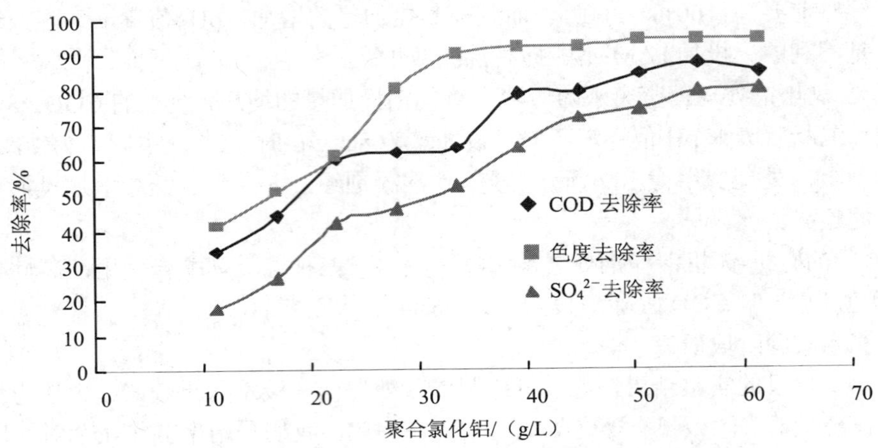

图 2-18-5 聚合氯化铝投加量对 COD、色度和硫酸根的影响

由图 2-18-5 可以看出，起始阶段随着聚合氯化铝投量（以有效 Al_2O_3 计）的增加，COD，SO_4^{2-}和色度的去除率均迅速提高。但是当聚合氯化铝投加量增加到一定程度后，去除率仅缓慢增加以致保持稳定。

投药量为 33.6 g/L 时，色度的去除率达 90%，继续增加投药量，色度去除率几乎不变。投药量为 39.2 g/L 时，SO_4^{2-}去除率为 63%；继续增加投药量，SO_4^{2-}去除率仍然逐渐增加；至投药量为 61.6 g/L 时，SO_4^{2-}去除率高达 80%。投药量为 39.2 g/L 时，COD 去除率为 79%，而后增加投药量，COD 去除率几乎不变。综合考虑，认为最佳投药量为 39.2 g/L。

四、结论和建议

（1）聚合氯化铝混凝处理糖蜜废水效果较好，对 COD、SO_4^{2-}和色度的去除率均高。混凝后 pH 值为 8，最佳投药量为 39.2 g/L，COD，SO_4^{2-}和色度的去除率分别是 79%、63% 和 92%。

（2）聚合氯化铝处理糖蜜废水在碱性条件下混凝效果好，投药量 11.2 g/L，pH 为 12 时，COD、SO_4^{2-}和色度的去除率分别是 78.18%、93.49%、90.23%。

（3）单独使用混凝沉淀处理糖蜜酒精废水，费用较高。可作为生物法的预处理或后续处理，综合处理糖蜜酒精废水。

参考文献

[1] 中国食糖网食糖产销调查小组. 2002/2003 年榨季国内食糖市场分析报告[R]. http://chinasugarmarket.com/special_2002/hy001.htm.

[2] 甘现光. 广西贵港市糖蜜酒精废醪液污染现状及防治初探[J]. 桂林工学院学报，1998，18（增刊）：215-217.

[3] 陈文纳，周国华，吴雪文，等. 用无机絮凝剂处理酒精生产废水[J]. 环境工程，1995：8-9.

报告十九 隔膜电解法处理含铬电镀废水实验技术报告

一、概述

电镀、制革、采矿、染料等工业产生大量的含铬废水，导致了一系列的环境问题。铬的毒性很大，渗透力强，极易污染地下水，六价铬的毒性是三价铬的100倍以上，六价铬有很强的刺激性和腐蚀性，是常见的致癌物质。

电解法处理含铬废水，具有速度快，处理达标率高等特点。赵丽等采用电解还原方法处理模拟工业含铬废水。实验以普通铁极板作阴阳极，在直流电的作用下，铁阳极溶解生成的Fe^{2+}和硫酸亚铁中的Fe^{2+}把废水中的六价铬离子还原成三价铬离子；随着氢离子阴极放电使废水pH值逐渐升高，Cr^{3+}和Fe^{3+}形成氢氧化铬及氢氧化铁沉淀，同时氢氧化铁有凝聚作用，能促进氢氧化铬的迅速沉淀。在实验最佳条件下，废水初始含铬浓度在600 mg/L及600 mg/L以下、反应pH=3、加入$FeSO_4$的量1.20 g（Fe^{2+}与$Cr_2O_7^{2+}$比例1∶1）、反应时间40 min、换极周期10 min、电流密度0.085 A/cm^2，出水浓度达到0.57 mg/L，去除率为94%。出水浓度达到国家排放标准。吴少杰等利用铁屑滤料塔中发生的微电解反应处理高浓度六价铬工业废水，当pH在5～6范围内，Cr（Ⅵ）的去除率可以达到99.5%以上，该方法具有方法简单、原料易得、投资少等特点，便于在实际中推广应用。邓小红等研究了铁屑内电解法处理技术对六价铬去除率的影响因素：停留时间、pH值、铁炭比和铁屑粒径进行了动态实验，得到了较佳工艺参数，并成功应用于工程实例。结果表明：用铁屑内电解+斜管沉淀池+微孔过滤机处理电镀含铬废水，Cr（Ⅵ）的去除率达到99.6%以上，出水各监测指标优于国家《污水综合排放标准》（GB 8978—1996）一级排放标准。

二、研究内容和实施情况

（1）作为选做综合实验项目开设，时间为4课时，指导学生利用隔膜电解法去除水中六价铬。

（2）指导学生寻求实验条件下六价铬电解经济工作电压。

（3）指导学生对吸附前后水样中六价铬的含量进行测定。

（4）指导学生评价电解法效果，并撰写科研报告式的实验报告。

三、实验运行技术报告

电解法处理含铬废水，具有速度快，处理达标率高等特点，用离子交换膜（阳电解膜，只允许阳离子通过）将电解槽分隔为两极室，保证两极室的极液和反应物不会相互混淆，保证了在阴极被还原的产物不会被阳极重新氧化，从而大大提高电解效率。本实验中，在阴极直接将六价铬还原成三价铬、四价铬或者铬金属，从而达到处理含铬电镀废水的目的。随着电解的进行，含铬电镀污水变成无毒的澄清水。

1．实验装置与设备

（1）实验装置

实验装置为隔膜电解实验装置（包含晶体管直流稳压电源[30V/5A]；有机玻璃电解槽[11 cm×7 cm×4 cm]；紫铜板[12.5 cm×7.5 cm×0.3 cm]；石墨板[12.5 cm×7.5 cm×0.3 cm]；阳电解膜[均相膜]；耐酸橡胶皮）；示意图见图 1-19-2。

电解槽用有机玻璃、塑料块制成，槽中间有一阳离子交换膜，用长螺丝和三角铁将两个半槽体、耐酸橡皮垫片与膜夹紧。膜两边的两个极室中间有凹槽可插铜板和石墨板，每个极室的容积为 100 mL 左右。

（2）仪器设备与试剂

实验仪器包括：分光光度计（Lambda 25，美国 PE 公司）、比色皿（1 cm 或 3 cm）、具塞比色管（50 mL）、移液管（0.5 mL，1 mL，2 mL，5 mL）、容量瓶（1 000 mL、100 mL）、量筒（100 mL）。

实验试剂包括：含六价铬废水（约 10 mg/L）、5%硫酸溶液、二苯碳酰二肼溶液、铬标准贮备液、铬标准使用液、（1+1）硫酸溶液、（1+1）磷酸溶液。

2．实验用水

本研究所用的含六价铬水样为实验室配制的模拟水样。称取于 120℃干燥 2 h 并冷却至室温的重铬酸钾 0.282 9 g，用蒸馏水溶解后，移入 1 000 mL 容量瓶中，用超纯水稀释至标线，摇匀。该溶液六价铬含量为 100 mg/L。再将其稀释至 10 mg/L 供实验用。

3．吸附实验运行方案

实验考察通过改变电压值和电流值对电解法去除六价铬的影响研究。在阳极室中加入 100 mL 5%硫酸溶液，阴极室中加入 100 mL 含六价铬待处理电镀废水，将石墨板和紫铜板分别插入阳极室和阴极室，按照图 1-19-2 接通直流稳压电源的正负电源接线柱。调节电压为 4 V、6 V、8 V、10 V、12 V、14 V、16 V、18 V，每个电压值稳定约 5 min，电流稳定后记录恒定电流值，以电压为纵坐标、电流为横坐标作图，得到电压-电流曲线，找出曲线转折点的电压值为实验条件下经济工作电压值。

以获得的经济工作电压值为实验电压，电解含六价铬待处理电镀废水 0.5 h（可根据实验分组以电解时间为影响因素安排对比实验），记录电解完成后的电压值和电流值，测定处理后水样含六价铬浓度。六价铬的测定方法采用《二苯碳酰二肼分光光度法》（GB 7467—87）。

4．结果与分析

（1）经济工作电压的确定

膜电解处理含铬废水，首先要确定槽电压的范围，找出实验条件下的经济工作电压，否则不但不能有效处理六价铬，还会增加耗电量，缩短仪器特别是阳电解膜的寿命。

在电解槽的阳极和阴极分别加入 100 mL 的 5%硫酸和 10 mg/L 含铬废水，接通电源后，调节电压分别为 4 V、6 V、8 V、10 V、12 V、14 V、16 V、18 V，电解稳定约 5 min，相应记录恒定电流值。实验结果如图 2-19-1 所示。

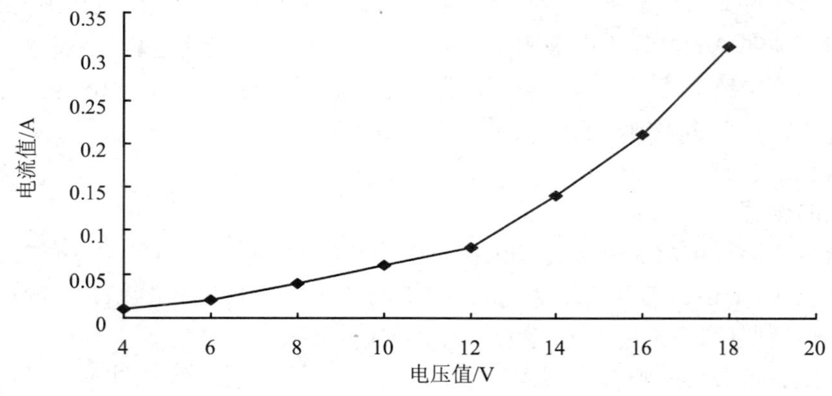

图 2-19-1 槽电压-电流关系曲线

电解反应时，能使电解正常进行所需要的最小电压为分解电压，它必须大于理论分解电压（原电池的电动势）、极化电压（浓度极化、化学极化）及溶液内阻与膜阻力之和。分解电压的大小与电极的性质、废水性质、电流密度、温度等有关。铬的理论分解电压为 12V，氢的理论分解电压为 2.2V。当外加电压大于铬的分解电压时，铬离子开始向阴极迁移，当外加电压大于氢的分解电压时，氢离子也开始向阴极迁移。随着大量离子的迁移，电流急剧增大，使电压-电流曲线上出现一个很明显的转折点，这个转折点的电压值就是实验条件下的经济工作电压。如图 2-19-1 所示，随着电压值的增加，恒定电流逐渐增加。当电压值为 12V 时出现拐点，恒定电流增速加大，极限电流约为 80mA。因此本实验选取的经济工作电压为 12V。

（2）经济工作电压下的电解效果

根据实验获得的经济工作电压开展实验，加载槽电压为 12V，分别在电解槽的阳极和阴极分别加入 100 mL 的 5%硫酸和 10 mg/L 含铬废水，恒定电解 10 min，记录工作电压和实际电流值，实验指导书附录方法测试电解前后含铬废水的六价铬离子浓度，按照公式（2-19-1）计算实验条件下的电流效率，根据公式（2-19-2）计算实验条件下的电耗（如时间允许，可测试所有电压调节下的六价铬浓度，并与此得出电流效率与槽电压的关系图）。

$$\text{电流效率} = \frac{W_{\text{实}}}{W_{\text{理}}} \times 100\% \tag{2-19-1}$$

式中：$W_{\text{实}}$——实际去除六价铬的量，$W_{\text{实}} = (C_0 - C_i) \times V_i$，g；

$W_{\text{理}}$——理论上应去除六价铬的量，$W_{\text{理}} = It\frac{M}{2}/26.8$，其中，$I$ 为电流值，A；t 为电解时间，h；M 是铬的摩尔质量，52 g/mol；26.8 是法拉第常数，（$\text{A} \cdot \text{h} / \text{mol}$）。

电耗是指电解出 1 kg 铬所消耗的电能，反映了电解法的经济效益和能耗情况。计算式如下：

$$电耗（kW·h/kg）=UIt/W_{实} \quad (2\text{-}19\text{-}2)$$

式中：U——电压，V；

I——恒定电流，A；

t——电解时间，h；

$W_{实}$——实际去除六价铬的量。

实验获得数据见表 2-19-1。

表 2-19-1　12V 槽电压条件下六价铬去除实验结果

序号	电压值/V	恒定电流值/A	理论去除六价铬的量/g	实际去除六价铬的量/g	电流效率/%	电耗/（kW·h/kg）
1	12	0.08	0.000 99	0.007 76	12.75	161.65

计算获得电流效率仅为 12.75%，电耗为 161.65（kW·h）/kg。即实验结果显示，在使用此种电解膜，槽电压为 12 V，电解液为 5%硫酸溶液，电解时间为 10 min，阳极为石墨板，阴极为紫铜板的实验条件下，电解处理 1 kg 六价铬，需要 161.65kW·h 电。且电流效率不佳。建议结合电解时间、待处理液浓度、电解温度开展进一步深入研究，以寻求理想的隔膜电解法处理含铬电镀废水实验条件，并确定其实际经济工作电压，指导生产实践。

四、不足及建议

本实验耗时较长，对学生的理论知识和实验操作技能基础要求较高，单个实验数据难以形成较为完整的实验技术报告，故本实验宜以学生分组实验开展，根据不同实验条件，每组学生只做一个条件，后数据共享，形成综合科研报告形式提交。

参考文献

[1] 余正中. 昆明电镀行业的污染防治工作[J]. 电镀与环保，1985（6）：19-20.

[2] 章非娟，徐竟成. 环境工程实验[M]. 北京：高等教育出版社，2006.

[3] 徐传宁. 电渗析法净化镀铬漂洗废水的研究[J]. 净水技术，1993（2）：25-27.

[4] 赵丽，王成瑞，赵诚，等. 电解还原法处理含铬废水[J]. 科技导报，2006，24（11）：58-60.

[5] 吴少杰，朱泮民，郭继民. 微电解法处理含铬废水操作条件优化研究[J]. 河南城建高等专科学校学报，2002，11（1）：25-28.

[6] 邓小红. 铁屑内电解法处理电镀含铬废水的实验研究及应用[J]. 环境工程学报，2008，2（10）：1349-1352.

报告二十　降雨—入渗—产流过程实验技术报告

一、概述

“水文学原理”是水文与水资源工程专业的主干核心课程，是开展一切与水文循环有关的科研和生产工作的基础理论，其中降水径流过程和产流机理是本门课程教学的核心内容。开展降水—入渗—产流过程实验，是“水文学原理”理论教学必不可少的辅助手段。通过本实验的学习，能够使学生直观地认识水文循环的核心——降水产流过程，加深相关理论知识的理解，同时掌握降水量、降水强度、土壤含水量、径流流速、流量的测定方法，熟悉相关仪器设备的结构、原理，提高学生分析问题和解决问题的能力，为后续与水文循环有关的专业课程（水文预报、水环境保护、水文测验、地下水文学、水资源评价等）的学习及开展相关专业工作打下良好的基础。

二、研究内容及要求

1．人工模拟降雨。要求学生熟悉人工模拟降雨设备的结构原理，掌握降水量、降水强度的测验方法及表达方式，了解降水过程及其变化；

2．土壤含水量测定。要求学生掌握土壤含水量的表达方式、计算方法、主要测定方法、有关仪器设备的结构和原理，了解不同测定方法的适用范围和优缺点；

3．土壤水分剖面图绘制。要求学生掌握土壤水分的实际分布和运动规律以及初始土壤含水量、田间持水量、饱和含水量的概念；

4．产流过程分析计算。要求学生运用超渗产流和蓄满产流理论以及水量平衡原理对降水、入渗及产流量进行平衡计算；掌握土壤蓄水容量、下渗能力、稳定下渗率的概念及对入渗和产流的意义，并进行产流量及过程的分析计算；

5．土壤含水量对入渗及产流的影响分析。通过不同初始土壤含水量条件下的降雨产流实验，使学生掌握初始土壤含水量对土壤入渗及产流过程的影响；了解不同土壤性质和结构对降雨入渗及产流的影响；

6．培养学生的团队意识、发现问题和解决问题的能力；

7．初步掌握科技类文章的写作能力。

实验于 2010 年 3 月开始启动，在 2010 年 12 月通过查阅文献、收集资料，完成了实验大纲的编写设计。在不断完善实验设计的基础上，于 2011 年 5 月完成了实验指导书的编写，并开始实验运行，指导学生完成了实验报告。针对实验中出现的问题和不足，在实验指导书中做了相应的修改。

三、实验运行的技术报告

（一）实验的目的

本次实验的目的是将天然条件下的降雨—土壤入渗—地表产流过程利用实验手段加以再现，主要目的是：

1．使学生通过对模拟降雨产流过程的操作和控制，熟悉实验设备的结构、原理，提高动手能力。

2．通过小组成员间的协作，完成整个实验过程，培养团队协作精神和集体荣誉感。

3．通过对实验过程的详细观测和记录，掌握降雨径流过程相关的概念、原理、测定和计算方法。

4．完成对降雨产流全过程的分析，加深对课堂理论知识的理解。

（二）实验方案概述

经过小组成员的集体讨论，并得到老师的认可后，确定实验方案如下：

1．实验目标为：完成降雨、入渗及产流全过程，并详细观测降雨、入渗、产流情况，记录实验参数。

2．实验环节包括人工降雨、雨强率定、土壤入渗及含水量测定、径流流速测量、产流量测量。

3．降雨强度预设为 1 mm/min，降雨历时为 30 min，实验过程如产流较晚（较早），或产流量总较少（较多），则适当延长（减少）降雨历时；变坡土槽实验坡度确定为 15°。

4．在土壤深度 5 cm、10 cm、15 cm、25 cm、35 cm、45 cm 处埋设含水量监测探头测定土壤含水量。

5．为保证实验结果的准确，降雨开始及结束时刻的要准确计时，并要采取措施保证降雨强度的一致和降雨的均匀。

（三）所测实验参数

1．土壤参数：土壤厚度、土壤体积。

2．降雨参数：降雨强度、实验降雨历时、降水总量。

3．土壤含水量参数：降雨开始前测定初始土壤含水量，降雨开始后每 5 min 测定一次不同深度的土壤含水量。

4．产流参数：产流时间、径流强度、径流总量。

（四）实验仪器

1．人工降雨模拟器

本次实验选用 NLJY-09-1 型人工模拟降雨器，由两大部分组成，分为：管路系统、降雨模拟系统。有效降雨面积在 30 m^2 内任意拼接，成长方形架构，可适应于任何坡度的使用，降雨高度为 4～6 m，雨强连续变化范围为 20～150 mm/h，降雨均匀度系数大于 0.8，雨滴大小调控范围为 1.7～2.8 mm，降雨测量精度达 0.01 mm/h，降雨调节精度为 7 mm/h。

2．变坡土槽

实验土槽为移动式变坡土槽，长 4.0 m、宽 1.2 m、深 0.8 m，土槽底层具有渗漏功能，坡度 0～30°可调。先在土槽底部填充 5 cm 厚的中细沙，上覆 80 目细纱网。填土深度 0.5 m，以 5 cm 厚度分层填装土料，按照土壤容重 1.3 g/cm^3 逐层拍实，并保持实验坡面物理状况一致性，层间接触面打毛，防止出现分层现象。土槽末端土层表面与收集径流槽处于同一平面。

3．土壤含水量测试仪

采用 TDR 法时域反射仪测定不同土壤深度的土壤含水量，另外采用环刀取土样，用经典烘干称重法进行初始土壤含水量测定，用于校准时域反射仪。将时域反射仪的探头分别置于坡面以下 5 cm、10 cm、15 cm、25 cm、35 cm、45 cm 深度，用于测定土壤水分剖面。

4．径流收集桶

径流收集桶为带刻度 20 L 小桶和 50 L 大桶两种。由于本次实验采用的降雨强度较小，为 1.0 mm/min，每分钟降落到实验土槽中的水量为 4.8 L，用小桶即可满足实验需求。因此，本实验未用 50 L 大桶，只采用 3 只 20 L 带刻度小桶来承接径流。

（五）实验过程

1．降雨强度及均匀度率定

按照降雨高度 6 m 完成降雨模拟器安装后，将控制器的降雨强度参数调整为 1.0 mm/min，按照土槽预定放置位置，在地面水平均匀布设雨量计 6 只。开启降雨模拟器，开始降雨。当雨滴落入雨量桶后开始计时，计时达 10 min 时，用塑料板迅速覆盖雨量桶口，以保证雨量计承接雨量时间为 10 min，然后关闭降雨模拟器。降雨参数率定数据及分析结果见表 2-20-1。

表 2-20-1　降雨参数率定数据及分析结果

雨量计编号	1	2	3	4	5	6	平均
降雨历时/min	10 min						
降雨量/mm	10.83	10.79	10.11	9.81	9.33	9.54	10.07
降雨强度/（mm/min）	1.08	1.08	1.01	0.98	0.93	0.95	1.01

从雨量计的率定数据可以看出，该降雨模拟器的降雨强度及降雨均匀度均较好，满足实验要求。

2．初始土壤含水量测定

将实验土槽放置于降雨模拟器下预设位置，在降雨—入渗—产流过程实验开始前用经典烘干法和 TDR 法分别进行土壤含水量测定，作为实验的初始土壤含水量。

经典烘干法：将土槽表层土壤刮开，用环刀采集 3～5 cm 深度的土壤样品，用烘干称重法测得初始土壤含水量为 14%（体积含水量）。

TDR 法：采用时域反射仪测得土壤表层（5 cm 深度）的初始土壤含水量为 15%，其他深度（10 cm、15 cm、25 cm、35 cm、45 cm）的初始土壤含水量分别为 15%、16%、16%、15%、14%。

TDR 法与经典烘干法测得数据基本一致，说明时域反射仪的测量精度满足实验要求。

3．人工模拟降雨

将控制系统的降雨强度参数测定为 1.0 mm/min，降雨历时设定为最大（降雨径流过程及观测记录数据能够满足成果分析要求后停止降水）。降水开始前在土槽上覆盖塑料布，待降雨均匀后迅速将塑料布撤除，并开始计时。本次降雨实验，共历时 30 min。

4．土壤入渗过程观测

降水开始后每隔 5 min 测定一次土壤含水量，共 6 次。土壤含水量数据见表 2-20-2。

表 2-20-2 土壤含水量监测数据

单位：%

测点深/cm	5 min	10 min	15 min	20 min	25 min	30 min
5	21	25	27	30	34	34
10	15	18	20	21	22	22
15	15	15	15	16	16	17
25	15	14	15	16	15	15
35	15	15	15	15	15	15
45	14	14	15	14	15	15

5．产流观测及测量

降水开始 22 分 20 秒时观察到有地表径流出现，径流不是全面积产流，而是先在坡面中下部出现，在 22 分 40 秒时才全面积产流。从 22 分 20 秒开始用 20 L 集流桶承接径流，每 1 min 换一次桶，共接 8 次，其中第 1 次承接时间为 22 分 20 秒到 23 分 20 秒，第 2 次承接径流的时间从 23 分 20 秒到 24 分 20 秒，直到第 8 次承接 29 分 20 秒到 30 分 0 秒的径流。径流流量过程数据见表 2-20-3。

表 2-20-3 径流过程监测数据

集流桶序号	1	2	3	4	5	6	7	8	合计
对应时刻/min	22.33—23.33	23.33—24.33	24.33—25.33	25.33—26.33	26.33—27.33	27.33—28.33	28.33—29.33	29.33—30.00	
流量/L	2.1	3.1	3.2	2.8	2.5	3.2	2.8	1.9	21.6

（六）实验数据分析

1．降雨过程

从降雨模拟器的率定情况可以看出，将降雨强度参数设定为 1.0 mm/min 时，在实验土槽所涉及范围内的 6 个雨量计的实际降雨强度最大的为 1.08 mm/min，最小的为 0.93 mm/min，平均降雨强度为 1.01 mm/min，降雨强度的控制精度以及降雨均匀度均较好，符合实验要求。

在实验过程中，按 1.0 mm/min 的降雨强度进行 30 min 降雨，实验土槽受雨面积为 4.0 m×1.2m×cos20° =4.51m^2，共计接受降雨总量：

$$P=1.0\ \text{mm/min}\times 30\ \text{min}\times 4.51\text{m}^2=0.135\ 3\ \text{m}^3=135.3\ \text{L}$$

2．土壤入渗过程

本次实验的不同深度初始土壤含水量见表 2-20-4。

表 2-20-4　不同土壤深度初始土壤含水量分布

深度/cm	5	10	15	25	35	45	平均
土壤含水量/%	15	15	16	16	15	14	15

从表中可以看出，实验土槽中的初始土壤含水量沿土深分布式均匀。

降雨实验开始后，每隔 5 min 测一次土壤含水量，监测数据见表 2-20-2。根据土壤含水量的变化可知，在整个实验过程中，有 112 L 水入渗成为土槽中的土壤水分增量。土壤含水量沿土深分布曲线见图 2-20-1。

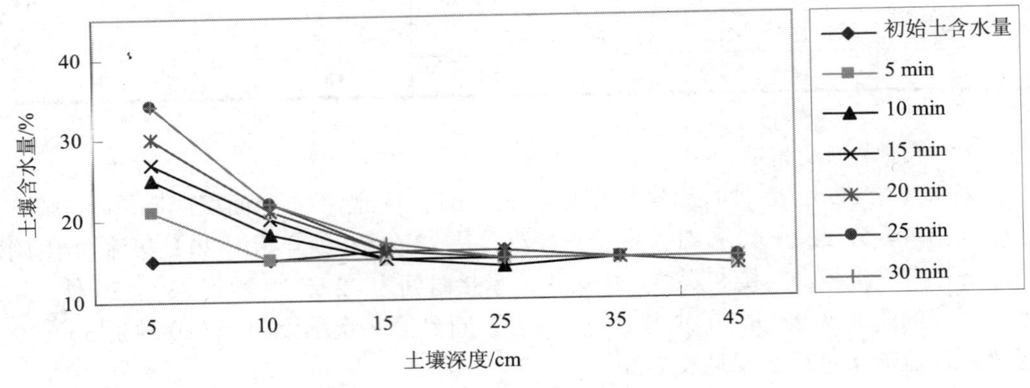

图 2-20-1　土壤含水量分布图

从图中可以直观看出，在降雨入渗过程中，15 cm 深度以下土壤含水量基本无变化，也即在 30 min 内，降雨入渗尚未到达 15 cm 以下土壤；土壤含水量变化最显著的是上层土壤，并且越接近土表，变化越大，5 cm 处的土壤含水量从 15%上升到 34%，10 cm 处的土壤含水量从 15%上升到 22%，15 cm 处的土壤含水量变化较小，仅从 15%变化到 17%；降雨 20 min 后上层土壤含水量变化趋于稳定，25 min 与 30 min 的上层土壤含水量无变化，仅是 15 cm 处的土壤含水量有所增加。

3．径流过程

降雨开始后 22 分 20 秒在土槽坡面的中下部有径流产生，22 分 40 秒基本上全面积产流。产流过程中有少量泥沙产生，由于本次实验不包含泥沙测验的内容，因此没有对径流中的泥沙含量进行测验。径流过程监测数据见表 2-20-3。根据表 2-20-3 的数据进行分析计算可知，本次实验共产生径流 21.6 L，产流的第一分钟径流量较小为 2.1 L，以后的产流强度基本稳定。产流过程见图 2-20-2。

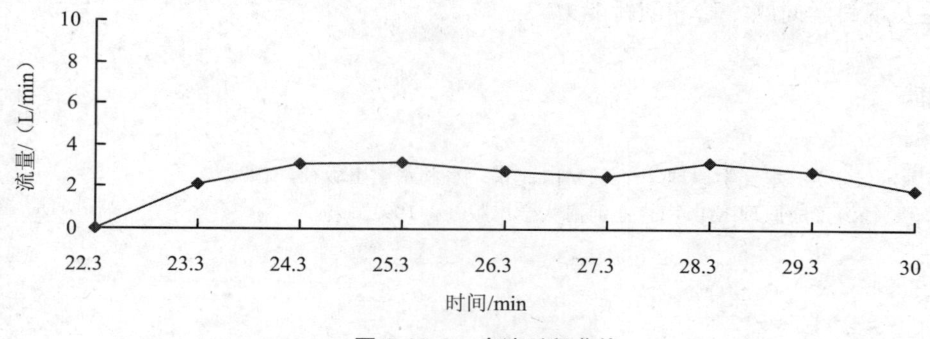

图 2-20-2 产流过程曲线

4．实验结果分析

根据整个实验过程的观测数据可知，本次实验共有降水 135.3 L，土壤入渗量为 112 L，产流量为 21.6 L，运用水量平衡可知，本次实验应产生径流 23.3 L，绝对误差为 1.7 L，相对误差为 7.3%，符合实验预期。从实验观测结果来看，本次实验是成功的。

5．实验结论

土壤含水量是影响土壤下渗能力的主要因素，而降雨强度与土壤下渗能力的对比关系，是地表径流产生的控制性因素；初始土壤含水量和降雨强度是影响产流时间的主要因素；产流量大小由初始土壤含水量、降雨强度、降雨历时决定；径流强度受到土壤下渗率和降雨强度的控制。

（七）存在的主要问题及建议

本次实验主要存在以下问题：

1．本次实验考虑降雨强度与一般暴雨的降雨强度接近，所选降雨强度较小，导致产流时间较晚，产流量也较少。建议今后实验可选择较大雨强；

2．本次实验降雨历时较短，土壤下层的含水量变化未能观测到。建议在今后的实验中适当增加降水历时；

3．实验过程中有泥沙产生，对径流量的计算会有影响。由于本次产沙量不大，在径流计算中未予以扣除。建议今后实验中可增加泥沙测验的内容，不仅可以使径流计算更准确，而且可以使学生掌握泥沙测验的知识。

四、不足及建议

通过实验运行，发现有如下问题：

1．由于实验教学课时有限，在一次实验教学课时内难以开展不同坡度、不同初始土壤含水量及不同降雨强度的实验。建议适当增加实验课时或增加实验指导教师人数，以便于不同小组同时开展实验。

2．在实验过程中，学生全部精力用于关注实验能否成功，对于指导书以外的现象观察不够，自主发现问题的能力不足，创新意识较弱。建议在理论教学中增加水文学前沿研究的内容，引导学生对科学问题的关注；适当增加实验次数，提高对实验的掌控程度，以便于学生发现科学问题，培养创新能力。

参考文献

[1] 胡方荣，侯宇光. 水文学原理（一）[M]. 北京：水利水电出版社，1988.
[2] 芮孝芳. 径流形成原理[M]. 南京：河海大学出版社，1991.

报告二十一 水环境化学综合实验技术报告

一、概述

“水环境化学”是水文与水资源工程专业的核心课程之一，是水文工作的基础，它与生产密切结合，是一门实践性很强的学科。通过综合实验的学习，使学生树立水质水量结合监测的意识，了解水质、水文要素量测的主要仪器设备结构、原理和使用方法；掌握水环境要素的检测技能；初步具备水环境分析的基本知识；培养学生把理论知识与水环境问题的实践紧密结合起来的能力，以及分析问题和解决问题的能力，增强学生的水环境保护的意识和素质，为将来从事水文水资源工程的专业工作打下良好的基础。

二、研究内容和实施情况

1．熟悉水化学环境评价标准及评价方法，掌握水质数据整理计算的方法。

2．了解河流水质站点设置的原则和方法，熟练掌握采样方法及保存运输方法。

3．了解便携式实验设备的原理及量测方法，掌握水环境指标现场测定的工作步骤及内部资料的整理计算。

4．熟悉 pH 计、分光光度计、测深仪、流速流向仪等常用水质水量分析仪器的原理及工作步骤。

5．培养学生的团队意识、思考问题和解决问题的能力。

6．初步掌握科技类文章的写作能力。

该综合实验于 2010 年 3 月开始启动，在 2010 年 12 月通过查阅文献、收集资料，完成了实验大纲的编写设计。在不断完善实验设计的基础上，于 2011 年 5 月完成了综合实验指导书的编写，并开始综合实验运行，指导学生完成了实验报告。针对实验中出现的问题和不足，在实验指导书中做了相应的修改。

三、实验运行技术报告

（一）实验方案概述

小东江位于桂林市区东部，是漓江的一条重要支流。它北起叠彩山下，南至七星区穿山乡，流经七星，穿山两个村委，全长 5.8 km。本次综合实验主要是对小东江—花园村段水域的水化学环境进行调查与监测，以便了解水域环境状况。

任何调查和监测都是用极少数的水样代表所调查水域的整体状况，因此，所采集水样能否准确全面地反映所调查水体的整体状况十分重要。

获得最具代表的水样关键是采样点的选择，采样点的布设是根据调查监测目的、水资源的利用情况及污水与天然水体的混合情况等因素选定，原则是用最小的工作量取得最有代表性的数据。对于地表河流，断面的布设一般包括对照断面、监测断面和削减断面。因为此次选择的监测地点，没有点源排污口和大的支流口，因此没有设置对照断面和削减断面，只选择了监测断面进行采样。

通过实测，该河流水面宽度 48 m，平均水深 2.6 m，因此采样点为中泓一点法。共设置监测断面 3 处，各点均在水面下 0.5 m 处采样。

采样频次：采样 3 天，分三个时间段。（早中晚混合样）

采样时间：9：20　　　　12：00　　　　18：20

在水样采集过程中，带现场空白样，且氨氮分析项目做双样的质控措施。我们采完水样后，可在半小时内将水样送达实验室，因此无须考虑到水样的保存。

（二）实验目的

1．掌握地表水域水化学环境评价标准及评价方法，进一步巩固所学知识，准确指出水质的状况以及将来的发展趋势，以便为水资源的保护和合理开发利用提供科学依据。

2．培养学生的团队意识、思考问题和解决问题的能力。

3．锻炼学生的写作技能。

（三）所测水样指标

①温度；②pH 值的测定（电位法）；③电导率测定（现场测定）；④溶解氧测定（碘量法）；⑤氨氮的测定（纳氏试剂法）；⑥化学需氧量测定（微波消解法）；⑦水深；⑧流量。

（四）实验材料、仪器和试剂

1．实验材料

小东江—花园村段所采集的水样。

2．实验仪器

酸度计、分光光度计、微波消解仪、超声波测深仪、流速仪、便携式电导率仪、采水器、温度计、滴定台、滴定管、试剂瓶、烧杯、耳球、滴管、滴瓶、滤纸等。

3．实验试剂

硫酸锰、碘化钾、硫代硫酸钠、淀粉、硫酸、重铬酸钾、邻菲罗啉、硫酸亚铁铵、氢氧化钠、碘化汞、酒石酸钾钠、氯化铵等。

（五）实验步骤

1．配制药品

按照表 2-21-1 所列的实验项目检测方法配制所需的试剂。

表 2-21-1 实验项目标准分析方法

项目	分析方法	最低检出线/（mg/L）	方法来源
水温	温度计法		GB 13195—91
pH 值	玻璃电极法		GB 6920—86
溶解氧	碘量法	0.2	GB 7489—87
化学需氧量	重铬酸钾法	10	GB 11914—89
氨氮	纳氏试剂比色法	0.05	GB 7479—87
电导率	电导率仪法		SL78—1994

注：所需药品于采样前一天配制好。

2．水样采集

明确采集规程后，到采样断面用自动水质采水器采集水样。装样前，先用现场采集的水冲洗水样瓶 2～3 次。样品注入样品瓶后，正确填写如表 2-21-2 的采样记录和采样标签，并把标签固贴在水样瓶外壁。

表 2-21-2 采样现场记录表

采样人：			记录人：			
日期	地点	样品编号	水温/℃	电导率	气温/℃	其他
2011-6-4	小东江—花园村段	060401	25	3121	27	水质略混浊，淡绿色，微有臭味
2011-6-4		060402	25	3118	27	
2011-6-5		060501	25	3085	26	
2011-6-5		060502	25	3086	26	
2011-6-6		060601	25	3091	28	
2011-6-6		060602	25	3094	28	

3．水量测验

通过测深仪和流速仪分别测得水深和流速，由所测得的流速和部分面积（部分面积是指以两垂线间的中点为分界，得部分宽及平均水深，两者乘积为部分面积）来计算部分流量，其方位由实测流向测定，断面平均流向可用矢量合成法推求，即以部分流量的大小按比例矢量的长度，流向方位角作为矢量的方向，逐个叠加，求矢量和。

实验数据见记录表 2-21-3。

该断面的平均水深为 2.07 m，最大水深 2.91 m，平均流速 0.86 m/s，最大测点流速 1.32 m/s，断面流量 78.48 m^3/s。

表 2-21-3 小东江断面流速流量记录表

仪器名称：流速流向仪 型号：ZSX-3 河宽 44.0 米 天气：阴 施测时间：2010 年 6 月 3－5 日

起点距/m	水深/m	测深垂线/m		断面面积/m^2		流速/（m/s）		部分流量/（m^3/s）
		平均水深	间距	垂线间	部分	测速垂线	部分	
0.0	0.0	0.64	2.0	1.28	3.92		0.26	1.02
2.0	1.28							
4.0	1.37	1.32	2.0	2.64		0.37		

起点距/m	水深/m	测深垂线/m		断面面积/m^2		流速/（m/s）		部分流量/（m^3/s）
		平均水深	间距	垂线间	部分	测速垂线	部分	
6.0	1.23	1.30	2.0	2.60	5.20		0.48	2.50
8.0	1.36	1.30	2.0	2.60		0.59		
10.0	1.83	1.60	2.0	3.20	6.88		0.66	4.54
12.0	1.86	1.84	2.0	3.68		0.74		
14.0	2.19	2.02	2.0	1.04	8.12		0.76	6.17
16.0	1.90	2.04	2.0	4.08		0.78		
18.0	1.92	1.91	2.0	3.82	8.26		0.92	7.60
20.0	2.53	2.22	2.0	4.44		1.05		
22.0	2.58	2.56	2.0	5.12	10.56		1.13	11.93
24.0	2.85	2.72	2.0	5.44		1.21		
26.0	2.76	2.80	2.0	5.60	10.84		1.20	13.00
28.0	2.49	2.62	2.0	5.24		1.20		
30.0	2.42	2.46	2.0	4.92	4.92	1.17	1.18	5.80
32.0	2.91	2.66	2.0	5.32	5.32	1.31	1.24	6.60
340.	2.66	2.78	2.0	5.56	5.56	1.32	1.32	7.34
36.0	2.67	2.66	2.0	5.32	5.32	0.98	1.15	6.12
38.0	2.30	2.48	2.0	4.96	4.96	0.33	0.66	3.27
40.0	2.36	2.33	2.0	4.66	11.26		0.23	2.59
42.0	2.12	2.24	2.0	4.48				
44.0	0.0	1.06	2.0	2.12				

4．水质指标测定

（1）监测注意事项

① 在测定水样温度时，温度计的液泡要悬浮在水样液面以下。

主要是因为水银温度计液泡里的水银会循着所接触温度的不同而伸缩。如果水银温度计的液泡没有浸到液面下，那么所测得的温度就会受到空气的影响：如果水银温度计的液泡碰到烧杯壁，那么所测得的温度就会受到烧杯壁的影响。

② 测定 pH 值时，电极校正完后，要用蒸馏水清洗电极头并用滤纸擦干。

因为 pH 计在使用之前要先校正，在校正的过程中，要将电极浸入标准缓冲液中，这时如果不用蒸馏水清洗电极头并用滤纸擦干就直接浸到水样中，残留在电极头上的缓冲液会影响水样中的 pH，从而使所测得的数据不准确。

③ 溶解氧取样时，固定瓶中不能含有气泡。

这样做的目的不仅是为了防止水样中的溶解氧溢出，而且也防止空气中的氧气进入到固定瓶的水样中。如果水样中有氧气溢出或进入的话，会影响测定结果。一般地讲，水样中有氧气溢出会使最后测定的结果偏小；水样中有氧气进入的话，会使实验测定结果偏大。

④ 溶解氧测定到达终点后，放置一定时间会出现回色现象，不需继续滴定。

放置一段时间后，空气中的氧气会溶解到水样中。由于氧气具有氧化性，而碘离子具有还原性，所以它们会发生化学反应生成碘分子。

⑤ 配制硫代硫酸钠溶液时要加无水碳酸钠。

加入少量无水 Na_2CO_3 的目的是为了防止 $Na_2S_2O_3$ 分解。

（2）监测数据记录及处理

表 2-21-4 pH、电导率检测结果

样品号	060401	060402	060501	060402	060601	060602
pH	7.92	7.92	7.95	7.90	7.98	7.95
电导率/（μS/cm）	3 121	3 118	3 085	3 086	3 091	3 094

表 2-21-5 DO 检测结果

$C_{硫代硫酸钠}$=0.010 0mol/L				$V_{水样}$=100 mL		
样品号	060401	060402	060501	060402	060601	060602
$V_{硫代硫酸钠}$/mL	3.50	3.52	3.25	3.25	3.48	3.40
$C_{水样}$=2.7 mg/L				O_2%=34%		

表 2-21-6 铵盐标准曲线记录表

使用液浓度：10.0 mg/L					显色时间：10 min		
比色管编号	1	2	3	4	5	6	7
使用液体积/mL	0.00	0.50	1.00	3.00	5.00	7.00	10.00
吸光值	0.028	0.047	0.068	0.143	0.217	0.290	0.404
$A-A_0$	0.000	0.019	0.040	0.115	0.189	0.262	0.376

① 氨氮的标准曲线绘制：

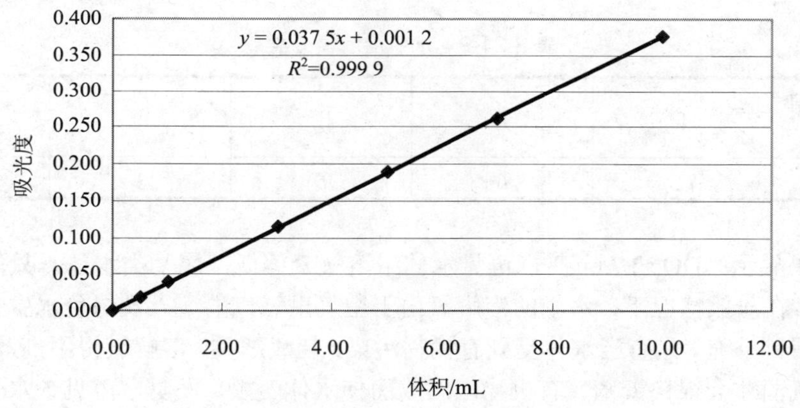

图 2-21-1 氨氮的标准曲线

② 水样的测定：

量取 50.0 mL 已过滤的水样于具塞比色管中（取双样）

由标准曲线知：a=0.001 2，b=0.037 5

表 2-21-7 氨氮检测结果

样品号	060401		060402		060501		060402		060601		060602	
吸光度	0.318	0.316	0.322	0.322	0.320	0.325	0.325	0.318	0.332	0.330	0.330	0.325
浓度/mg/L	1.6											

表 2-21-8 COD_{Cr} 检测结果

<table>
<tr><th>样品</th><th>V_1/mL</th><th>V_2/mL</th><th>V_0/mL</th><th>$C_{(NH_4)_2Fe(SO_4)_2}$/（mol/L）</th><th>COD/（mg/L）</th></tr>
<tr><td>060401</td><td>3.85</td><td>4.15</td><td rowspan="2">4.20</td><td rowspan="6">0.043 1</td><td rowspan="6">33.4</td></tr>
<tr><td>060402</td><td>3.85</td><td>4.20</td></tr>
<tr><td>0605401</td><td>3.62</td><td>4.20</td><td rowspan="2">4.15</td></tr>
<tr><td>060502</td><td>3.60</td><td>4.22</td></tr>
<tr><td>060601</td><td>3.65</td><td>4.20</td><td rowspan="2">4.20</td></tr>
<tr><td>060602</td><td>3.68</td><td>4.20</td></tr>
</table>

5．水质评价

本次实验所采集的是小东江—花园村段的水样。在采集水样时，水体呈淡绿色，水中有少许悬浮物和微量沉淀，略呈浑浊状态，并伴有轻微的臭味。

（1）水体综合分析

通过对水体温度、电导率、pH 值、溶解氧、化学耗氧量、氨氮的测定，得到：水样温度为 25℃；电导率为 3 099μS/cm；pH= 7.94；DO=2.7 mg/L；氨氮 1.6 mg/L；COD 为 33.4 mg/L。经分析，该水域温度正常，pH 略呈碱性，现就该水体的几个重要指标作如下评价：

① 溶解氧

溶解氧是指溶解在水里氧的量，通常记作 DO。用每升水里氧气的毫克数表示。水中溶解氧的多少是衡量水体自净能力的一个指标。

表 2-21-9 水中溶解氧分类

项目＼标准值	Ⅰ	Ⅱ	Ⅲ	Ⅳ	Ⅴ
DO≥	7.5	6	5	3	2

检测结果显示：DO=2.7 mg/L，可见水体中溶解氧偏低，属Ⅴ类水体，只能满足农业用水的要求。在一般情况下，水里的溶解氧由于空气里氧气的溶入及绿色水生植物的光合作用会不断得到补充。只有当水体受到有机物污染，耗氧严重，溶解氧得不到及时补充时，水体中的厌氧菌才会很快繁殖。有机物因腐败而使水体变黑、发臭。可见该水体水质状况已经相当严峻。

② 氨氮

氨氮是指水中以氨或铵离子形式存在的化合氮中的氮元素的含量。其检测标准如表 2-21-10 所示：

表 2-21-10 水中氨氮分类

项目＼标准值	Ⅰ	Ⅱ	Ⅲ	Ⅳ	Ⅴ
氨氮≤	0.15	0.5	1.0	1.5	2.0

氨氮主要来源于人和动物的排泄物，生活污水中平均含氮量每人每年可达 2.4～4.5 kg；雨水径流以及农用化肥的流失；化工、冶金、石油化工、油漆颜料、煤气、炼焦、鞣革、化肥等工业废水的排入也是导致水体氨氮含量增高的原因。

检测结果显示：氨氮含量为 1.6 mg/L。检测结果表明，水体中氨氮已超过III类水标准，属于被污染的V类水体。

③ 化学耗氧量

COD 是反映水质有机污染的重要指标之一。其检测标准如表 2-21-11 所示：

表 2-21-11 水中化学需氧量分类

项目 \ 标准值	I	II	III	IV	V
COD≤	15	15	20	30	40

检测结果显示，COD 含量为 33.4 mg/L，该水域的水质为V类水体。

（2）水体合理化建议

经分析，小东江—花园村段的水环境质量状况偏差，属地表水V类水体。现就存在的问题提出如下建议：

① 针对水体中氮含量过高的状况，我们首先要控制外源营养物质的输入，其次是要采用合理的方法去除水体中的营养物质。

② 针对水体中含氧量偏低的状况，应采取综合治理的措施。

③ 消除水体中大量的藻类，降低藻细胞的密度，使其在水体自身的自净能力之内。

④ 加强对上游污染源的监测和管理，做到达标排放。采取行政责令各排放单位必须在废水排入水体以前，进行妥善处理，使其实现无害化达标开放，从而影响水体的卫生状况和经济价值。增强人们对环保的认识，不要在水体中乱扔乱倒废弃物。

四、不足及建议

通过实验运行，发现有如下问题需要改进：

1．实验选题单调，只选择了单一水域，不能充分发挥学生参与实验的积极性，在以后的实验中可以按小组选择学校周边水域，作为实验水样来源。

2．水质水量结合不够紧密，只单纯地进行了水质、水量监测，二者没有有机结合，对水环境的评价不够全面。

参考文献

[1] 陈佳荣. 水化学[M]. 北京：中国农业出版社，2003.

[2] 董德明. 环境化学实验[M]. 北京：北京大学出版社，2010.1.

报告二十二 水文测验综合实验技术报告

一、概述

水文测验是指系统收集、整理和传输水文数据的全过程。水文测验工作是水文工作的基础，是防洪减灾工作的重要组成部分。新中国成立后，水文站网迅速发展，测验设施逐步完善，测验方法和技术不断改进。水文测验采集的大量水文、水情及水资源数据，为防汛抗旱、水资源开发利用和水环境保护提供了准确可靠的科学依据。

中国的水文测验有着悠久的历史，但直到新中国成立初期。水文站还主要局限于观测水位、雨量和简单的流量计算。水文站点稀少，测验设备简陋，不少地区仍靠木尺量测或称重计量降水量，用锚定或拉纤木船、竹筏进行测验，测验手段落后。新中国成立 60 多年来，水文测验的状况发生了巨大的变化，主要体现在以下几个方面：

1．水文测验项目

根据站网规划，全国基本建立了一个较完整的水文站网体系，并逐步建立了水情信息测报网。随着水文站网的发展，观测项目也不断增加，根据不同的建站目的，开展了水位、流量、含沙量、推移质、河床质、降水量、蒸发、地下水、冰情、墒情、水温、水质、土壤含水量等多项水文要素的观测，有些水文单位还对流域、河段开展水文调查和勘测，积累了连续、系统、可靠的水文资料。

2．测验设备和水文仪器

60 多年来，水文职工艰苦创业，加强水文测验设施建设，基本完善了与水文站网相配套的基础设施建设。水文仪器也在不断发展，从人工观测水尺到浮子式、压力式、超声波、非接触式水位计，从雨量筒到水位雨量自动采集、存储、传输。从测杆测深到回声测深仪，从普通旋杯、旋桨流速仪到电波流速仪、多普勒流速剖面仪；从横式采样器到调压积时采样器、同位素测沙仪等，系统地反映了我国水文仪器发展的过程和水平。这些仪器基本满足了国内需要，有些已达到国际先进水平。

3．测验技术和测验方式

过去水文测验基本上采用常驻测站的测验方式。从 20 世纪 70 年代起，开始进行“站队结合” 的改革，不少地区实行巡测、间测、驻测相结合的测验方式，提高了工作效率，拓宽了资料收集面，弥补了报汛站点的不足，增强了基层水文单位的综合实力，改善了水文职工的工作、生活条件。《水文巡测规范》的实施，为开展巡测提供了技术依据。通过全面修订水文测验标准，基本完善了中国水文测验技术标准体系，重新修订颁布实施的国家标准和行业技术标准已达 22 个。新标准对水文测验的精度指标和测验技术做出了较为科学、严格、具体的规定，标准系列的贯彻实施，保证了水文资料的测验质量。新制订的一系列水质监测技术标准也已颁布。1933年国家技术监督局批准成立了“全国水文标准化技术委员会”，并成立了“水文测验分技术委员会”和“水文仪器分技术委员会”，这标志着水文标准化工作已具有相当完善的基础。通过对各种测验方法的比测、理论分析和实验研究，并借鉴国际标准的有关内容，完善和革新了水文测验方法，使流速仪法、比降法、超声波法等水文测验方法，得到完善和普及。可控硅无线调速技术、无偏角悬杆悬吊技术、信息传输和综合控制技术以及偏角改正技术、积宽法测流技术等新技术在缆道测流中得到充分应用，微机测流系统和桥测方法的应用，为开展巡测提供了配套的测流方式。另外，结合我国多沙河流的情况，成立了全国泥沙测验工作组。多年来，对我国河流泥沙的变化成因、输沙对洪水的影响以及泥沙测验方法、仪器等进行了深入研究，取得了不少成果。

二、研究内容和实施情况

《水文测验学》是水文水资源专业的主干专业课，它与生产密切结合，是一门实践性很强的课程。它的主要任务是讲解江河水文信息采集、整理和测算的基本原理和方法，重点讲述水位、流量和泥沙信息采集、整理和测站布设等内容。通过学习使学生掌握水文测验的基本理论，能根据测站特性和河流水情选用有效合理的采集处理方法；能按规范要求，进行测站基本设施的布置和检查，能进行水位、流量、泥沙等信息采集处理、分析和研究工作；掌握主要水文测验仪器设备的结构、工作原理、操作使用及保养方法，掌握水文要素的量测技能，熟悉水文年鉴的查用、水文资料的整编及处理等，培养学生的动手能力和独立分析问题、解决问题的能力，加深对已学课程知识的理解，为下一步学习打下实践基础，为学习水文科学和今后从事与本专业相关的技术工作打下一定的基础。水文综合实验研究内容包括：

1．掌握水文年鉴及水文手册、国家标准及规范的使用方法。

2．掌握降雨观测、蒸发观测方法。了解测站水位观测设备的设置，熟练掌握水位观测设备的操作使用、水位资料的观测与整理。

3．熟悉流速仪的结构和测速原理，动手拆装仪器并进行仪器维护保养。掌握各种流量测验方法的工作步骤及内业资料的整理计算。

4．了解泥沙测验设备的设置，掌握各种泥沙测验方法的工作步骤及内业资料的整理计算。

5．了解洪水调查的内容和方法。

6．掌握GPS的定位及导航方法及GPS在水文测验中的应用。

7．野外操作及数据整编：对所选择的断面开展水文要素（水位、断面、流速、流向、水质）的实测工作，并对所得资料进行整编。要求掌握水位～流量关系的变化规律、对水位-流量关系作单值化的分析处理；对流量测验的方式、方法作精简分析。

任何一门课程的实习内容都是由浅入深，由简到繁的，都具有连贯性。若能掌握这一点，那么实习时就既能节省时间，又能提高效率。例如测验河流断面流量时，必须先测验水位。在某一水位下，通过测量各条测深垂线的深度和起点距，确定断面的形状、计算断面面积。根据断面形状，确定测速垂线和测沙垂线的数目和位置。由水深确定测速垂线上测点数目及流速仪位置、测沙垂线的数目及采样器位置。在测验顺序安排上按照由简单到复杂的顺序排列。在测验方法上按同步交叉进行：在各测深垂线的深度和起点距处均取水样，取水样与测点流速交叉进行。虽然测点数目繁多，但由于重点明确，方法得当，整个测验过程有条不紊。若测验时不能做到循序渐进，就会导致以下情况发生：一是不能满足快速测验的目的，二是影响测验的结果，三是无法进行成果的整理。

三、实验运行技术报告

水文测验综合实验分为河流断面现场实测及室内泥沙颗粒分析相结合，为实践性综合实验。为了搞好水文测验综合实验，首先给学生全面介绍观测项目及仪器设备，使学生在理论上做好充分准备。其次根据实验得到的相关数据，并对实验数据进行整编及数据分析。实验运行的技术指标合理、可行，反映了学生具有很好的将理论知识应用于实践生产以及整编、分析数据的能力。

实验运行的主要技术参数如下：

（一）河流断面测流

1．流断面面积的测定

在过水断面图上按照平均分割法，即岸边部分按三角形计算，中间部分按梯形的面积计算，二者之和就为测流断面的面积。根据实地断面，岸边为竖直河堤，所以均采用梯形面积计算，计算结果如表 2-22-1。

表 2-22-1 过水断面面积表

起点距/m	水深/m	部分面积/m²	起点距/m	水深/m	部分面积/m²
0	1.00	0.000	23	2.12	2.080
1	1.47	1.235	24	2.21	2.165
2	1.45	1.460	25	2.85	2.530
3	1.67	1.560	26	2.78	2.815
4	1.76	1.715	27	2.90	2.840
5	1.63	1.695	28	2.22	2.560
6	1.69	1.660	29	2.15	2.185
7	1.47	1.580	30	2.10	2.125
8	1.33	1.400	31	2.66	2.380
9	1.14	1.235	32	3.09	2.875
10	1.98	1.560	33	2.75	2.920
11	2.05	2.015	34	2.87	2.810
12	2.12	2.085	35	2.74	2.805
13	1.78	1.950	36	2.86	2.800
14	1.80	1.790	37	2.48	2.670
15	1.63	1.715	38	2.02	2.250
15	2.05	1.840	39	2.03	2.025
17	2.05	2.050	40	2.47	2.250
18	2.30	2.175	41	2.52	2.495
19	2.64	2.470	42	2.43	2.475
20	2.13	2.385	43	1.98	2.205
21	2.68	2.405	44	1.08	1.530
22	2.04	2.360	45	0.80	0.940

根据计算结果，过水断面的总面积为部分面积总和，即为：A=95.07 m^2。

2．垂线流速的测定

测深垂线的布设要均匀分布，并应能控制河床变化的转折点，使部分水道断面面积无大补大割情况。当河道有明显漫滩时主槽部分的测深垂线应较滩地为密。

本次实验采用 LJD 打印式流速流量仪测流，测速范围 0.1～4.00 m/s，测量误差≤3%，使用温度 0～40℃，测速历时 100 s，测速一次打印一次，自动重复。在选择测速垂线时，由于河流为宽浅河道，故采用一点法测速，即直接测量水深 0.6 h 处的流速，根据天然河道椭圆流速分布规律，代入公式的垂线平均流速 V_m=0.897 V。计算结果如表 2-22-2 所示。

表 2-22-2　垂线流速表

起点距/m	1	3	8	13	15	20	25	33	41
0.6 h 处/(m/s)	0.338 2	0.307 3	0.248	0.357 8	0.381 7	0.410 7	0.353 4	0.693	0.220 5
V_m/（m/s）	0.330 4	0.275 6	0.222 5	0.320 9	0.342 4	0.368 4	0.317	0.621 6	0.197 8

注：起点距 33 是根据流向仪测流流速插补，为提高断面流速分布精度，提高流量精度。

以起点距为横坐标，纵坐标的正坐标为垂线平均流速，反坐标为水深，画出垂线平均流速沿河宽分布图及河流断面图，如图 2-22-1。

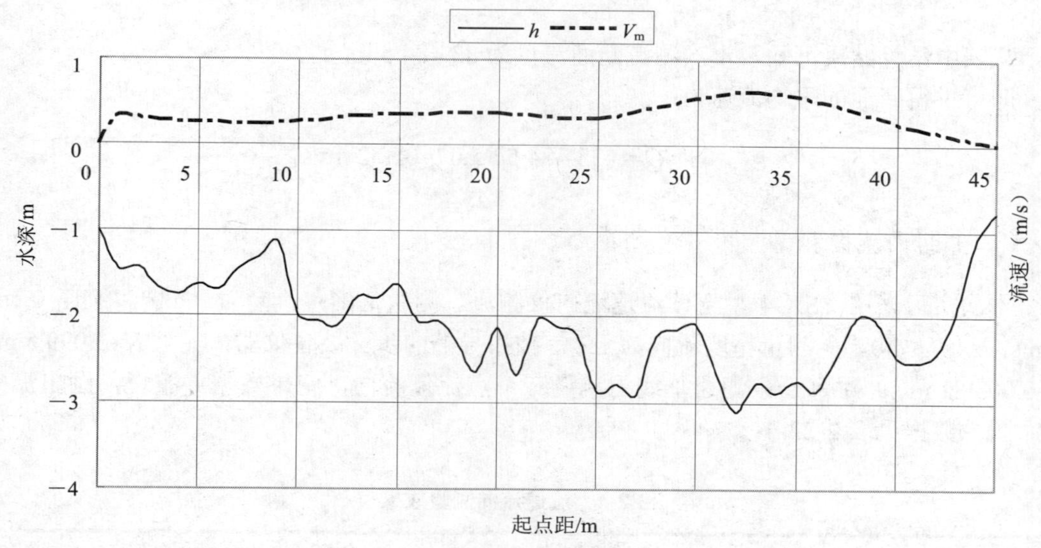

图 2-22-1　断面平均流速分布图

从图中可知，流速沿河宽的变化与断面形状有关，垂线平均流速沿河宽分布曲线的形状与断面形状相似。

3．断面流量的确定

断面流量计算采用分析法计算，将断面差分为部分流量，分别求出部分流量再求和就是断面流量。部分面积计算采用平均分割法，以测速垂线作为分界线，相邻垂线间的间距为部分宽，乘以相邻垂线水深的平均值，得部分面积，岸边以三角形计算。部分平均流速按相邻两测速垂线的平均流速的算术平均值计算，岸边系数取 0.7。部分流量则是部分面积乘以部分平均流速。最后求和部分流量就得断面流量。计算成果见表 2-22-3：

表 2-22-3 流量计算表

测速垂线编号	起点距/m	相对水深/m	测点吃水水深/m	测点流速/（m/s）	垂线平均流速/（m/s）	相邻垂线	部分面积/m^2	流量/（m^3/s）
						岸边--1	1.235	0.262 3
1	1	1.47	0.294	0.338 2	0.303 365	1--2	3.020	0.874 3
2	3	1.67	0.334	0.307 3	0.275 648	2--3	8.050	2.004 9
3	8	1.33	0.266	0.248 0	0.222 456	3--4	8.845	2.403 2
4	13	1.71	0.342	0.357 8	0.320 947	4--5	3.505	1.162 5
5	15	1.63	0.326	0.381 7	0.342 385	5--6	10.920	3.880 9
6	20	2.13	0.426	0.410 7	0.368 398	6--7	11.540	3.954 7
7	25	2.85	0.570	0.353 4	0.317 000	7--8	20.700	9.714 7
8	33	2.75	0.550	0.693 0	0.621 621	8--9	20.105	8.237 1
9	41	2.52	0.504	0.220 5	0.197 789	9--岸边	7.150	0.989 9
						∑	95.070	33.484 5

注：编号 8 为流向仪插补。

从表中结算结果可知，本次测流断面流量为 33.484 5 m^3/s。

即可求得断面的平均流速为：

$$V=Q/A=33.484\ 5/95.07=0.352\ \text{m/s}$$

（二）断面流向测量

本次实习采用 ZSX-4 型直读流速流向仪测流。测量范围：流向 0～360°，流速 0.1～5 m/s，水深＜40 m。测量精度流向为±3°。按指导书的步骤装备仪器，输入 K=0.099 5 m，C=0.003 81 m/s。对每一条测速垂线上测量三个点流速流向，记录数据并整理，画出流向分布图。数据见表 2-22-4：

表 2-22-4 流速流向测验成果表

测量垂线编号	起点距/m	相对水深/m	测点吃水水深/m	测速历时/s	测点流向/（°）	测点流速/（m/s）	$\sum V_i \sin\alpha$	$\sum V_i \cos\alpha$	$\tan\alpha=\sum V_i \sin\alpha/\sum V_i \cos\alpha$	α
1	7	1.47	0.29	100	155.3	0.489	0.908 3	0.768 8	1.181 3	139.78
			0.74	100	158.2	0.411				
			1.18	100	155.3	0.290				
2	14	1.80	0.36	100	158.2	0.435	0.750 9	0.626 5	1.198 5	140.18
			0.90	100	159.6	0.303				
			1.44	100	153.9	0.240				

测量垂线编号	起点距/m	相对水深/m	测点吃水水深/m	测速历时/s	测点流向/（°）	测点流速/（m/s）	$\sum V_i \sin\alpha$	$\sum V_i \cos\alpha$	$\tan\alpha=\sum V_i \sin\alpha/\sum V_i \cos\alpha$	α
3	20	2.13	0.43	100	161.0	0.476	0.868 2	0.699 6	1.240 9	141.16
			1.07	100	161.0	0.357				
			1.70	100	159.6	0.282				
4	26	2.78	0.56	100	159.6	0.542	1.042 5	0.860 8	1.211 0	140.48
			1.39	100	159.6	0.464				
			2.22	100	155.3	0.346				
5	33	2.75	0.55	100	165.2	0.693	1.228 5	0.982 8	1.250 1	141.37
			1.38	100	162.4	0.591				
			2.20	100	149.7	0.290				
6	41	2.52	0.50	100	169.4	0.421	0.439 9	0.328 2	1.340 3	143.30
			1.26	100	159.6	0.079				
			2.02	100	162.4	0.049				

从表 2-22-4 的计算结果可知，所测过水断面平均流向为 141°。

（三）粒径计法泥沙颗粒分析

粒径计法适用于粒径为 0.5～0.01 mm，分析水样的干沙重为 0.3～5.0 g 的泥沙分析，玻璃粒径计分析管内径 2.5 cm，长 105 cm，底部逐渐收缩到 0.6 cm。用电子天平称量各干燥杯子的重量，并记录。调配好泥沙悬液后，测定实验时悬液的温度，并根据温度查出该温度下不同粒径的换杯时间。分析后，称量干燥后的杯沙重。整理数据后，记录见表 2-22-5：

表 2-22-5 泥沙粒径分析表

换杯时间	粒径/mm	杯号	杯沙重/g	杯重/g	沙重/g	小于某粒径沙重%	
17.3 秒	D_{max} 0.500					3.052 2	100%
		1	48.623 3	48.012 9	0.610 4		
34.6 秒	0.250					2.441 8	80.0%
		2	43.057 2	42.710 6	0.346 6		
1 分 35 秒	0.100					2.095 2	68.6%
		3	47.765 7	46.428 8	1.336 9		
6 分 19 秒	0.050					0.758 3	24.8%
		4	46.202 5	45.262 7	0.606 7		
25 分 15 秒	0.025					0.151 6	5.0%
		5	45.374 4	45.262 7	0.0.114 7		
2 小时 38 分	0.010					0.036 9	1.2%
		6	45.298 3	45.261 4	0.036 9		
5 h	0.007						
				∑	3.052 2		
		悬液温度	90 cm 历时	D_{max}	分析前	分析后	
		26.6℃	8 s	＞1.107 mm	3.154 5 g	3.052 2 g	

由表中可知，分析前样沙重为 3.154 5 g，分析后样沙重为 3.052 2 g，沙样相对误差为 3.2%，在允许的误差范围内。

由数据画出泥沙颗粒分析曲线，如图 2-22-2：

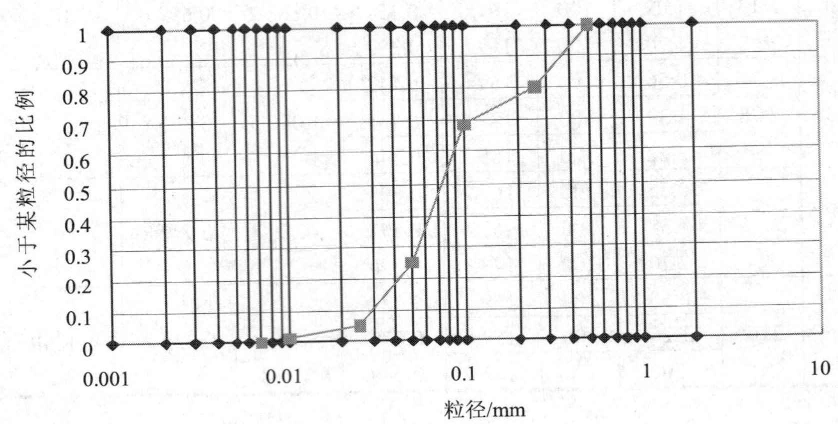

图 2-22-2　泥沙粒径分析曲线图

由图可知，粒径在 0.01～0.1 mm 的泥沙颗粒较多，占整个含沙量的 68.6%。

四、不足及建议

大部分学生仅仅按测验步骤完成实习报告。其中，测验结果应有足够的精度，这一点往往被忽视。实际上，这并不是实习的真正目的。测验河道在不同水位下的流量时，其对应的是有序的实数对，对所有点通过相关分析，即可建立水位～流量关系曲线。可见，测验数据的精度至关重要。从理论角度上讲，同一水位只有一个流量。在各组测验结果中大部分同学所得结果基本符合这一理论，但也有个别差距太大。要解决这一问题，首先要看成果与理论差异的大小：正常范围？还是出现了异常？若出现异常，则应找出其原因：操作不当？还是在处理过程中河流发生了变化？ 在水文测验中，不仅要学会分析测验结果，更重要的是要学会找出存在问题及解决问题的有效方法。

参考文献

[1] 张留柱，赵志贡，张法中，等. 水文测验学[M]. 郑州：黄河水利出版社，2003.

[2] 水利部水利司. 水文测验规范[M]. 南京：河海大学出版社，1994.

[3] 林传真，周忠远. 水文测验与查勘[M]. 南京：河海大学出版社，1988.

[4] 华东水利学院，严义顺. 水文测验学[M]. 北京：中国水利水电出版社，1984.

[5] 成都科技大学，河海大学. 水文测验学[M]. 南京：河海大学出版社，1998.